国家自然科学基金面上项目“沿海城市产业重构背景下人居环境演变机理研究：宁波、舟山为例”（批准号：41771174）
浙江省基础公益研究计划项目“海洋产业发展效率分析模型构建及其关键行业碳中和障碍诊断研究”（批准号：LGF22D010002）
宁波市中国特色社会主义理论体系研究中心／宁波市理论人才“三十人工程”

马仁锋 张悦 王江 陈旭 著

ZHONGGUO YANHAI DIQU
HAIYANG CHANYE
JIEGOU YANJIN JIQI ZENGZHANG XIAOYING

中国沿海地区海洋产业结构演进及其增长效应

中国财经出版传媒集团
经济科学出版社
Economic Science Press

图书在版编目（CIP）数据

中国沿海地区海洋产业结构演进及其增长效应／马仁锋等著. --北京：经济科学出版社，2022.9

ISBN 978-7-5218-4029-2

Ⅰ.①中… Ⅱ.①马… Ⅲ.①沿海-海洋开发-产业发展-研究-中国 Ⅳ.①P74

中国版本图书馆 CIP 数据核字（2022）第 169784 号

责任编辑：周胜婷
责任校对：刘 娅
责任印制：张佳裕

中国沿海地区海洋产业结构演进及其增长效应

马仁锋 张悦 王江 陈旭 著

经济科学出版社出版、发行 新华书店经销

社址：北京市海淀区阜成路甲 28 号 邮编：100142

总编部电话：010-88191217 发行部电话：010-88191522

网址：www.esp.com.cn

电子邮箱：esp@esp.com.cn

天猫网店：经济科学出版社旗舰店

网址：http：//jjkxcbs.tmall.com

固安华明印业有限公司印装

710×1000 16 开 17.25 印张 300000 字

2022 年 9 月第 1 版 2022 年 9 月第 1 次印刷

ISBN 978-7-5218-4029-2 定价：88.00 元

（图书出现印装问题，本社负责调换。电话：010-88191510）

前言

Preface

传统经济增长理论认为，经济增长是在竞争均衡的假设下资本积累、劳动力增加和技术变化长期作用的结果，忽略了产业结构演进与经济增长的内在联系。现代经济学实证分析指出，产业结构状况及其变动对经济增长的影响是至关重要的，要素的流动形成不同产业部门的此消彼长，导致产业结构的演进，产业结构演进已成为现代经济增长的内生变量或本质。中国是一个海陆兼备的国家，沿海地区海洋产业结构变化，触发了地方经济增长的新动能，海洋产业结构演进，事关我国沿海地区经济高质量发展，其增长效应已成为区域经济学、经济地理学的重要研究对象。基于中国沿海地区1997年以来海洋产业三角洲际和省际变化，本书尝试提出“区域海洋产业结构演进计量模型—海洋产业结构演进的增长效应分析与测量—优化沿海地区海洋产业政策”理论分析框架，分析了中国沿海地区（不含港澳台地区）海洋产业结构的变化类型、合理性与态势，测量海洋产业结构变化诱发的增长效应类型，提出促进中国沿海地区海洋经济高质量发展产业调控政策，丰富和发展海洋产业转换升级与现代经济增长的关系及其空间计量方法。

本书构建了区域海洋产业结构变化计量指数和海洋产业结

构演化的经济空间增长效应定量方法体系，实证计量解释了区域海洋产业结构变化诱发的经济增长效应类型——海洋产业演化的海洋经济增长关联性效应、地方国民经济增长贡献效应及邻域经济增长溢出效应。研究发现：

（1）中国沿海三角洲与省域海洋产业结构变化过程均呈现较高相似性；海洋产业竞争力下降显著，海洋第三产业以及海洋科学技术及海洋教育业竞争力最强；海洋产业发展水平较低且产业间不协调状态较严重。

（2）海洋产业演化的海洋经济增长关联性效应在沿海三角洲际与省域层面拥有较高的相似度，海洋产业结构变化与海洋经济增长有显著的正相关，其中海洋第二产业促进作用最大。

（3）海洋产业演化的地方经济增长贡献效应空间分异显著，研究期天津、上海、福建、山东、广东以及海南海洋产业地方经济增长贡献度高于全国水平，三角洲层面分析显示珠江三角洲海洋产业地方经济增长贡献度最大；省域层面中广西、河北、江苏海洋产业对地方经济增长促进作用最高，三角洲层面则识别渤海湾促进作用最强；对地方经济促进作用较强的海洋产业结构以第一产业占比最低，第二、第三产业占比较大且比例结构相差较小为基本特征，对地方经济增长贡献度较高的海洋产业反而对地方经济增长促进作用较低。

（4）卡佩罗（Capello）模型计量海洋产业演化的邻域经济增长溢出效应显示：海洋产业结构演化邻域经济增长溢出效应呈“同心圆”扩散，空间距离产生相应阻力系数；区际溢出强度具有相互作用特征（溢出与反馈相当）且具有明显“梯度溢出”现象；省域层面海洋产业演化邻域增长溢出效应以海洋第二、第三产业主导，三角洲层面海洋产业演化的邻域增长溢出效应以海洋第一、第二产业主导；海洋产业演化的邻域经济增长空间溢出效应高值区，其海洋产业结构为“三二一型”海洋产业结构比且无结构缺失。

在本书的研究中，我们同时面临着很多困难，包括鲜见此领域的文献可供参考，需要综合运用经济地理学、海洋经济学、区域经济学、资源环境经济学、经济统计与国民核算等多学科的交叉知识等一系列问题。所幸的是，在本书成稿过程中，得到了中国科学院地理科学与资源研究所张文忠研究员的帮助。全书由宁波大学地理与空间信息技术系暨宁波陆海国土空间利用与治理协同创新中心马仁锋教授拟定大纲与统稿，毕业于宁波大学人文地理学专业、任职于宁波市咸祥中学的张悦硕士负责数据整理、计量分析与部分初稿撰写，宁波市自然资源生态修复和海洋管理服务中心王江高级工程师、烟台市规划设计院陈旭高级工程师负责原始数据采集及第2、3、9章的修改。最后，要特别感谢国家自然科学基金面上项目“沿海城市产业重构背景下人居环境演变机理研究：宁波、舟山为例”（批准号41771174）及宁波大学东海战略研究院东海海洋生态研究中心项目“海洋空间用途管控监测技术革新及政策建议”（编号DHST22YB01）对本书前期研究与出版给予的资金支持。由于行文仓促，本书难免有不足之处，也恳请国内外同行给予指正。

著　者

2022年秋于宁波大学载物楼

目录

1 绪　论

1.1　研究问题提出

全球70.8%的表面由海洋覆盖，巨大的面积占比使得海洋空间成为全球重要的发展资源与空间载体。作为全球海洋经济发展最重要的战略资源基地，海洋日益成为沿海国家和地区拓展经济发展的新方向，对其合理利用并切实保护已经上升到沿海各国和地区生存与发展的重大战略。海洋经济是经济活动中非常重要的组成部分以及不容忽视的新增长点，既有利于拓宽国民经济的发展空间和维度，又能增强经济增长多样性。自1970年起，世界进入大规模开发海洋资源的时期，人口和生产要素向沿海聚集趋势明显，开发海洋资源成为缓解陆域人口、资源和环境压力的有效途径，海洋产业快速崛起并成长为沿海国家和地区发展经济的新动能。

传统经济增长理论认为，经济增长是在竞争均衡的假设下资本积累、劳动力增加和技术变化长期作用的结果，很长时期内忽略了产业结构演进与经济增长的内在联系。现代经济学实证分析指出，产业结构状况及其变动对经济增长的影响是至关重要的，要素的流动形成不同产业部门的此消彼长，导致产业结构的演进，产业结构演进已成为现代经济增长的内生变量或本质。中国是一个海陆兼备的国家，海洋是国家经济增长的新空间。中华人民共和国自成立以来，先后实施了三次海洋战略，强有力地促进了沿海地域海洋产业发展，使海洋产业结构急剧变化，为海洋产业结构优化带来了机遇。海洋产业的结构变化诱发地方海洋产业结构优化、地方经济增长与毗连区域溢出，触发区域经济增长新动能；海洋产业结构演进，事关我国沿海地区经济高质量发展，其增长效应生成机理已成为经济地理学、区域经济学重要的研究议题。

1.2 相关研究进展

1.2.1 国外研究动态

国外相关研究多集中于沿海地区某类海洋产业中，解析其产业内部结构的增长效应，以及相关产业间的互动影响等问题。

国家与区域分析单元的相关研究主要有：美国海洋产业研究以佛罗里达州为主，施托内（Schittone，2001）研究了当地海洋捕鱼业以及海洋旅游业，指出两者之间矛盾关系，进而深入探究各海洋产业部门间的相互影响，同时创造了国家数据集用于度量美国各州间的相关海洋经济活动情况（Colgan，2013）；而大多数研究者仅探讨分析了其中一项海洋产业，如郭承俊（Kwak，2005）及李雄奎（Lee，2012）较具有代表性，他们分别分析了海洋产业总体发展进程以及海洋旅游业，认为海洋旅游业是创造新就业机会最有效的行业，尤其是海洋休闲运动以及与邮轮相关的产业类型具有高附加值。同时，朴洪均（Park，2018）也印证了这一观点，认为海洋旅游产业是一种可以产生经济利益的文化产品，体现了海洋空间的自然和文化特征，是区域重要的海洋经济部门。韩国釜山海洋产业为当地创造了大量就业机会，同时带动了区域经济发展，通过与海洋相关政策对比分析，有学者发现区域经济活动与海洋产业关系日益强化（Wu，2016）。加拿大大不列颠哥伦比亚海洋产业与区域经济关系研究表明，海洋产业对沿海经济增长产生了较强的推力，并且其贡献度不断扩大，特别是科技与相关基础设施的建设尤为重要（Vancouver，2007）。英国海洋产业各部门对国民经济影响研究发现，海洋产业各部门对海洋经济都具有正向拉动作用，其中拉力最强的是海洋油气业（Pugh，2008）。凯伦（Karyn，2013）借助投入－产出模型分析爱尔兰海洋各主要生产部门对当地经济发展的影响，发现在被研究产业主要部门中，对地域经济促进作用最强的是海洋船舶运输业。贝尼托（Benito，2003）认为挪威海洋产业集群产生较强技术外溢，可促进产业内企业快速发展。科尔根（Colgan，1994）运用区域经济产出评估模型，定量测定了海洋产业对区域经济的影响贡献程度。凯伦（Karyn，2014）在全球经济衰退的背景下探究了英国海洋经济发展趋势，与工业部门相比，全球经济衰退后海洋经济增长速度加快。

基于滨海城市为分析单元的相关研究有：金恩秀（Kim，2018）重新分类海洋运输业并采用LQ和SSM定量分析方法探究海港城市产业与城市经济增长之间的因果关系问题，重点检验了海洋产业的作用及其在城市经济增长中的相关变化（Kang & Woo，2013），发现海洋产业与城市经济增长率之间的因果关系是双向的，海洋产业的相关变化对城市经济增长具有重大影响。金融发展中常用的向量自回归（VAR）面板数据模型（Love & Zicchino，2006；Abrigo & Love，2016）、脉冲响应函数、随机效应模型（Arellano & Bover，1990），也常被拓展应用于探究滨海海洋经济发展。

综观国外研究，大都集中于海洋渔业（Morgan，1995）、海洋电力业（Misra，2007）、海洋油气业（Managi et al.，2006；Fraser & Ellis，2009）、海水利用业（Fenical，1997）、海洋生物医药业（Gamal，2010）以及滨海旅游业（Kuji，1991；Morgan，1999；Agarwal，2002）等单类海洋产业，未对整个海洋产业进行系统化探究。从海洋三次产业结构来看，已有研究大都属于海洋第一、第二产业，对海洋第三产业涉及较少。研究数据均来自于公开的统计数据或政府披露，即公开发行的第一手数据资料，没有进行合理的数据剥离与剔除。从探究方法角度来看，以上研究多偏向于较为感性的定性研究，缺乏较为理性的定量支撑，主观偏向性较为严重。各项研究结果得出的基本结论相似度较高，相互间互为补充佐证，对结论原理多角度诠释，丰富了海洋产业结构的相关研究。本书的研究将弥补缺失的海洋产业系统化研究，采用适当合理的数据源以及探究方法，在已有研究的基础上，更细致系统地进行问题刻画。

1.2.2 国内研究动态

1.2.2.1 海洋产业结构研究动态

1. 传统海洋产业结构变化的研究

传统海洋产业是指由海洋捕捞业、海洋盐业和海洋运输业等组成的生产和服务行业①。针对传统海洋产业结构的研究，研究者大都从捕捞以及运输业着手，研究传统海洋产业中的二三级产业的结构以及相关经济问题。宋伟华（2001）以浙江海洋水产业为切入点，应用灰色模型对传统海洋产业建立数值模型进行评估，评估结果认为优化产业结构创新发展新型产业是浙江传统海洋产业发展的前景所在。同样，覃菲菲（2017）运用自相关模型对中国海洋渔业中主要的4类产业——海洋捕捞业、海水养殖业、海洋水产品加工业和海洋渔业服务业的现状及其所存在的问题进行分析后，提出通过优化产业供给结构、推进持续生产方式、强化创新驱动等方式解决海洋产业供需不匹配问题。于宛抒（2013）从演化的视角研究了海洋交通运输业内部各要素和外在因素对于产业整体的驱动作用，同样采用了与宋伟华相同的研究方法灰色关联法，并配合协同演化模型进行测算，甄别出了内在演化动力是基础设施、技术水平以及从业人员，外在演化动力为产业关联性、政策经济调控以及灾难事故。宋协法、高清廉、万荣（2003）与覃菲菲以及于宛抒不同，仅选取了沿海一个省域层面——山东进行海洋渔业结构分析，指出了山东省海洋捕捞业存在的主要问题：渔业资源严重衰退、优质鱼类捕获量较少且产业结构不合理、渔捞作业方式传统单一等，针对产业结构不合理这一重要问题该研究认为适度发展远洋渔业是重要的解决措施。

随着新兴海洋产业的出现，附加值较低的传统海洋产业可能面临被替代的情况。传统的产业结构学者大都认为，随着经济增长，产业结构也不断地调整以适应经济增长模式，同时高效率产业不断出现从而获得更多的经济增长要素，而一些低效率的生产部门所获得的生产要素越来越少，甚

---

① 传统海洋产业概念界定来源于全国科学技术名词审定委员会。

至被市场所淘汰，这样的过程最终导致了产业结构的变动，这就是库兹涅茨的产业结构理论（章成，2017）。

2. 与海陆一体化/陆海统筹发展相关的海洋产业结构的研究

对于沿海地区而言，海洋经济是陆域经济向海洋的延伸发展，陆域经济是海洋经济的依托与保障，海洋经济与陆域经济相互补充，相辅相成。因此，坚持海陆统筹促使海陆产业协同发展，是我国实现海陆经济一体化动能转换的必然选择。李福柱（2012）的研究成果证明了沿海地区陆域与海洋产业结构协同演化的路径相似，海陆一体化统筹发展趋势逐渐增强。于丽丽（2016）相关研究证明海洋经济的快速发展增强了海陆间产业互动，海陆经济一体化已经成为海洋经济发展的新趋势，经济协调发展的核心点，并将成为国民经济发展的重要战略部署。于颖（2016）运用 DEA 分析方法，对浙江海洋经济效率进行了评价分析，找出了区域海陆经济互动效率不高的原因，并提出了相应海陆经济良好互动发展路径。王伟朋（2015）在采用灰色关联度模型的基础上加之 Lotka-Volterra 模型共同模拟山东海陆产业竞争力，寻找海陆统筹发展均衡点，为区域经济发展献计献策。

3. 与产业结构相关的其他领域的研究

对于海洋产业结构的相关研究借鉴不能只局限于海洋产业的范畴，也应该将学习探究范畴扩展到其他领域的产业结构研究中，对自身研究内容与方法进行取长补短，使之为自身研究奠定更为坚实的理论与实践基础。刘春济、冯学钢、高静（2014）运用结构偏离度以及泰尔指数定量刻画了旅游产业结构变迁对中国旅游经济增长的影响；张同斌、高铁梅（2012）构建 CGE 模型定量描述了政府政策出台对高新技术产业结构的影响；张兵兵、沈满洪（2015）运用面板协整方程及其误差修正模型，检验了工业水资源利用与工业经济增长、产业结构变化之间的因果关系；罗超平、张梓榆、王志章（2016）构建 VAR 模型，通过协整检验、脉冲响应分析和方差分解，描述了经济发展对产业结构升级产生的影响；尚勇敏（2014）用转型效率函数探究了产业结构与用地结构间的互动关系，并结合动态变化度以及偏离系数将上海宝山区作为典型案例进行实证研究。

1.2.2.2 海洋产业结构的区域问题研究

产业结构与经济增长有着密切的关系。在短期内，产业结构是经济增长的一个重要影响因素，合理调节产业结构将成为未来经济增长的重要动力。随着经济总量的增长，有更多的资金投入新兴产业和高技术产业，同时发达的教育培养出更多的高级人才，这些高级的要素都会积极投入先进的产业，促成了产业结构的转变（Kwak，Yoo，Chang，2005）。

省域层面海洋产业结构的相关研究多集中于以下 4 个方面：对于海洋产业发展现状的相关研究、对于产业结构演进以及相关经济增长问题的研究、对于海洋产业时空特征及差异的相关研究以及海洋产业增长溢出效应的问题研究。

对于海洋产业发展现状的相关研究。宁凌、胡婷、滕达（2013）运用统计学方法，对我国海洋产业现状与发展趋势进行分析，总结出中国海洋产业结构优化所存在的问题并提出一系列合理的意见建议；狄乾斌、刁晓楠（2015）运用偏离 - 份额分析法对中国海洋产业结构进行了综合分析；王婷婷（2012）运用灰色系统理论，分别从上海海洋产业结构、海洋产业关联性以及海洋产业发展决策三方面进行实证分析，提出了一系列政策建议：优化海洋产业结构、重点发展海洋主导产业和优势产业、培育海洋产业群、提升高科技在海洋产业发展中的作用；王双（2012）通过构建指标体系对我国沿海地区海洋经济发展较好的区域进行同特征分类，依据共同特征制定具体发展对策；叶波、李洁琼（2011）从静态、动态两个层面对海南省产业结构的现状进行了量化分析，总结海南海洋产业发展的特点，为促进海洋产业发展政策的拟定奠定了一定基础。

对于产业结构演进以及相关经济增长问题的研究。马仁锋等（2013，2018）总结了国内海洋产业结构相关研究文献的增长规律，建议应加强海洋产业结构与布局的前沿领域及理论体系探索，同时采用静态和动态计量方法对海洋经济与沿海省域经济发展间的相互影响差异进行了识别。栾维新、杜利楠（2015）在分析我国海洋经济及产业结构现状的基础上，深入研究了我国海洋产业结构的演变趋势。杜军、鄢波（2014）认为海洋产业结构的优化调整对海洋经济的发展至关重要，运用“三轴图”分析法和 GRA 分析法对我国海洋产业结构的演进过程及主导产业进行了甄别。于梦璇、安平（2016）认为，海洋产业结构调整导致海洋经济增长，只有改变要素投入报酬率才能从根本上为海洋经济增长提供持续动力。许淑婷、关伟（2015）同样借助“三轴图”法，通过海洋三次产业的重心转移轨迹来研究中国海洋产业结构的动态演进过程，认为产业结构演进是经济结构演进的核心。邓昭等（2018）基于省域视角，采用比例性偏离份额模型对我国11个沿海省份的海洋产业结构及其演进趋势进行了探讨。杨蕴真（2017）从产业结构合理性层面分析了浙江海洋经济发展状况，以期对浙江省海洋产业结构转型提出建设性意见。王波、韩立民（2017）基于VES生产函数模型，探究海洋产业结构变动对海洋经济增长的影响，为中国海洋供给侧结构性改革提供了参考。

对于海洋产业时空特征及差异的相关研究。狄乾斌、刘欣欣、王萌（2014）利用多部门经济模型以及GOP海洋产业结构贡献度测算方法，对我国海洋产业结构变动对海洋经济增长贡献的时空特征进行了归纳总结；韩增林、狄乾斌、刘锴（2007）基于辽宁海洋产业发展现状，从静态、动态及结构效益三个角度对辽宁海洋产业结构进行分析，并将其与全国及其他沿海省市的海洋产业结构进行比较；王泽宇等（2015）构建了中国海洋经济转型成效测度指标体系，利用粗糙集和灰理论组合赋权综合评价法对其进行评估分析；马仁锋等（2013）运用双层面对比以及产业结构变动系数等方法对沿海11省份海洋产业结构差异和省内市域分异特征进行了解析；张耀光等（2015）在分析中国区域海洋经济差异特征时，应用了变差系数、洛伦兹曲线、泰尔系数以及三轴图方法，并应用图表反映中国各个海洋产业时空差异特征；高乐华、高强、史磊（2011）采用标准差、变异系数、聚类中迭代和聚类法等手段研究发现，正由单核心发展模式向多核心连片发展格局演变。

针对海洋产业增长溢出效应问题的研究，学者们多采用引力模型、社会网络分析法（刘赛红、李朋朋，2020）、空间杜宾模型（王滨，2020）、偏微分方法、DEA－SBM模型（王娟、胡洋，2020）、空间误差模型、地理加权回归（朱道才等，2016）等空间溢出方法，在街道层面（马双、曾刚，2020）、县域层面（徐飞，2020）对工业、农业、第三产业、区域经济带的空间溢出效应进行定量诠释。除了对经济溢出效应进行测算研究以外，逯进、周惠民（2014）运用ESDA以及空间Lucas对区域人力资本空间溢出效应进行了实证分析；潘慧峰、王鑫、张书宇（2015）基于格兰杰因果检验以及广义脉冲响应函数对雾霾污染性的空间溢出效应进行了模拟。空间溢出效应存在于社会各个领域，但对于海洋产业结构变化所引起的区域经济空间溢出效应研究则显得较为单薄，对其进行定量研究探讨显得极为必要。

纵观以上研究成果发现：研究成果大都集中于省域、街道县域层面，较少涉及三角洲层面，对于中国海陆兼备型的国家来说，应该增加不同层面的相关研究，为国家海洋经济发展、海洋产业结构转型奠定坚实的基础，同时现有研究很少将不同单元层面研究结果进行对比分析，本书将补足这一研究缺失，在不同的单元层面下验证研究预判的正确性。从数据源角度来看，以上研究数据的主要来源为各类统计年鉴中的一手数据，较少涉及合理测算后的二手数据，本书将尝试使用“增加值法”间接测算出的投入产出数据作为定量刻画海洋经济增长关联性效应的数据来源。

1.2.3 海洋产业结构演进驱动经济增长的分析方法研究进展

1.2.3.1 海洋产业结构演进的研究方法

海洋产业结构的研究，离不开对海洋产业概念、理论、发展模式、发展现状的剖析，研究海洋产业的结构演进需要了解海洋产业、海洋经济的概念，并以此来解读海洋产业由内部向外延的结构演变过程。定性分析可以使研究者对研究对象有一个较为基本的、偏感性的认知，而定量分析试图在假定条件下，将研究对象的结构组织与影响因子以数字或公式表示出来。

传统的产业结构演进研究方法定量较多，以研究工业化结构比重数为主。工业化结构比重数可以反映区域工业化水平高低与工业结构的质量指标。工业，通过产业结构变化率、相关系数、相似系数、产业结构效益指数、结构影响指数、效益超越系数等计量方法分析区域工业化的结构效应与产业质量。于谨凯、于海楠、刘曙光（2009），杜军、鄢波（2014），郑金花、狄乾斌（2016）等利用“三轴图”法对中国海洋产业的比重与结构演进研究分析，认为各海洋产业部门之间的比例构成它们之间相互依存、相互制约的关系。运用“三轴图”法对中国海洋产业结构的演进过程进行分析，得出我国海洋产业的结构演化趋势呈现出由第一产业占主导，第二三产业迅速发展并最终由第三产业占主导地位的“三二一”结构顺序的动态演化过程。王园、张仪华、李梅芳（2016）等选取1996~2014年中国海洋经济数据，构建向量自回归模型，对海洋三次产业与海洋生产总值的关联以及海洋经济与产业结构演进的脉冲响应进行定量分析，认为海洋经济发展与海洋产业结构演进形成了良性的互动机制。邓昭等（2018）采用比例性偏离份额模型对中国11个沿海省份2005~2014年的海洋产业结构及其演进趋势进行了探讨，结果表明：南部沿海省份海洋产业结构优势高于东部和北部沿海省份，尤其是海洋第二、第三产业的结构优势对海洋经济增长贡献较大，而北部沿海省份海洋第二、第三产业增速较快。北部沿海省份海洋经济增速在上升，竞争优势突出；南部沿海部分省份竞争优势有所加强，但结构优势有所减弱，对海洋经济增长贡献减弱；东部沿海省份海洋产业结构稍有好转，但竞争优势弱化，对海洋经济增长的贡献有限。侯永丽和单良（2022）运用偏离-份额分析法并引入增长率指数、区域结构效果指数和区域竞争力效果指数，对辽宁沿海经济带6市的海洋产业结构和竞争力进行对比分析，研究表明海洋第三产业已成为辽宁沿海经济带主导产业，发展优势明显。徐烜（2019）利用多元回归模型、多部门经济动力模型和因子分析模型，分析了中国海洋经济发展内部结构性因素，研究认为；产业不断细分及构成丰富化对海洋经济增长具有促进作用，积极培育海洋科技产业，打造品牌效益，优化海洋产业内部结构，积极探索海洋第四产业将有利于中国海洋经济的可持续发展。

1.2.3.2　海洋产业结构变化引发经济增长研究方法

海洋产业结构变化引发经济增长的主要研究方法是：利用全要素生产率或劳动生产率来衡量产业的发展水平和生产能力。全要素生产率的增长率常常被视为产业科技进步的指标，全要素生产率的提高体现出产业内部的技术进步、产业生产方式的组织创新、生产专业化等。而劳动生产率可以计算从业人员在单位时间内的产品生产量，它是考察企业生产能力、经营管理水平的重要指标。通过测算海洋产业的全要素生产率与劳动生产率，可以确定海洋产业结构是否趋于高级化和合理化。利用投入产出方法测算生产与消费之间的比例关系，预测各产业部门的投入量和产出量，通过产值评估海洋产业对经济增长的贡献率。

在学术研究中，学者们多用多部门的经济模型与产业结构贡献率测算海洋产业结构变动对经济增长的影响。盖美、陈倩（2010）以多部门经济模型和基于统计角度的GDP产业结构贡献度方法测算辽宁省1997～2007年海洋经济数据，分析海洋产业结构变动对经济增长的贡献，认为海洋产业结构变动对海洋经济有明显的助推作用。狄乾斌、刘欣欣、王萌（2014）采用多部门经济模型及GOP海洋产业结构贡献度测算方法，分析1997～2011年我国海洋产业结构变动对海洋经济增长的贡献，证明海洋产业结构的变动与海洋经济增长具有显著的正相关关系。

王波、韩立民（2017）基于VES生产函数建立以海洋产业结构为门槛变量的估计模型，探究海洋产业结构变动对海洋经济增长的影响，研究认为海洋产业结构变动对海洋经济增长的影响具有显著差异性，海洋第二产业对海洋经济增长的影响比较显著。曹加泰、管红波（2018）构建多部门经济模型，研究了1996～2015年中国三大海洋经济区的海洋产业结构变迁对海洋经济增长贡献能力，认为海洋三次产业结构变动对海洋经济增长具有显著正向推动作用。翟仁祥（2021）等采用协整关系建立向量误差修正模型，对2001～2019年中国沿海地区海洋经济数据进行实证研究认为，海洋产业结构高级化和合理化存在双向促进关系，并对海洋经济增长产生正向促进作用。王玲玲等（2013）使用协整理论和误差修正模型，结合2001～2012年海洋经济统计数据，实证分析认为海洋产业结构与海洋经济增长间存在长期稳定的均衡关系。杜军等（2019）运用面板向量自回归模型对海洋产业结构升级、海洋科技创新与海洋经济增长之间的动态关系进行实证分析，研究结果表明海洋产业结构升级对海洋经济增长具有显著的影响。于梦璇等（2016）使用空间计量方法测算海洋产业的生产要素投入贡献率与海洋经济增长的关系，说明海洋产业结构调整是海洋经济增长的结果，只有改变海洋产业的要素投入报酬率才能从根本上为海洋经济增长提供持续动力。

1.3 区域海洋产业结构演进的增长效应解析逻辑

滨海地区海洋产业发展初期，海洋产业受海洋自然资源以及海洋科技的较大约束。随着科技进步，人类海洋经济活动受海洋资源环境约束逐渐降低，区域海洋产业结构变化逐渐多样化、高级化。海洋产业结构顺势由海洋第一产业主导逐渐转向海洋第二、第三产业主导；中后期海洋第二产业及第三产业交替领先。罗斯特认为产业结构变迁导致了经济增长，经济增长取决于资本、劳动和技术的进化及其组合，但是短期经济无法调节到均衡发展点，资本、劳动和技术很难从一个部门自由地流入另一个部门（高洪深，2002）。因此，海洋产业结构调整能够促进要素的流动，从而提高滨海地区海洋经济、区域经济与毗连区域经济的总体增长。于是，本书以三角洲际、省际为分析单元探究海洋产业结构变迁诱致的经济增长问题，继而做出如下研究预判：

A. 区域海洋产业结构变迁相关研究预判：

研究预判 A1：对滨海地区海洋资源环境依赖性较小的海洋产业部门，其综合竞争力较强，并且不具有空间层面升降情景。

在区域经济发展结构中，第三产业具有投资小、吸收快、效益好、就业容量大等优势特点，故其在区域内综合竞争力较强。将产业研究范围缩小，海洋产业内部也应具有此类特征。孙瑛、殷克东（2008）运用多准则－层次分析模型和动态规划－资源最优配置模型相结合的分析方法，对海洋三次产业结构进行了解释；薛诚（2014）运用动态偏离－份额模型对山东半岛蓝色经济区海洋产业竞争力进行评价，发现海洋第三产业处于竞争优势地位；殷克东、方胜民、高金田（2015）综合了四类主要影响因素、14 个二级指标、56 个三级指标，对海洋产业竞争力进行评价后也得到了相似结论——对区域资源依赖性较小的海洋第三产业竞争力最强。

研究预判 A2：滨海地区三次海洋产业结构以及 11 类海洋产业耦合协调度值将逐渐增大，产业结构演变也随之深化，产业结构合理化程度将逐渐提升。

随着生产力发展水平的大幅提高，经济增长带来的产业变化促使海洋产业结构逐渐趋于完善，产业耦合协调度值也将逐渐增大，产业结构趋于合理，与经济发展要求更加吻合，协调的产业结构是提高经济效益的重要途径。苏东水（2015）认为产业协调性是产业结构合理化的中心内容；金炜博（2013）在对浙江省海洋产业结构分析中发现浙江海洋产业结构发展趋于合理，第二产业发展有待优化，海洋第三产业是区域发展的重点；冯利娟（2013）在对山东省海洋产业的结构变化分析时，得出了与浙江海洋产业结构的相似结论——海洋产业结构有不断优化的趋势，并逐渐趋于合理。

B. 区域海洋产业结构变化诱致的增长效应计量研究预判：

研究预判 B1：本书将海洋产业分为 11 类海洋产业部门，它们间的联系促使滨海地区海洋产业系统联系逐渐密切，联系越密切对滨海地区海洋经济增长影响程度越大。

产业关联是指产业间以各种投入品和产出品为连接纽带的技术经济联系，产业间的关联通常用以下方式进行沟通连接：产品劳务联系、生产技术联系、价格联系、劳动就业联系、投资联系。对于海洋产业的发展过程来说，同样存在以上 5 种产业间的关联性。海洋盐业为海洋化工业提供初级生产材料；海洋渔业为滨海旅游业的初级消费产品；海洋科学技术为绝大多数海洋产业提供技术支撑，成为产业升级改造的动力引擎；海洋环境保护业是海洋产业发展的红线与约束，成为产业发展与人地关系间的衡量标准；交通运输业为滨海旅游业、海洋矿业、海洋盐业、海洋渔业、海洋油气业以及海洋化工业提供了基础的运输设施保障，同时也为海洋船舶工业提供了反馈效用；海洋行政管理及公益服务为所有海洋产业进行了管理性规范化的约束。海洋产业间的关联性极为复杂，这已不单单是一类经济问题，更是一类综合性的地理问题，毫无保留地体现出了地理问题整体性思维的原理与分析方式。

很多学者也对海洋产业间的关联进行了探究。章成、平瑛（2017）运用固定效应模型进行模拟，发现产业结构优化对海洋经济增长的贡献显著；徐伟呈、安美玲、张雅洁（2019）的研究成果也论证了产业结构合理化对海洋经济发展有显著的正向促进作用；王莉莉、肖雯雯（2016）认为目前中国海洋产业的发展主要依赖于第二产业，海洋产业的发展对前向关联紧密的产业有较强的促进作用；斯德恩德运用产业关联性探究发现产业结构的不合理将导致产业间竞争不断增大，过大的竞争力将导致产业的畸形发展（徐质斌、牛福增，2003）。综合以上研究结果，提出的研究预判 B1 在理论上基本成立，但其适用范围以及具体影响程度将在实证章节进行定量分析。

研究预判 B2：滨海地区海洋产业结构演变除了影响自身发展外，对地方经济也会造成相应增减影响，其中海洋产业结构较为合理的滨海区域，对地方经济增长贡献较大。

沿海地区国民经济发展离不开海洋经济的发展，海洋赋予沿海地区丰富的海洋资源以及得天独厚的区位优势。沿海地区的经济发展水平与当地海洋资源开发和利用的程度有着极为密切的关系，两者互为依托，共同发展，形成良性循环，以海洋经济为依托的沿海省份的国民经济在海洋健康发展的前提下保持着稳定的增长。海洋经济的增长源于海洋产业结构的演化，其带动地区国民经济增长主要表现在以下 4 个方面：促进地区生产总值增加、增加地区财政收入、提升区域就业率、促进地区科学技术进步。

贾占华、谷国锋（2019）在类似研究中发现，合理的金融产业结构对经济增长产生正增长效应，产业结构的畸形会产生负增长效应。张晓艳（2014）运用固定效应模型对海洋产业结构变动引起的经济增长进行研究，证明海洋产业结构合理化对海洋经济增长具有正向促进作用；赤松的“雁阵模式”理论，阐述了中国如何通过内部政策改革发展经济，即通过产业政策调节产业结构最终实现区域经济增长（钱纳里，1996；西蒙·库兹涅茨，1989）；王丹、张耀光、陈爽（2010）探究发现，随着产业结构功能的转变，海洋经济实现了高速增长；王端岚（2013）运用面板数据，对福建海洋产业结构变迁所造成的区域经济增长进行了定量分析，发现产业结构对经济增长有较强的积极作用；狄乾斌、刘欣欣、王萌（2013）在研究中同样印证了此项观点的合理性：海洋产业结构的变动与区域经济增长间具有较为显著的正相关关系。

研究预判 B3：滨海地区海洋产业演化不仅会促进当地经济的增长，而且也会促使毗连区域国民经济的增长，此类经济增长即为空间溢出效应。

空间溢出增长效应可能表现在以下 3 个方面：促进邻近区域或内陆地区生产总值增加、提高周边地区就业率、促进科技发展与技术创新。在相关研究中，王雪辉、谷国锋（2016）将人均 GDP 作为经济增长以及溢出效应的表现特征，认为经济增长溢出效应随时间推移逐渐增强但会随地理距离增加而减弱；孙皓、石柱鲜（2011）认为经济增长对产业结构冲击存在显著的滞后反应，产业结构调整对经济增长具有时变性质；李彬、高艳（2010）采用生产函数，范斐、孙才志、张耀光（2011）运用 DEA 以及 Malmquist 指数分析方法，赵昕、郭恺莹（2012）选取 GRA - DEA 方法，以及张继良、高志霞、杨荣（2013）都对类似问题进行了分析探讨，他们发现海洋产业的空间溢出效率都在不断提高。综合以上研究结果，研究预判B3较为合理，但其是否在中国沿海三角洲际及省域层面范围内同样适用，后续章节将会运用具体定量方法对其进行实证探究。

1.4　技术路线与研究区域说明

针对海洋产业增长效应的不同表现形式（见图1.1），本书以海洋产业综合发展情况以及产业结构演变历程为基础，运用《中国海洋统计年鉴》、间接测算出的区域海洋产业《价值型投入产出表》以及相邻省域统计年鉴的各类数据，采用空间计量模型对以下3方面的增长效应进行刻画：海洋产业演化的海洋经济增长关联性效应、海洋产业演化的国民经济增长地方贡献效应、海洋产业演化的国民经济增长空间溢出效应。

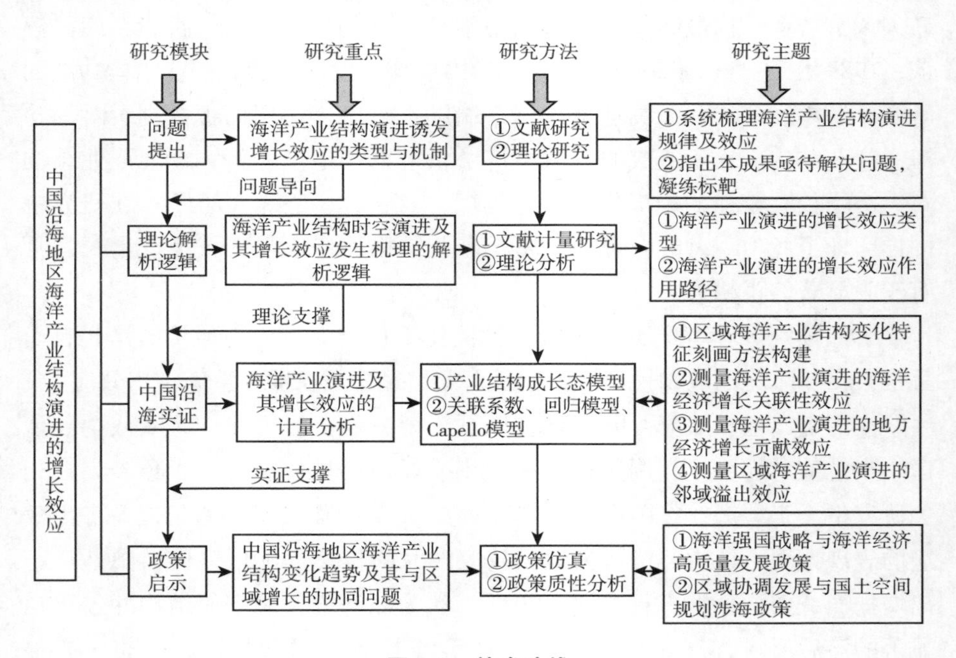

图1.1　技术路线

对中国沿海地区海洋产业结构的增长效应计量进行研究，分两个层面进行分析，分别为省域层面以及三角洲层面。

省域经济是中国享有省级管理权限、在地方行政建制和区划中属最高层次的行政区域经济，是进行宏观经济管理的重要层次。中国省级行政区基本上是一级完整的经济区，其具有强大的“传递”和“发动”双重功能。一方面，它通过省级行政系统把中央政府的经济运行指令和决策向下传递，也把地方的经济情况反馈给中央政府；另一方面，它通过行政手段和经济手段推进区域内经济增长与发展。

中国拥有14个临海行政单元：分别是辽宁、天津、河北、山东、江苏、上海、浙江、福建、广东、广西、海南、台湾、香港以及澳门。根据数据的完整性以及可获得性，台湾、香港以及澳门缺少的数据指标较多，后续内容中将不再评议。故实际研究区域为中国临海其余的11个行政单元，具体研究区经济资源概况对照比较见表1.1。

表1.1　　省域研究区概况

省际研究区	国内生产总值（亿元）	海洋生产总值（亿元）	海洋生产总值占国内生产总值比重（%）	海域面积（万平方千米）	海岸线长度（千米）	海洋货物周转量（亿吨·千米）	港口国际标准集装箱吞吐量（万标准箱）	海洋捕捞产量（万吨）	海洋旅客周转量（亿人·千米）
辽宁	22246.90	3338.30	0.15	15.02	2920.00	8276.00	1880.00	108.15	6.00
河北	32070.50	1992.50	0.06	0.72	665.00	1334.00	305.00	24.78	0.40
天津	17885.40	4045.80	0.23	0.30	153.33	1530.00	1452.00	4.52	0.00
山东	68024.50	13280.40	0.20	17.00	3121.95	1421.00	2509.00	229.22	11.70
江苏	77388.3	6606.60	0.09	3.75	1036.00	3361.00	490.00	54.89	0.40
上海	28178.70	7463.40	0.26	0.90	449.70	18986.00	3713.00	1.69	0.70
浙江	47251.40	6597.80	0.14	22.00	6200.00	7657.00	2362.00	347.06	4.90
福建	28810.60	7999.70	0.28	13.60	3324.00	4830.00	1440.00	203.86	2.30
广东	80854.90	15968.40	0.20	41.90	3368.00	17512.00	5094.00	148.95	9.60
广西	18317.60	1251.00	0.07	4.00	1595.00	736.00	179.00	65.29	1.40
海南	4053.20	1149.70	0.28	200.00	1617.80	973.00	165.00	140.75	3.40

资料来源：中国海洋统计年鉴（2017）。

三角洲际的海洋产业结构增长效应研究是以渤海湾地区、长江三角洲地区以及珠江三角洲地区为研究对象。基于数据的完整性以及可获得性，台湾、香港以及澳门缺少的数据指标较多，后续内容中将不再进行评议。

渤海是一个内海，被辽东半岛、山东半岛和华北平原呈“十”字型所环抱，研究对象中包含的省域行政区域为辽宁、河北、天津、山东，由于北京自身并未临海，故渤海湾地区的研究范围不包含北京。渤海湾地区属于资源型经济区域，自然资源丰富、分布集中、易开发利用，同时该区域还有丰富的海洋资源和渔业资源，为当地的发展提供了强有力的经济支撑。

长江三角洲区域是长江入海前的冲积平原，中国第一大经济区。根据国务院2010年批准的《长江三角洲地区区域规划》，长江三角洲包括江苏、上海以及浙江[①]。对于长江三角洲的具体研究区域也同样遵从该规划所划定的这三个区域，长江三角洲区域将江苏、上海以及浙江的资源进行了整合并综合利用，使得区域内的长短板互补共同增长。

珠江三角洲在相关研究的基础上以及政府相关政策的引导下，陆续出现了“小珠三角”“大珠三角”“粤港澳大湾区”“泛珠三角”等概念。针对这些区域概念的出现，本书对研究对象进行了限定，主要为福建、广东、广西以及海南4省份。

---

① 国家发改委关于印发长江三角洲地区区域规划的通知［EB/OL］. http：//www. gov. cn/zwgk/2010 -06/22/content_1633868. htm，2019 -06 -19.

2　海洋产业时空结构演进及其增长效应分析框架

2.1　全球与中国海洋产业时空结构的演进趋势

2.1.1　全球各国海洋产业时空趋势

全球海洋资源丰富且开发潜力巨大，任何海洋经济活动都不是孤立的，海洋中的任何活动都会对其他区域产生重大影响。由于丰富的海洋资源与开发潜力，各国政府都把经济发展的新目标投向海洋，甚至有不少海洋国家将“海洋战略”提升为“国家战略”，中美两国海洋经济增加值最大，2005～2010 年美国居全球领先地位。中国 2005 年的海洋经济增长值相对较低，但中国海洋经济发展迅速，到 2011 年，中国海洋经济增加值超过美国，成为海洋经济总产值增加值最高的国家（见表 2.1）。2012 年中国海洋经济增加值突破 3000 亿美元，以 3306.33 亿美元位居第一位。

表 2.1　　中国及其他海洋国家海洋经济增加值　　单位：亿美元

年份	中国	美国	日本	加拿大	澳大利亚	英国
2005	877.49	2356.52	1507.70	290.02	288.36	905
2006	1106.02	2513.08	1400.60	303.51	309.57	984.9
2007	1376.93	2676.26	1536.30	324.64	353.48	1047.59
2008	1667.95	2643.09	1727.90	341.91	414.6	1118.33

续表

年份	中国	美国	日本	加拿大	澳大利亚	英国
2009	1877.72	2789.71	1765.00	360.11	440.82	913.29
2010	2370.10	2648.07	1780.00	396.88	423.12	945.8
2011	2825.10	2777.58	1796.00	395.37	456.04	1021.27
2012	3306.33	3078.49	1933.90	434.11	478.83	1033.96

资料来源：张耀光．中国海洋经济地理学［M］．南京：东南大学出版社，2015.

中国的海洋经济增速虽快，但人均海洋经济 GDP 在世界海洋经济人均 GDP 中排名较低（见表 2.2）。在新一轮技术革命的浪潮下，人类探索开发海洋的能力进一步增强，中国发展海洋产业的中心应逐步向高新技术产业转移，海洋产业结构逐步向高级化、合理化演进。

表 2.2　　2012 年中国及其他海洋国家主要海洋经济指标

国家	海洋经济 GDP		人均海洋经济 GDP	
	数值（亿美元）	排名	数值（美元）	排名
中国	3306.3	1	244	6
美国	3078.49	2	981	5
日本	1933.90	3	1516	3
加拿大	434.11	6	1240	4
澳大利亚	478.83	5	2093	1
英国	1033.96	4	1632	2

资料来源：张耀光．中国海洋经济地理学［M］．南京：东南大学出版社，2015.

2.1.2　中国海洋经济总体发展趋势

经过数十年的发展，中国已基本建立起高度依赖的海洋开放型经济，海洋经济的战略地位也越发突出。中国海洋经济的发展有以下特点：一是海洋经济增速较快，海洋经济对外依赖性强；二是中国海洋产业发展迅速，海洋产品产量逐年增长，位居世界前列；三是沿海各省市海洋经济发展差异明显，三大海洋经济圈产值占比变化明显。2010～2017 年，海洋生产总值占国内生产总值的比重在 9% 上下浮动。在新冠肺炎疫情的影响下，2020

年海洋生产总值占国内生产总值占比下降到7.89%，2021年由于生鲜产品的运输风险与疫情防控要求，海洋生产总值与国内生产总值的占比仍未大幅度回升，占比约为7.90%（见表2.3）。从表2.4中呈现数据来看，2010～2021年，海洋经济生产总值、海洋产业产值稳定增长。与2010年相比，2021年海洋生产总值约增长135%，海洋产业生产总值约增长166%，主要海洋产业产值约增长121%。

表2.3　2010～2021年中国海洋经济总值与国内生产总值比重

年份	国内生产总值（亿元）	海洋生产总值（亿元）	占比（%）
2010	412119	38439	9.33
2011	487940	45570	9.34
2012	538580	50087	9.30
2013	592963	54313	9.16
2014	643563	59936	9.31
2015	688858	64669	9.39
2016	746395	70507	9.45
2017	832036	77611	9.33
2018	919281	83415	9.07
2019	986515	89415	9.06
2020	1013567	80010	7.89
2021	1143670	90385	7.90

资料来源：张耀光．中国海洋经济地理学［M］．南京：东南大学出版社，2015．

表2.4　2010～2021年中国海洋经济产值与海洋产业产值　单位：亿元

年份	海洋生产总值	海洋产业	主要海洋产业
2010	38439	22370	15531
2011	45570	26508	18760
2012	50087	29397	20575
2013	54313	31969	22681
2014	59936	35611	25156
2015	64669	38991	26791
2016	70507	43283	28646
2017	77611	48234	31735

续表

年份	海洋生产总值	海洋产业	主要海洋产业
2018	83415	52965	33609
2019	89415	57315	35724
2020	80010	52953	29641
2021	90385	59488	34050

资料来源：张耀光．中国海洋经济地理学［M］．南京：东南大学出版社，2015．

2.1.3 中国主要海洋产业发展趋势

海洋产业是海洋经济的构成主体与基础，是海洋经济存在与发展的前提。海洋产业是海洋经济的实体部门，随着科学技术的发展与市场需求多样化，海洋产业部门也有所增加。2001 年后，中国主要海洋产业增加到 12 个（见表 2.5）。依照海洋产业产生与发展的客观时序与科技含量，将海洋产业划分为传统海洋产业、新兴海洋产业与未来海洋产业。传统海洋产业包括海洋渔业、海洋盐业、海洋船舶业等，新兴海洋产业主要包括海洋油气业、海洋化工业、海洋生物医药业、滨海旅游业等，未来海洋产业则包括海洋矿业、海水利用业、海洋工程建筑业等。

表 2.5　2010～2021 年我国主要海洋产业产值　单位：亿元

产业类型	2010 年	2011 年	2012 年	2013 年	2014 年	2015 年	2016 年	2017 年	2018 年	2019 年	2020 年	2021 年
海洋渔业	2813	3287	3652	3872	4293	4352	4641	4676	4801	4715	4712	5297
海洋油气业	1302	1730	1570	1648	1530	939	869	1126	1477	1541	1494	1618
海洋矿业	49	53	61	49	53	67	69	66	71	194	190	180
海洋盐业	53	93	74	56	63	69	39	40	39	31	33	34
海洋化工业	565	691	784	908	911	985	1017	1044	1119	1157	532	617
海洋生物医药业	67	99	172	224	258	302	336	385	413	443	451	494
海洋电力业	28	49	70	87	99	116	126	138	172	199	237	329
海水利用业	10	10	11	12	14	14	15	14	17	18	19	24
海洋船舶业	1182	1437	1331	1183	1387	1441	1312	1455	887	1182	1147	1264

续表

产业类型	2010年	2011年	2012年	2013年	2014年	2015年	2016年	2017年	2018年	2019年	2020年	2021年
海洋工程建筑业	808	1096	1075	1680	2103	2092	2172	1841	1905	1732	1190	1432
海洋交通运输业	3816	3957	4802	5111	5562	5541	6004	6312	6522	6427	5711	7466
滨海旅游业	4838	6258	6972	7851	8882	10874	12047	14636	16078	18086	13924	15397

资料来源：张耀光．中国海洋经济地理学［M］．南京：东南大学出版社，2015.

中国是世界第二大石油消费国和第三大天然气消费国，原油对外依存度达到74%，在能源消费与能源安全的双重压力下，海上油气生产成为保障国家能源安全的重要增长极，海洋油气资源的开发成为“十四五”期间油气资源开发的主要增长点（赵涛等，2022）。海洋油气钻井技术创新和关键核心技术的攻破，以及渤海中深层高效钻井、海上稠油规模化热采、深水钻井表层导管、水下应急封井装置、水下井口采油树等关键装备工具的垄断突破，将助力中国海洋油气产业的高质量发展（李中等，2021；刘书杰等，2019）。

海洋生物医药是海洋战略性新兴产业，具有巨大的发展潜力，2010～2021年海洋生物医药产值不断增加，在海洋经济中占比越来越大。推动海洋资源基础性研究，加强对海洋药物的生物化学、生物学、药理学等的基础研究，是推动海洋生物医药产业发展的关键任务。推动技术成果转向产业化生产，依托“健康中国2030”“海洋强国”以及《全国海洋经济发展“十四五”规划》等国家战略，瞄准世界前沿，加强海洋生物医药产业创新战略研究与系统布局，完善海洋生物医药产业战略规划和资源配置体制机制，通过多种渠道，积极推进成果转化，加强我国海洋生物医药领域的技术创新与应用，将助推海洋生物医药快速发展（李晓等，2020；付秀梅等，2020）。滨海旅游业是主要海洋产业中产值占比最大的产业类型，2010～2021年滨海旅游业增长迅速，并成为海洋产业的支柱产业，滨海旅游业依靠海洋资源开发海洋旅游，并推动相关附加产业发展。中国的海洋旅游业开发主要以近海旅游为主，常见的旅游服务产品包括潜水、冲浪、休闲观光等，产业增值较快，但旅游业创新性不足，且从业人员的专业素质和服务水平仍有待提高（岳杰，2021）。

2.1.4 中国区域海洋产业发展态势

2010~2021年中国三大海洋经济圈的产值都呈现出整体上升的趋势，但三大海洋经济圈的占比却呈现出不同的发展趋势。2010~2019年，东部海洋经济圈海洋产业的产值不断上升，但海洋产业的产值占比呈下降趋势，在2020年和2021年逐渐回升。2010~2019年，北部海洋经济圈的海洋产业产值不断增长，但海洋产业产值占比从第一位下降至第三。2010~2017年，南部海洋经济圈的海洋经济发展水平不如北部海洋经济圈与东部经济圈，但2018年，南部海洋经济圈的海洋产业生产总值大幅上升达到32934亿元，跃升至三大海洋经济圈的首位，海洋产业的总产值与东部海洋经济圈、北部海洋经济圈拉开较大差距，南部海洋经济圈产业发展逐渐增强（见表2.6）。

表2.6　2010~2021年三大海洋经济圈海洋产业发展情况

年份	北部海洋经济圈		东部海洋经济圈		南部海洋经济圈	
	占比（%）	海洋产业产值（亿元）	占比（%）	海洋产业产值（亿元）	占比（%）	海洋产业产值（亿元）
2010	34.50	13271	31.40	12059	21.60	8291
2011	36.10	16442	30.10	13721	21.50	9807
2012	36.10	18078	30.80	15440	20.00	10028
2013	36.30	19734	30.40	16485	20.80	11284
2014	37.00	22152	29.60	17739	20.80	12484
2015	36.20	23437	28.50	18439	21.30	13796
2016	34.50	24323	28.20	19912	22.50	15895
2017	31.70	24638	29.60	22952	23.40	18156
2018	31.40	26219	29.10	24261	39.50	32934
2019	29.50	26360	29.70	26570	40.80	36486
2020	29.20	23386	32.10	25698	38.70	30925
2021	28.60	22465	32.10	25717	39.30	31368

资料来源：张耀光．中国海洋经济地理学［M］．南京：东南大学出版社，2015．

2.2 海洋产业时空结构演进动因及其作用机理

2.2.1 资源环境条件

海洋经济是指人类利用海洋空间和资源进行生产和服务活动的总称。海洋经济的内容和发展水平是由海洋生产力和其相适应的海洋生产关系共同决定的。海洋产业是海洋经济的构成主体和基础，是具有同一属性的海洋经济活动的集合，也是海洋经济存在与发展的前提条件。涉海性是海洋产业的基本特征，也是海洋产业区别陆域产业的内在要求。海洋资源是海洋产业发展的基础，只有实现海洋资源的可持续发展，才能实现海洋产业的可持续发展。狭义的海洋资源指与海水水体有着直接关系的物质和能量，是能在海水中生存的生物、溶解于海水中的化学元素、海水中所蕴藏的能量以及海底的矿藏资源。随着科学技术的不断进步以及对人类海洋认识的不断深入，海洋资源的概念发展为：能够产生经济价值以提高当前和未来福利的海洋自然环境因素。除了狭义定义的物质以外，广义的海洋资源把港湾、海洋航线、水产加工、海洋风能、海底地热、海洋景观、海洋空间以及海洋的纳污能力等都归为海洋资源（楼东、谷树忠、钟赛香，2005）。现阶段，个别国家或区域的海洋产业转向资本驱动或技术驱动，但中国的海洋产业整体仍处于粗放型的海洋自然资源驱动发展阶段。滨海所在的资源环境条件决定了地方海洋经济发展的资源基础、历史路径和技术创新能力（马仁锋、候勃、窦思敏，2017）。而区域的海洋资源类型与要素禀赋决定了区域的海洋生产活动（见表 2.7）。

表 2.7　开展海洋生产活动资源禀赋类型

资源类型	要素禀赋
自然要素	自然要素是影响海洋产业发展的决定性因素。多数海洋产业都是由于对海洋资源的开发和利用而形成的。因此，海洋资源的种类、数量、质量以及环境空间分布对海洋经济活动有重要的影响。沿海地区的地理位置，周边环境以及交通运输条件都为海洋产业的发展奠定了良好的基础。但随着科学技术的不断进步，海洋产业布局所受的自然条件和自然资源约束会逐渐减弱

续表

资源类型	要素禀赋
社会要素	社会要素包括人口因素、经济基础、国家法律法规和经济政策等。沿海地区的人口因素决定了海洋产业就业劳动力的可得性。区域的海洋产业劳动力数量和质量直接决定了区域海洋经济的发展水平、规模分布和类型。除了人口、经济等要素外，陆地经济也在一定程度上影响了海洋经济的布局，海洋产业与现有的陆地产业形成产业链联系
经济要素	区域的经济发展水平、基础设施条件、交通条件等都会影响海洋产业的布局。港口是海洋经济发展的纽带，一个地区是否具备良好的建港条件，港口的发展状况以及陆地的集疏运系统是否完善，在很大程度上决定了海洋经济的类型、规模与潜力
科技要素	科学技术对海洋产业的布局影响深远，可以直接或间接地影响海洋经济布局。科学技术可以提高海洋资源利用的深度和广度，并催生高新技术产业拓宽海洋经济的空间布局，促进海洋产业结构优化

2.2.2 区位禀赋

海洋产业的区位禀赋决定了海洋产业的布局与海洋经济活动离不开具体的空间，与各地具体的资源环境条件紧密结合在一起，海洋经济活动以广大的海洋空间为载体，其活动范围是立体的、全方位的。海洋经济活动的资源环境条件在空间上表现出一定的形态，主要有三种类型，如表 2.8 所示。

表 2.8　　发展海洋产业的区位要素

区位类型	区位要素
点区位	具有确定的地理位置与地理坐标度量。如滨海企业分布点、交通枢纽、港口、海洋矿产资源等
线区位	具有确定的走向和长度，如海岸线、航海路线、海底电缆、海底输水管线等
面区位	具有确定的范围、形状和面积，如港口腹地、滩涂浅海、海岛、海洋产业园区、海洋保护区、海洋农牧区、海洋工矿区等

区位理论研究产业区位与资源要素的空间分布关系与空间结构特征，19 世纪初至 20 世纪中期先后形成了四个代表性的区位论：农业区位论、工业区位论、海港区位论以及城市区位论。农业区位论中的杜能理论指出，

地域分异的形成与发展模式影响地区农业发展，杜能圈与海岛岛屿与环岛水域利用在形状结构方面有相似之处，海岛的陆域存在农牧化的生产，包括滩涂养殖、浅海养殖、深海养殖等。海岸海洋带空间中的海洋农牧化生产反映了海岛海陆土地利用的构成与变化。韦伯的工业区位论指出，工业企业的理想布局点是工业产品生产成本的最低点，原材料的特性影响企业的理想布局。在海洋工业中，海水利用、海洋能源、船舶制造、海洋工程等产业均适用于工业区位论。高兹的海港区位论将港口与腹地联系起来，认为海港的发展受腹地指向、海洋指向、劳动指向、资本指向四类区位因子影响。海港区位论为港区经济提供重要启示：港口与腹地相互依存，港口是腹地区域组会中最重要的集聚因素，港口作为龙头带动腹地经济发展。因此，港口研究成为海洋产业布局的主要研究理论。

海洋资源具有整体性、流动性等特征，海洋资源在空间上的差异分布决定了区域海洋资源的组合特征，海洋资源分布的地域性给中国沿海各省份带来不同的资源禀赋条件，影响了区域海洋产业结构现状与未来变化趋势（见表2.9）。从生产力的角度出发，海洋生产力的空间差异决定了海洋产业的布局，海洋产业区位与生产力的最优选择将最大限度地发挥海洋的价值功能，提升海洋产业的整体效益。

表2.9　　沿海各省份优势海洋资源类型

省份	优势海洋资源
辽宁	水产、港口、油气、旅游
河北	港口、盐业、滩涂、旅游
天津	港口、旅游、砂矿
山东	港口、水产、旅游、油气
江苏	港口、盐业、滩涂
上海	港口
浙江	港口、水产、旅游、海洋
福建	水产、港口、油气、旅游
广东	水产、港口、油气、旅游

2.2.3 国家政策秩序

新中国成立之初，中国的海洋经济以资源依赖型、劳动密集型、自给自足型的产业类型为主。改革开放后，中国沿海各省份充分利用本地的区域地理优势与海洋资源，沿海地区海洋经济总值不断增长，海洋经济总规模不断扩大，海洋经济的政治秩序也不断完善。中国海洋经济的秩序政策发展可以分为两大阶段（见图 2.1）：1979～2011 年为中国海洋经济政策体系的演进；2012 年至今为以海洋强国为指向的海洋经济政策体系的丰富（王雪慧、殷昭鲁、沈秋豪，2021）。

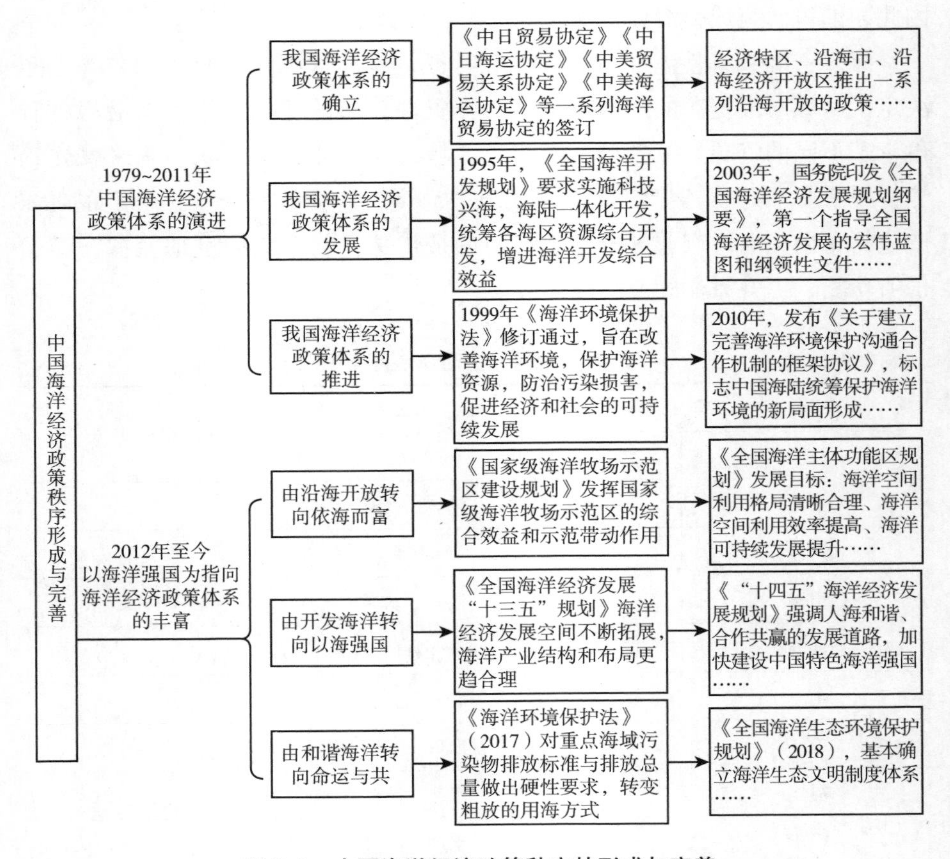

图 2.1　中国海洋经济政策秩序的形成与完善

改革开放初期，中国与日本、美国等海洋强国签署了相关的海洋贸易协定。同时在经济特区、沿海开放城市、沿海经济开放区实施沿海开放政策。十一届三中全会后，国家放宽政策，在海洋领域实行多种形式的生产责任制，拓宽涉海企业的自主经营权限，改变单一的计划收购，开始了水产品价格的双轨制。20 世纪 90 年代，随着《联合国海洋法公约》正式生效，中国经济政策也开始聚焦海洋开发。2003 年，国务院印发《全国海洋经济发展规划纲要》为中国海洋经济发展制定了新的宏伟蓝图。2015 年以前，在“无序、无度、无偿”的海洋资源开发下，海洋生态环境恶化，中国海洋环境质量整体下降①。传统粗放型的海洋产业发展模式造成的海洋环境问题，为海洋发展带来了新挑战。

进入 21 世纪，海洋经济发展开始注重对生态环境的保护，但生态环境恶化的趋势并未得到根本遏制。“十五”“十一五”期间，为实现海洋经济可持续发展，在以人海和谐的海洋经济政策指引下，我国相继建立 24 个国家级海洋生态文明建设示范区，并发布了一系列以和谐海洋为核心的规范性文件，在重点海域建立健全生态红线制度、生态环境损害赔偿制度。这也标志着中国的海洋经济发展进入由追求高速增长向和谐稳健转型的深度调整期。2012 年，中国共产党第十八次全国代表大会首次将“海洋强国”纳入国家战略中，这也意味着以海洋强国为指向的海洋经济政策体系步入新阶段。新时代的海洋经济政策体系坚持多方联动，由沿海开放转向依海而富，支持引导海洋经济增长。在延续开发型海洋经济政策的基础上，不断推进海洋科技创新的总体规划。面对海洋生态环境保护的紧迫形式，坚持统筹兼顾，科学开发利用海洋资源，维护海洋的再生产能力，由和谐海洋转向命运与共。

2.2.4 国际机遇

按照《中华人民共和国领海及毗连区法》《中华人民共和国专属经济区和大陆架法》等我国相关法律以及《联合国海洋法公约》等相关国际法

---

① 中国海洋仍存开发方式粗放、环境污染突出等问题［EB/OL］. http：//politics. people. com. cn/n/2015/0820/c1001 －27491603. html，2015 －08 －20.

规定，中国管辖海洋300万平方千米，兼有热带、亚热带、温带海洋特征，海岸拥有多处建港条件优越的海湾，蕴藏着丰富的岸线港址资源、滩涂和浅海资源、海岛资源与旅游资源。开发海洋资源，实施海洋强国战略，是解决中国人口众多、资源匮乏的重要道路。海洋是实现可持续发展的珍贵宝藏，实践证明我国海洋领域对外开放的深度与广度也在不断向纵深拓展，海洋经济政策的外向型特征也越来越显著。海洋的流动性和开放性也决定着海洋经济发展需要国际化的视野。进入21世纪，在国家发展战略布局和规划纲要的带领下，沿海各省份纷纷提出海洋开发战略并被纳入国家空间发展战略，依靠沿海的资源优势发展海洋产业。沿海地区承载了中国40%以上的人口，创造了60%以上的国民生产总值，涵括了中国90%以上的进出口贸易量，海洋为中国东部发展做出了重要贡献（林间，2019）。未来钢铁、造船、石化、核电等重工业将大规模地向沿海地区转移，东部沿海地区的工业化与城市化将进一步升级。

改革开放以来，我国提出的“沿海开放”“一带一路”“海洋命运共同体”等，既反映了时代要求又有利于增进世界人民海洋福祉，体现着我国积极加入全球海洋治理并深入进行国际海洋合作的坚定意愿。在考虑区域发展与陆海自然环境与社会经济属性的战略高度下，陆海统筹成为经济发展的基本战略。

2.3 海洋产业结构的时空演进及其增长效应发生机理

2.3.1 海陆产业关联的一体化效应

海陆经济一体化最早出现于20世纪90年代国内编制海洋开发保护规划提出的原则之一，海陆经济一体化是海洋经济发展的必然趋势，海陆产业一体化在于实现海陆资源、能源、技术和人才的合理优化与高效利用。海陆经济一体化与产业关联被视为海洋资源开发、海洋经济发展的目标。海洋产业与陆域产业存在生态资源、技术基础、空间载体等差异，通过港口、临海产业、港口-腹地一体化、跨海大桥和海底隧道等工程的开发建设，延伸陆海空间，相互延伸、相互促进，进而实现海陆产业关联，形成海陆产业复合系统（夏飞，2019）。

作为陆地的空间延伸，海洋经济对陆地经济有着空间、资源、技术和市场依赖性。随着科学技术发展和社会进步，海洋资源得到了大力开发，但沿海地区的大部分海洋产业与陆地产业仍缺乏紧密的关联性。随着先进技术与海洋应用的不断延伸，海洋的探索推动了人类对于海洋的认知，开发海洋的进程促进了海洋经济的大力发展，有效地推动了海洋资源在产业化进程中的陆地化过程。在陆地经济技术的帮助与完善下，海洋的战略新兴产业也实现了质的跨越，海陆产业逐渐实现了资源的有效整合，海陆经济的一体化推动了利益最大化。

海陆产业一体化呈现出两大特征：一是产业分工与产业集聚，二是生产专业化日益增强。资源流动、资金循环、技术传播、劳动力转移等要素集聚机制使得海陆产业的各子系统构成资源能源的双向流动。在陆域资源能源短缺，发展空间受限的背景下，海洋能源的开采量不断扩大，海洋资源利用水平提高，从海洋向陆地的资源流动成为海陆产业间的总方向。未来海洋经济的发展或将继续促进地方的 GDP 增长，政府的引导协调机制将助推各地区发挥资源与区域优势，推动海陆经济一体化，为海洋的开发与可持续发展提供保障。

2.3.2 海洋产业结构时空演进的机理分析

区域的产业结构随着经济的发展而演化，形成的产业结构演化规律主要表现在以下几个方面：

（1）产品需求收入弹性导致产业结构演化升级。社会需求结构与人们的消费结构随着收入水平的提高而变化，当消费结构中的食品收入弹性下降，其他消费品的收入弹性就相对上升，这种消费需求的转移将导致产业结构变化。现实表现为：人类历史上由农业、手工业、纺织业逐渐向工业、信息产业、服务业转变的产业结构发展过程；海洋产业从最初的粗放型渔业、盐业到开发海洋石油、天然气、矿产进而演化出海洋化工、海洋油气等行业部门。

（2）劳动生产率上升的不均衡是产业结构演变的重要原因之一。导致劳动生产率上升不均衡的主要原因是不同产业之间技术进步差异。当某产业处于非垄断市场中，它的劳动生产率上升较快，则该产业的技术更新速度更快，该产业的生产成本也会较快地下降。因此这一产业在国民收入中将占有很大优势，生产要素也会向该产业转移。显然，工业较于农业，重工业较于轻工业，加工组装业较于原材料工业在生产率上升方面具有更大的优势。这也是三次产业转移、工业结构重工业化和产业高度加工化的重要原因。1997～2017年，海洋生物医药业、海洋电力、海洋化工业都呈现出较为明显的上升趋势，这也恰好说明了海洋新兴产业的劳动生产率上升较快，技术更新速度快，生产要素逐渐向该类产业转移。

（3）国际贸易水平与结构是促进产业结构演变和现代化的重要因素之一。在进口替代达到一定程度时，将迅速地实现贸易模式由进口替代向出口导向转变，这是现代化与产业升级的最佳时机。2021年全球经济回暖，国际货物运输需求增加，海洋交通运输业和海洋船舶制造业较快增长。国际航运市场复苏叠加船舶批量更替的周期，将增强我国优势海洋产业的国际竞争力，进而刺激对外贸易的持续增长。

2.3.3 海洋产业结构时空演进的溢出效应

区域经济增长和产业结构演进是区域发展的两大要点：从时间维度，区域经济增长表现为生产能力和经济规模的扩大；从空间维度看，区域产业的演进结构表现为新的经济结构替代原有的经济结构。

时间维度的技术水平提升促进区域经济增长首先表现在制造业与服务业中。以海洋制造业与海洋服务业为例，在海洋制造业技术水平较高、产业发展步入成熟时，海洋服务业正处于起步阶段，则此时的海洋制造业就业人数大于海洋服务业，就业的整体份额也大于服务行业。但当某行业部门的技术更新加速、劳动生产率快速提高时，就意味着该行业不再需要更多的劳动力与之匹配。劳动力集聚导致的技术水平提升效应逐渐由规模收益递减效应所抵消。当技术水平上升到一定高度之后，海洋制造业部门剩余高水平劳动力将转向于海洋服务业，导致高水平劳动人才在服务业集聚，给海洋服务业部门创造了技术创新或行业创新的条件。由于技术存在的空间溢出效应，从海洋制造业转移到海洋服务业部门的高水平劳动力越多，海洋服务业部门的技术创新也就越多。

空间维度的区域经济结构转型升级的表现则更为显著，新兴海洋产业部门与传统海洋行业间的资源竞争是区域经济发展中的必然事件。如果新兴的生产性海洋服务业部门技术超过传统的海洋制造业，则在其他条件相同的情况下，生产性的海洋服务业部门的单位面积土地产值将大于海洋制造业的土地产值，因而能在服务业土地租金竞标中有优势与制造业竞争。当新兴海洋生产性服务业部门取代原有的海洋制造业部门获得优势区位，在外部规模经济、技术扩散效应和技术创新效应的刺激下，大量的生产性海洋服务业将形成区域集聚，提高服务业部门的产值份额和就业份额，从而使以制造业为主的区域海洋产业结构发生转变，被挤出的海洋制造业则会在寻找新的生产区位过程中发生产业优化或产业转移。某区位原有的经济结构由新的经济结构取代的过程，是空间维度的区域经济发展过程。如果海洋服务业的技术水平很高并进入产业发展的成熟阶段，也会通过行业间的资源竞争与其他行业争夺区位空间，并带动海洋制造业的技术提升，使得海洋制造业与海洋服务业的技术水平与生产率水平交替上升，将导致整个区域经济的可持续增长与经济结构不断演进。

2.3.4 海洋产业演进的本地市场效应

本地市场效应是指本地的超常需求引起规模生产和效率提升，使得产品生产在满足本地需求之外还能进一步满足国内外产品需求。本地较大规模市场上市场需求份额增加将导致一个更大比例的产出份额增加，结果是众多产业因某一地区的需求规模优势而在该地区集聚起来。在规模效益、比较优势的基础上，国内和出口需求增加反过来又带动城市制造业规模扩大和相关企业的空间集聚，生产的规模效益和集聚经济降低交易成本和交通运输成本，为扩大国内和出口需求提供条件，全球生产网络下的价值链嵌入使得沿海城市演化升级更为迅速（张旭亮，2011）。如东南沿海的温州、宁波、南通等城市，依靠丰富的海洋资源与良好的交通条件，不断拓展外部市场，为经济发展拓宽路径，在保证稳定内需的基础上扩大外需，使发展海洋产业成为城市经济增长的道路。

2.3.5 海洋产业时空演进的国际分工专业化效应

社会分工的实质是人类从事各种劳动的社会划分和独立化、专业化行为。就整个社会生产体系来说，分工越来越趋向复杂的性质分类，分工在地域上逐步实现了空间的跨越，出现了城市间分工、国家内分工和国家间分工。在具体的生产劳动分工中，不仅包括产业分工、企业内分工、工序分工，也包括非生产劳动分工中的商业贸易分工。区域分工、国内分工和国际分工，统称国际劳动分工。

海洋船舶业作为传统的大型制造工业，在国际分工专业化的影响下，不同国家的海洋船舶业在产业转型升级过程中也出现了差异化特点。日本、韩国、德国、丹麦、瑞典在国际船舶市场具有突出的特征。日本船舶业根据集团内各船厂的生产技术状况实施针对不同船型的专业分工，根据船型大小在集团组织下对订单进行设计、生产、采购等统一的标准化服务。韩国则侧重于引进船舶制造的先进技术，以技术更新提高本国船舶制造业的专业化水平与国际竞争力。德国的造船企业则注重开发船舶制造技术，并在现有生产规模上向技术复杂船与高附加值船舶制造转型。丹麦的造船企业在国内形成寡头垄断市场，船舶制造集中于5家各有优势的企业，企业间的竞争使得丹麦的船舶制造业注重船型创新与扩大造船能力。而瑞典的船舶制造业集中于生产散货船。

2.4　本章小结

本章聚焦海洋产业的时空结构演进及经济增长效应的生成机理，刻画了全球海洋经济发展过程的国家或地方增长效应事实，阐明了海洋产业时空结构演进动因，提出海陆产业关联的一体化、海洋产业集聚的空间溢出与本地市场、海洋产业时空演进的国际分工专业化是海洋产业时空演进促进区域增长的逻辑路径及综合生成机理。

3　区域海洋产业结构演进及增长效应的计量模型构建

3.1　海洋产业结构解析的计量模型构建

3.1.1　耦合协调度模型

3.1.1.1　熵权法

熵权法是一种客观赋权方法，其原理是根据各评价指标数值的变异程度所反映的信息量大小来确定权数（曹贤忠、曾刚，2014）。在信息论中，信息熵是系统的无序程度或无确定性的度量，信息是系统有序程度的度量，二者绝对值相等，但符号相反（舒波、郝美梅，2009）。熵权的计算公式为：

$$H(M) = -k\sum_{i=1}^{n} P(M_i) \times \ln P(M_i) \tag{3.1}$$

式中，k 为大于 0 的系数，$0 < P(M_i) < 1$ 且 $\sum_{i=1}^{n} P(M_i) = 1$。

3.1.1.2　TOPSIS 法

逼近理想解排序法（TOPSIS 法）是一种多目标决策方法（Ozernoy，1992；Stewart，1992），由黄清来等（Hwang et al.，1979）首次提出。TOPSIS 法的原理（程钰等，2012）是通过测度优先方案中的最优方案和最劣方案，分别计算出各评价对象与最优方案和最劣方案的差距，以此来对评价对象进行评价排序，具有计算简便、对样本量要求不大以及结果合理的优势。因此，本书结合熵值法和 TOPSIS 方法的相关运算理念及方法来构建模型。

3.1.1.3 熵权 TOPSIS 法

（1）构建判断矩阵：

$$A = (a_{ij})_{m \times n} \tag{3.2}$$

（2）对矩阵 A 进行归一化处理，得到归一化矩阵 B。

（3）确定评价指标的熵 H_i：

$$H_i = -\frac{1}{\ln m}\left(\sum_{j=1}^{m} f_{ij}\ln f_{ij}\right) \tag{3.3}$$

其中，$f_{ij} = b_{ij} / \sum_{j=1}^{m} b_{ij}$（m 为年份数量）。

（4）评价指标的熵权 W：

$$W = (w_i)_{1 \times n} \tag{3.4}$$

其中，$w_i = \dfrac{1 - H_i}{\sum_{i=1}^{n}(1 - H_i)}$。

（5）求出各指标权重集 R：

$$R = (r_{ij})_{m \times n} : R = B \times W \tag{3.5}$$

（6）根据权重集 R，确定理想解 Q_+ 和负理想解 Q_-：

$$Q_+ = (r_1^+, r_2^+, \cdots, r_n^+), Q_- = (r_1^-, r_2^-, \cdots, r_n^-)$$

（7）计算各方案与 Q_+ 和 Q_- 的距离 S_i^+ 和 S_i^-

$$S_i^+ = \sqrt{\sum_{j=1}^{n}(r_{ij} - r_j^+)^2} \tag{3.6}$$

$$S_i^- = \sqrt{\sum_{j=1}^{n}(r_{ij} - r_j^-)^2} \tag{3.7}$$

（8）计算各方案与理想解的相对接近度（即评价指数）：

$$C_i = \frac{S_i^+}{S_i^+ + S_i^-} \tag{3.8}$$

式中，$C_i \in [0, 1]$，C_i越趋近于1，该方案越好。

3.1.1.4 耦合协调度模型解析

构建耦合协调度模型进行耦合度分析，得到综合性指标 M，用以表示其中一个研究区（11 个省域、3 个三角洲）的海洋产业协调发展的情况，模型的建立可衡量各研究区域中 11 类海洋产业之间的协同作用，从统计学协同学的角度看，协同作用是描述区域各类产业之间的相互作用程度，观察其产业内部发展特征和相应规律（宓泽锋等，2016）。

协调度模型构建：

$$M = [(u_1 \times u_2 \times \cdots \times u_n)/\Pi(u_\beta + u_r)]^{1/n} \tag{3.9}$$

根据式（3.9），建立区域 11 类海洋产业耦合度模型，研究的区域系统数量为 11 或 3，故耦合度表示为：

$$M = 11 \times \frac{(u_1 \times u_2 \times \cdots \times u_{11})^{1/11}}{u_1 + u_2 + \cdots + u_{11}} \tag{3.10}$$

$$M = 3 \times \frac{(u_{a1} \times u_{a2} \times u_{a3})^{1/3}}{u_{a1} + u_{a2} + u_{a3}} \tag{3.11}$$

式中，M 代表耦合度；$u_1 \sim u_{11}$依次代表海洋渔业、海洋油气业、海洋矿业、海洋盐业、海洋船舶工业、海洋化工业、海洋交通运输业、滨海旅游业、海洋科学技术及海洋教育、海洋环境保护、海洋行政管理及公益服务的评价指数；$u_{a1} \sim u_{a3}$分别为区域海洋第一产业、第二产业、第三产业。由于这 11 类海洋产业及三次海洋产业可能出现大比例发展水平均较低的产业耦合度却较高的偏离实际的情况，故构建耦合协调度模型（下文中均简称为“协调度”）解决该问题。耦合协调度既可以反映各系统是否具有较好的水平，又可以反映系统间的相互作用关系：

$$D = \sqrt{M \times T} \tag{3.12}$$

式中，D 为研究区域内 11 类或三次海洋产业间的耦合协调度或研究区域间海洋产业间的耦合协调度；T 为海洋产业间或区域间的综合评价指数，$T =$

$\varphi u_1+\omega u_2+\cdots+\partial u_{11}$或$T=\varphi_a u_{a1}+\omega_a u_{a2}+\partial_a u_{a3}$；$\varphi$、$\omega$、$\partial$、$\varphi_a$、$\omega_a$、$\partial_a$等均为待定系数，且相加等于1。研究认为各类海洋产业都处于同等地位，因此将待定系数全部赋值为1/11或1/3。M、D均属于0~1的闭区间。参考经典研究案例（张荣天、焦华富，2015；廖重斌，1999），本书将耦合协调度等级进行划分，如表3.1所示。

表3.1　耦合度、协调度等级评价标准

耦合度（M）	耦合度等级	耦合协调度（D）	协调度等级
0.0≤M<0.3	低度耦合阶段	0.00~0.19	严重失调
0.3≤M<0.5	拮抗耦合阶段	0.20~0.39	轻度失调
0.5≤M<0.8	磨合阶段	0.40~0.59	一般协调
0.8≤M≤1.0	高度耦合阶段	0.60~0.79	良好协调
		0.80~1.00	优质协调

3.1.1.5　数据来源

根据《中国海洋统计年鉴》内现有的分省统计数据指标，以及现有研究成果，选择以下11类行业44个数据指标（见表3.2）进行模型构建。

表3.2　成长态模型海洋产业结构演变测算指标选择

行业	指标选择
海洋渔业	海洋捕捞产量（吨）、海水养殖产量（吨）、沿海地区海水养殖面积（公顷）
海洋油气业	海洋采油井（口）、海洋原油产量（万吨）、海洋采气井（口）、海洋天然气产量（万立方米）
海洋矿业	海洋矿业产量（万吨）
海洋盐业	沿海地区盐田总面积（公顷）、沿海地区海盐生产面积（公顷）、海洋盐业产量（万吨）
海洋船舶工业	海洋修船完工量（艘）、海洋造船完工量（艘）
海洋化工业	海洋化工产品产量（吨）
海洋交通运输业	海洋货物运输量（万吨）、海洋货物周转量（亿吨·千米）、沿海港口国际标准集装箱吞吐量箱数（万标准箱）、沿海港口国际标准集装箱吞吐量重量（万吨）
滨海旅游业	海洋旅客运输量（万人）、海洋旅客周转量（亿人·千米）、沿海地区星级饭店数（座）、沿海地区旅行社数（家）

续表

行业	指标选择
海洋科学技术及海洋教育	海洋科技活动人员（人）、海洋科研机构数量（个）、海洋科研机构科技课题数（项）、发表科技论文（篇）、出版科技著作（种）、专利申请受理数（件）、专利授权数（件）、拥有发明专利总数（件）、开设海洋专业高等学校数（所）、海洋专业教职工数（人）、海洋专业专任教师数（人）
海洋环境保护	沿海地区当年安排施工项目治理废水（个）、沿海地区当年安排施工治理固体废物（个）、沿海地区污染治理项目当年竣工治理废水项目（个）、沿海地区污染治理项目当年竣工治理固体废物项目（个）、沿海地区海洋保护区数量（个）、沿海地区海洋保护区面积（平方千米）
海洋行政管理及公益服务	颁发海域使用权证书（本）、确权海域面积（公顷）、海洋站（个）、验潮站（个）、气象台站（个）

注：其中海洋生物医药业、海洋工程建筑业、海洋电力业以及海洋水利业在《中国海洋统计年鉴》中无分省数据，故海洋产业结构演变刻画中不涉及以上4个行业。

针对统计年鉴中数据缺失以及统计口径的变化，采用表3.3中的方式进行数据采集处理。

表3.3　缺失数据的采集处理办法

数据指标缺失类型	处理办法
临近年份有该指标统计数据	采用临近前后一年份平均值法进行数据缺失补充
临近年份无该指标统计数据	①数值记为0
	②相似数据指标进行有效代替
	③间接测算
	④数值取现有的最近年份数据

3.1.2　产业结构多元化系数

3.1.2.1　测算方法

自工业革命开始，各国的经济结构逐渐从较为单一的第一产业——农业生产，转变为以工业为主的第二产业和以服务业为主的第三产业。产业结构多元化系数可以行之有效地表示第二产业和第三产业占总体经济体系的比重，可以对宏观大局进行整体分析，系数越大，产业结构演变越深化（张雷，2003），且该系数是一个比较而言的相对概念，便于纵向维度比较分析。本书采用张雷（2003）提出的产业结构多元化系数（ESD）的概念对一个地区的产业结构演变进行描述，其计算方法如下：

$$ESD = \sum\left(\frac{p}{p},\frac{S}{p},\frac{T}{p}\right) = (P + S + T)/P \qquad (3.13)$$

式中，*ESD* 为海洋产业经济结构多元化系数，*P* 为海洋第一产业产出，*S* 为海洋第二产业产出，*T* 为海洋第三产业产出。

测算发现第二与第三产业在本系数整体评价中无差异化。该系数的数值会随着第一产业产值的比重下降而增大，但不会随着二三产业间比重的调整而改变。因此，对 ESD 中的第三项（第三产业分项 T/P）进行修正，修正系数 T/S，修正后的产业结构多元化系数（MESD）表达式为（黄华，2014）：

$$MESE = \sum\left(\frac{p}{p},\frac{S}{p},\frac{T}{p}\times\frac{T}{S}\right) = P/P + S/P + T^2/(S\times P) \qquad (3.14)$$

简化为：

$$MESD = S/P + T^2/(S\times P) + 1 \qquad (3.15)$$

3.1.2.2 数据来源

研究所需数据为沿海地区生产总值（亿元）、海洋总产值（亿元）、海洋第一产业总产值（亿元）、海洋第二产业总产值（亿元）以及海洋第三产业总产值（亿元）5 类数据指标。由于 1997～2006 年的《中国海洋统计年鉴》中未将海洋产业进行三次产业结构划分，故相关年份涉及的一二三产业相关数据指标，按照海洋及相关产业分类（GB/T4754－2011）进行自行归类划分，归类依据见表 3.4。

表 3.4　海洋三次产业分类

海洋产业分类（一级）	具体行业目录（二级）
海洋第一产业	海洋渔（水产）业
海洋第二产业	海洋油气业、海洋矿业、海洋盐业、海洋船舶工业、海洋化工业、海洋生物医药业、海洋工程建筑业、海洋电力业、海洋水利业
海洋第三产业	海洋交通运输业、滨海旅游业、海洋科学技术以及海洋教育、海洋环境保护、海洋行政管理及公益服务

注：其中海洋生物医药业、海洋工程建筑业、海洋电力业以及海洋水利业在中国海洋统计年鉴中无分省数据，故在研究中不涉及以上 4 个行业。

3.1.3 产业结构成长态模型

3.1.3.1 成长态模型构建

产业结构成长的实质内容虽然是其内部构造的质变，但其成长过程则表现为产业之间优势地位连续不断地更替（周振华，1995）。对于一个已知的经济区域来说，其产业结构成长分析可以转化为其成长过程在产业体系中表现出的两个衡量标准：一是产业地位指数；二是产业增长率。从统计学的视角来观察，产业地位指数和产业增长率是反映区域产业结构成长格局最直观的一组经济统计指标，它们在二维空间中的双指标组合（a_i，b_i）反映了产业结构的成长态势，称为产业结构成长态（麻学锋，孙根年，马丽君，2012）。

$$a_i = \frac{X_i^t}{GDP} \times 100\% \tag{3.16}$$

$$b_i = \frac{X_i^t - X_i^{t-1}}{X_i^{t-1}} \times 100\% \tag{3.17}$$

式中，GDP 为区域产业总值，X_i^t 为第 i 个区域第 t 年的产业统计值。

计算出适合的划分标准（x，y），依据各分产业地位指数和增长率，将区域产业部门划分为衰退产业、成熟产业、成长产业和发展产业 4 类，它们分别处于二维坐标的 4 个象限中。对于 x，y 数值的选择，采用平均值法，以产业地位指数的平均值确定 x 轴，以产业增长率的平均值确定 y 轴（见图 3.1）。

目前在识别和论证结构是否合理及产业结构的变化方向时，通常有以下 5 种判定方法：国际比较法、影子价格分析法、需求判断法、需求适应性判断法以及结构效果法。通过比较上述方式的适宜度以及可行性，选择结构效果法对目前海洋产业结构以及变化方向是否合理进行定量化判定。

结构效果法即以产业结构变化引起的国民经济总产出的变化来衡量产业结构是否在向合理的方向变动，若结构变化使国民经济总产出获得相对增长，则产业结构的变动方向是正确的（苏东水，2015）。同时运用式（3.18）对其正确与否进行定量判定：

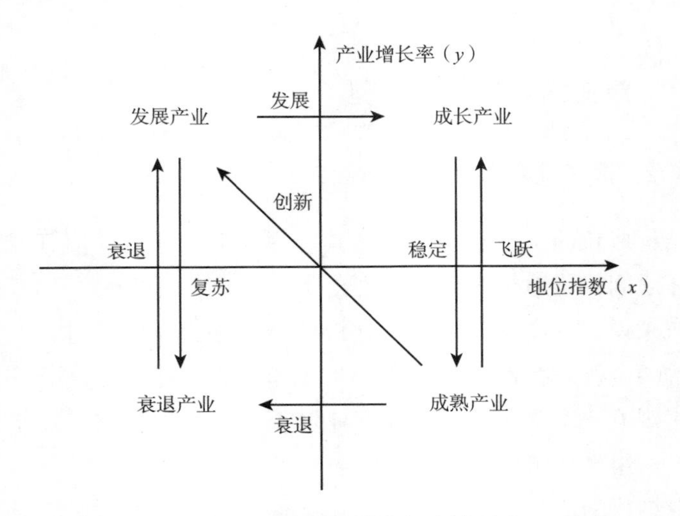

图 3.1 产业结构成长态模型

资料来源：麻学锋，孙根年，马丽君．旅游地成长与产业结构演变关系［J］．地理研究，2012，31（2）：245－256.

$$I = \frac{O}{G} \tag{3.18}$$

式中，O 为研究期内海洋产业产值增长率，G 为研究期内国内生产总值增长率，计算出的 I 为海洋产业结构合理性。

3.1.3.2 数据来源

根据 1997～2017 年的《中国海洋统计年鉴》以及表 3.2 的数据指标进行模型构建。

3.2 海洋经济增长关联性计量模型构建

产业关联是指产业间以各种投入品和产出品为连接纽带的技术经济联系。前向关联系数、后向关联系数均为静态情景对产业关联性的测度，该种方式无法深入解析其更深层次关联度特性，故本书在测算前向关联系数、后向关联系数的基础上增加影响力系数、感应度系数以及产业间的综合关联系数，多角度刻画海洋产业间关联性问题。

3.2.1 前向关联系数

产业的前向关联性用以衡量产出效应，用分配系数进行具体衡量。分配系数 h_{ij} 指的是国民经济各部门提供的产品和服务在各种用途（中间使用和最终使用）之间的分配使用比例①。

$$h_{ij} = \frac{\sum_{j=1}^{n} x_{ij}}{X_i}(i,j = 1,2,\cdots,n) \tag{3.19}$$

式中，x_{ij}为 i 部门提供给 j 部门中间使用的货物或服务的数量；X_i为 i 部门的总产出。h_{ij}数值越大，说明该类产业与其前向产业拥有较高的关联度。

3.2.2 后向关联系数

后向关联系数用以反映投入效应，用直接消耗系数进行具体衡量。直接消耗系数 a_{ij}（i，j = 1，2，…，n），该系数值的大小可以反映一类产业对相应产业或部门的直接带动作用的强调，该系数表达的是 j 部门在生产经营活动中单位总产值直接消耗 i 部门产值的数量，是部门内部的综合消耗定额。

$$a_{ij} = \frac{\sum_{i=1}^{n} x_{ij}}{x_j}(i,j = 1,2,\cdots,n) \tag{3.20}$$

式中，x_j为 j 部门的总投入，x_{ij}为所计量部门在生产经营活动中直接消耗的 i 部门的产品和服务产值。a_{ij}的值越大则表示该类产业与其后向产业拥有较高的关联度。

钱纳里、渡边等经济学家曾根据美国、意大利、日本、挪威等国的投入产出表，经过计算整理，将具有不同的中间需求率和中间投入率的各产业进行了划分（见图 3.2）。

---

① 国家统计局国民经济核算司．中国地区投入产出表［M］．北京：中国统计出版社，2011.

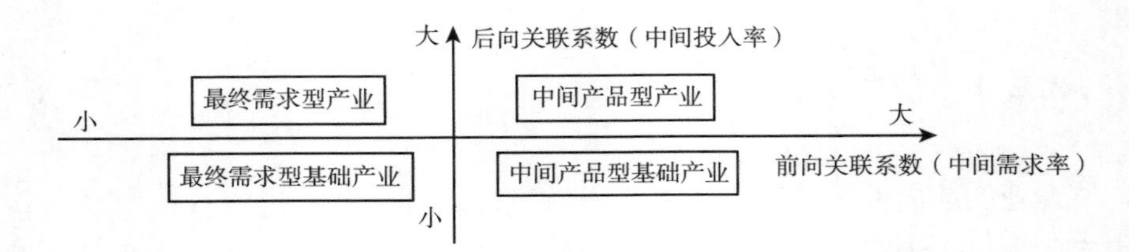

图 3.2　不同产业群的划分标准

前、后向产业确定方法：产业间的关联关系将借助投入产出表中的具体投入产出数值来确定。对于海洋产业 A 而言，在投入产出表中 A 提供给 B（非 A）的使用量最多，则 A 是 B 的前向产业。同理，在投入产出表中 A 消耗 C（非 A）的产品，则 C 是 A 的前向产业。形成 C－A－B 的形式，故产业 A 的前向产业为 C，后向产业为 B。

3.2.3　影响力系数

影响力系数反映国民经济中一个部门增加一个单位最终使用时，对国民经济各部门所产生的生产需求波及程度。影响力系数 F_j 的计算公式为：

$$F_j = \frac{\sum_{i=1}^{n} \bar{b}_{ij}}{\frac{1}{n}\sum_{i=1}^{n}\sum_{j=1}^{n} \bar{b}_{ij}} (j = 1, 2, \cdots, n) \tag{3.21}$$

式中，$\sum_{i=1}^{n} \bar{b}_{ij}$ 为列昂惕夫逆矩阵的第 j 列平均值，$\frac{1}{n}\sum_{i=1}^{n}\sum_{j=1}^{n} \bar{b}_{ij}$ 为列昂惕夫逆矩阵的列和的平均值。影响力系数 F_j 越大，第 j 部门对其他部门的拉动作用越大。

3.2.4　感应度系数

感应度系数 E_i 反映国民经济各部门均增加一个单位最终使用时，某一部门由此而受到的需求感应程度，也就是需要该部门为其他部门的生产而提供的产出量，表示为：

$$E_i = \frac{\sum_{j=1}^{n} b_{ij}}{\frac{1}{n}\sum_{i=1}^{n}\sum_{j=1}^{n}\bar{b}_{ij}} (j = 1,2,\cdots,n) \tag{3.22}$$

式中，$\sum_{j=1}^{n}\bar{b}_{ij}$ 为列昂惕夫逆矩阵的第 i 行之和，$\frac{1}{n}\sum_{i=1}^{n}\sum_{j=1}^{n}\bar{b}_{ij}$ 为列昂惕夫逆矩阵的行和的平均值，将 $E_i = 1$ 作为社会平均感应度水平进行比较衡量。

3.2.5 综合关联系数

综合关联系数 Z_i 表示的是产业间联系关系的综合值，为影响力系数与感应度系数的加权平均值，用以估算综合关联系数：

$$Z_i = \frac{F_j + E_i}{2} \tag{3.23}$$

3.2.6 数据来源及处理

区域海洋产业投入产出表的编制是分析研究海洋产业关联的基础。但目前并不存在区域海洋产业间投入产出表，故本书采用“增加值率”法间接测算出研究所需要的区域海洋产业投入产出表（王莉莉、肖雯雯，2016；陈国庆，2014）。

数据来源于中国投入产出表，该表每五年进行一次编制，由于采用“增加值率”的测算方法，故采用 1997 年、2002 年、2007 年、2012 年、2017 年的中国投入产出表，将 1997 年作为测算基期。同时选取相同年份的《中国海洋统计年鉴》（1997 年、2002 年、2007 年、2012 年、2017 年）进行数据处理与测算。具体处理方法分为以下 3 个步骤。

3.2.6.1 中国海洋产业投入产出表（基本流量表）基本结构及表式设计

投入产出表是反映一个经济系统各部分之间的投入与产出间数量依存关系的表格，其结构形式是一种特殊的纵横交错的棋盘式表格。简化的价值型投入产出表式如表 3.5 所示。

表 3.5　价值型投入产出表

产出／投入		代码	中间使用												最终使用											进口	其他	总产出
			海洋渔业	海洋油气业	海洋矿业	海洋盐业	海洋船舶工业	海洋化工业	海洋交通运输业	滨海旅游业	海洋科学技术及海洋教育	海洋环境保护	海洋行政管理及公益服务	中间使用合计	最终消费					资本形成总额			出口	最终使用合计			
															居民消费			政府消费	合计	固定资本形成总额	存货增加	合计					
															农村居民消费	城镇居民消费	小计										
	代码	—	01	02	03	04	05	06	07	08	09	10	11	TIU	FU101	FU102	THC	FU103	TC	FU201	FU202	GCF	EX	TFU	IM	EAR	GO
中间投入	海洋渔业	01																									
	海洋油气业	02																									
	海洋矿业	03																									
	海洋盐业	04																									
	海洋船舶工业	05																									
	海洋化工业	06						第一象限												第二象限							
	海洋交通运输业	07																									
	滨海旅游业	08																									
	海洋科学技术及海洋教育	09																									
	海洋环境保护	10																									
	海洋行政管理及公益服务	11																									
	中间使用合计	T11																									
增加值	劳动者报酬	VA001																									
	生产税净额	VA002																									
	固定资产折旧	VA003						第三象限																			
	营业盈余	VA004																									
	增加值合计	TVA																									
总投入		T1																									

从表 3.5 可以看出，主栏是投入，包括生产中投入的部门产品和新创造价值两部分，其合计为总投入。它的宾栏是产出，生产出的产品用于中间产品或最终产品，其合计为总产品，两栏交叉形成了表的三个象限（董承章，2000）。

第一象限是投入与消耗部分，是投入产出表的核心象限，主栏是中间投入，宾栏为中间使用。第一象限矩阵中的每一个数字都具有双重意义：从横行的方向反映产出部门的产品提供给各投入部门作为中间使用的数量；从纵列的方向反映投入部门在生产过程中消耗各产出部门的产品的数量①。这一象限反映的是各产品部门之间的技术经济联系，即相互提供产品与相互消耗产品的数量依存关系，是投入产出表的核心。

第二象限为最终使用部分，是第一象限在水平方向上的延伸，其主栏是各产品部门，宾栏是最终使用。这一部门反映各生产部门的产品各种最终使用的数量和构成，这一象限反映的是国民经济中各产品部门与最终使用各项之间的经济联系，包括各产品部门总产品在最终使用的分配使用情况，也包括最终使用的来源及构成。第一象限和第二象限组成的横表，反映国民经济各部门产品的使用去向，即各部门的中间使用和最终使用数量。

第三象限是最初投入部分，其主栏是各种最初投入，包括固定资本折旧和新创造价值两部分，宾栏是各产品部门。这一象限反映的是各产品部门的增加值形成过程与国民收入的初次分配情况。第一象限和第三象限组成的竖表，反映国民经济各部门在生产经营活动中的各种投入来源及产品价值构成，即各部门总投入及其所包含的中间投入和增加值的数量。

3.2.6.2 中国海洋产业投入产出表平衡关系

行平衡关系：

$$中间使用 + 最终使用 = 总产出$$

列平衡关系：

$$中间投入 + 最初投入 = 总投入$$

① 国家统计局国民经济核算司．中国地区投入产出表［M］．北京：中国统计出版社，2011.

总量的平衡关系：

总投入 = 总产出

每个部门的总投入 = 该部门的总产出

中间投入合计 = 中间使用合计

3.2.6.3 数据测算方法

1. 测算指标的选取

根据前人研究的相关成果，本书选取中国投入产出表中的相关部门指标与海洋产业相对应。由于2002年、2007年、2012年、2017年中国投入产出表中部门产业类型有小规模的合并、拆分与调整，故每年的具体核算指标根据当年投入产出表中的数据指标进行选取，选取的具体指标为表3.6中的指标。

2. 计算拆分权重

从《中国海洋统计年鉴》（1997年、2002年、2007年、2012年、2017年）中计算出各海洋产业的4时间段增加值，由于统计口径以及产业分类的变化，故使用测算出的年度海洋产业综合竞争力对中国沿海海洋产业总产值进行较为合理化的拆分，并计算出相应的产业增加值，同时计算与海洋产业对应的投入产出表中相应产业的增加值。根据这两类增加值测算数据拆分较为合理的权重，再根据海洋产业的增加值在投入产出表中所占比重确定拆分权重。由于海洋产业结构的变化以及区域海洋产业发展的侧重点逐年变化，不可避免地会出现增加值为负的情况，故将计算出的拆分比重统一做标准化处理，使之不存在负值情况，又不改变其拆分权重的相对意义。具体的拆分权重见附录A海洋产业与投入产出表中需要分解产业的拆分权重。

3. 数据拆分

利用计算出的拆分权重对相应产业部门进行拆分，拆分出海洋产业后，被拆分产业的数值要相应减少，以保证投入产出表的平衡；中间投入需要横向和纵向拆分，增加值部分只需要横向拆分，而最终使用部分则只需要纵向拆分（王莉莉、肖雯雯，2016）。

表 3.6 投入产出表中相关数据指标确定

产业类型	相关研究中采用过的数据指标	本书所采用的相关数据指标			
		2002 年	2007 年	2012 年	2017 年
海洋渔业	农林牧渔业	1 农业	1 农林牧渔业	1 农林牧渔产品和服务业	1 农林牧渔产品和服务业
海洋油气业	石油和天然气开采业	3 石油和天然气开采业、11 石油加工炼焦及核燃料加工业	3 石油和天然气开采业、11 石油加工炼焦及核燃料加工业	3 石油和天然气开采产品、11 石油炼焦产品和核燃料加工品	3 石油和天然气开采产品、11 石油炼焦产品和核燃料加工品
海洋矿业	黑色金属矿采选业、有色金属矿采选业、非金属矿及其他矿采选业	4 金属矿采选业、5 非金属矿采选业、13 非金属矿物制品业、14 金属冶炼及压延加工业、15 金属制品业	4 金属矿采选业、5 非金属矿及其他矿采选业、13 非金属矿物制品业、14 金属冶炼及压延加工业、15 金属制品业	4 金属矿采选产品、5 非金属矿和其他矿采选产品、13 非金属矿物制品、14 金属冶炼和压延加工品、15 金属制品	4 金属矿采选产品、5 非金属矿和其他矿采选产品、13 非金属矿物制品、14 金属冶炼和压延加工品、15 金属制品
海洋盐业	食品及酒精饮料	6 食品制造及烟草加工业	6 食品制造及烟草加工业	6 食品和烟草	6 食品和烟草
海洋船舶工业	船舶及浮动装置制造业	17 交通运输设备制造业、18 电气机械及器材制造业	17 交通运输设备制造业、18 电气机械及器材制造业	18 交通运输设备、19 电气机械和器材	18 交通运输设备、19 电气机械和器材
海洋化工业	基础化学原料	12 化学工业	12 化学工业	12 化学产品	12 化学产品
海洋交通运输业	交通运输及仓储业	27 交通运输及仓储业	27 交通运输及仓储业	30 交通运输、仓储和邮政	30 交通运输、仓储和邮政
滨海旅游业	住宿和餐饮业、文化体育和娱乐业	31 住宿和餐饮业、35 旅游业	31 住宿和餐饮业	31 住宿和餐饮业	31 住宿和餐饮业

续表

产业类型	相关研究中采用过的数据指标	本书所采用的相关数据指标			
		2002 年	2007 年	2012 年	2017 年
海洋科学技术及海洋教育	文化体育和娱乐业	36 科学研究事业、39 教育事业、41 文化体育和娱乐业	35 研究与试验发展业、39 教育、41 文化体育和娱乐业	36 科学研究和技术服务、39 教育、41 文化体育和娱乐	36 科学研究和技术服务、39 教育、41 文化体育和娱乐
海洋环境保护	水利、环境和公共设施管理业	25 水的生产和供应业	25 水的生产和供应业、37 水利、环境和公共设施管理业	27 水的生产和供应、37 水利、环境和公共设施管理	27 水的生产和供应、37 水利、环境和公共设施管理
海洋行政管理及公益服务	公共管理和社会组织	42 公共管理和社会组织	42 公共管理和社会组织	42 公共管理社会保障和社会组织	42 公共管理社会保障和社会组织

3.3 区域经济增长地方贡献效应计量模型构建

3.3.1 海洋经济对区域经济贡献测度的计算

3.3.1.1 区域经济贡献测算方法解析

海洋经济对区域经济贡献测度的数值大小决定了海洋产业在当地经济发展中的重要程度。测度计算运用以下公式进行衡量：

$$C = \frac{M}{P} \times 100\% \tag{3.24}$$

式中，C 为海洋经济对省域经济发展的贡献率，M 为区域当年海洋经济的总产值，P 为当年省域经济总量。C 值越大，说明海洋经济越发达，海洋经济对省域经济的贡献度越大。

3.3.1.2 数据来源

研究数据来源于 1997 ~ 2017 年的《中国海洋统计年鉴》中的分省数据，摘录每年区域经济总产值与区域海洋产业总产值进行测算分析。

3.3.2 OLS 回归模型

3.3.2.1 模型构建

沿海海洋经济发展与该地经济发展之间存在高度正相关关系，但是海洋经济的发展对地方经济增长的促进程度难以衡量。因此，分析 1997 ~ 2017 年沿海各省域以及三角洲区域海洋产业总产值（X）与地方经济（GDP）的散点分布关系，可知两者之间存在明显的线性关系，故借助 Stata12 进行 OLS 回归，建立线性回归函数模型进行分析。回归模型如下：

$$GDP = aX + b + \varepsilon \tag{3.25}$$

式中，a、b 均为待估参数，ε 为误差项，其中回归系数为：

$$a = \frac{\mathrm{d}GDP}{\mathrm{dln}X} = \frac{\mathrm{d}GDP}{\frac{\mathrm{d}X}{X}} = \frac{\Delta GDP}{\frac{\Delta X}{X}} = \frac{GDP\text{ 增幅}}{X\text{ 增速}} \tag{3.26}$$

该模型表示各研究区域海洋经济总产值（X）每增加1%，该地经济（GDP）将增长0.01b，b参照经济理论为正值。

借鉴此方法用于探究海洋产业结构变化对地方经济增长的促进作用，故在此模型的基础上对海洋产业总产值（X）进行二级细化改造，使其对产业结构进行更为细致的拟合，故将上述线性回归函数模型的X分别用X_1、X_2、X_3进行替换（X_1、X_2、X_3分别代表海洋三次产业产值），使得一式变三式，即一个区域将存在四个回归模型分产业进行拟合，定量揭示区域海洋产业结构变化所带来的区域经济变化。

$$\begin{cases} GDP = aX + b + \varepsilon \\ GDP = a_1X_1 + b_1 + \varepsilon_1 \\ GDP = a_2X_2 + b_2 + \varepsilon_2 \\ GDP = a_3X_3 + b_3 + \varepsilon_3 \end{cases} \tag{3.27}$$

3.3.2.2 数据来源

研究数据来自1997～2017年的《中国海洋统计年鉴》，选取海洋三次产业产值以及地方生产总值进行模型拟合建构分析。

3.4 国民经济增长空间溢出效应计量模型构建

3.4.1 卡佩罗模型构建

卡佩罗（Capello，2009）将空间溢出效应划分为知识溢出、产业溢出和增长溢出，并界定了它们的内在属性、适用层面和预期效果，认为它们都是区域空间相互作用的具体表现，并最终形成了区域间的经济增长溢出。根据卡佩罗提出的增长溢出效应模型，可进行以下计算（别小娟等，2018）。

研究区域得到的增长溢出效应强度：

$$SR_{rt} = \sum_{j=1}^{n} w_{jt} \frac{\Delta Y_{jt}}{d_{rj}} \tag{3.28}$$

式中：为第 t 年研究区域 j 的地区生产总值（GDP）增长率，j 为除了 r 外的所有相邻同等级研究区域；d_{rj}为第 t 年城市 r 和 j 之间的最高等级公路距离，以千米为单位；n 为相邻研究区的数量；w_{jt}为权重，用第 t 年研究区域 j 在所有研究区域中地区生产总量的比重来衡量。

研究区域给出的增长效应强度：

$$SR_{rt} = \sum_{r=1}^{n} w_{rt} \frac{\Delta Y_{rt}}{d_{rj}} \tag{3.29}$$

式中：ΔY_{rt}为第 t 年研究区域 r 的地区生产总值（GDP）增长率；w_{rt} 为权重，用第 t 年研究区 r 在整个研究区域中地区生产总量的比重来衡量；d_{rj}与 n 值同上式。

针对海洋产业结构变化所引起的增长溢出效应，将式（3.28）和式（3.29）进行局部调整。调整后的效应强度计算式为式（3.30）和式（3.31）。

研究区域得到的增长溢出效应强度：

$$\begin{cases} SR_{rt总} = \sum_{j=1}^{n} w_{总jt} \frac{\Delta Y_{总jt}}{d_{rj}} \\ SR_{rt1} = \sum_{j=1}^{n} w_{1jt} \frac{\Delta Y_{1jt}}{d_{rj}} \\ SR_{rt2} = \sum_{j=1}^{n} w_{2jt} \frac{\Delta Y_{2jt}}{d_{rj}} \\ SR_{rt3} = \sum_{j=1}^{n} w_{3jt} \frac{\Delta Y_{3jt}}{d_{rj}} \end{cases} \tag{3.30}$$

式中：$\Delta Y_{总jt}$、ΔY_{1jt}、ΔY_{2jt}、ΔY_{3jt}依次为第 t 年研究区域 j 的 GDP 增长率、区域第一产业增长率、区域第二产业增长率、区域第三产业增长率，j 为除了 r 外的所有相邻同等级研究区域；d_{rj} 为第 t 年研究区域 r 和 j 之间的最高等级公路距离、最短铁路运行时长以及飞机航班起落时间间隔共同作为衡量标准，作为溢出阻力系数，省域研究层面以省会（首府）城市作为标准，三角洲研究层面以重心城市作为标准（溢出阻力系数见附录 B）；n 为相邻研究区的数量，$n=2$ 或 $n=10$；$w_{总jt}$、w_{1jt}、w_{2jt}、w_{3jt}为权重，依次用第 t 年研究区域 j 在所有研究区域中地区生产总量、区域第一产业产值、区域第二产业产值、区域第三产业产值的比重来衡量。

研究区域给出的增长溢出效应强度：

$$\begin{cases} SRG_{rt总} = \sum_{r=1}^{n} w_{总jt} \dfrac{\Delta Y_{总rt}}{d_{rj}} \\ SRG_{rt1} = \sum_{r=1}^{n} w_{1rt} \dfrac{\Delta Y_{1rt}}{d_{rj}} \\ SRG_{rt2} = \sum_{r=1}^{n} w_{2rt} \dfrac{\Delta Y_{2rt}}{d_{rj}} \\ SRG_{rt3} = \sum_{r=1}^{n} w_{3rt} \dfrac{\Delta Y_{3rt}}{d_{rj}} \end{cases} \tag{3.31}$$

式中：$\Delta Y_{总rt}$、ΔY_{1rt}、ΔY_{2rt}、ΔY_{3rt}分别为第 t 年研究区域 r 的海洋产值增长率、海洋第一产业增长率、海洋第二产业增长率、海洋第三产业增长率；$w_{总rt}$、w_{1rt}、w_{2rt}、w_{3rt}为权重，依次用第 t 年研究区域 r 在所有研究区域中海洋产值总量、海洋第一产业产值、海洋第二产业产值、海洋第三产业产值的比重来衡量；$w_{总rt}$、w_{1rt}、w_{2rt}、w_{3rt}为权重，依次用第 t 年研究区域 r 在所有研究区域中海洋总产值、区域海洋第一产业产值、区域海洋第二产业产值、区域海洋第三产业产值的比重来衡量；n 值与研究区域得到的增长溢出效应强度计算公式中相一致。

3.4.2 数据来源

海洋三次产业产值数据来自 1997 ~ 2017 年的《中国海洋统计年鉴》，相邻同级别研究区域间距离使用百度地图获取相邻区域间公路里程并作为地区间的空间距离。

3.5 本章小结

本章探究了中国沿海地区海洋产业结构的增长效应衡量维度及方法，

从滨海地区海洋产业结构变化引起的海洋产业结构优化、地方经济增长与毗连区域溢出效应三方面进行定量解析。首先为厘清海洋产业结构解析问题构建了耦合协调度模型、产业结构多元化系数以及产业结构成长态模型进行问题分析；其次为探究海洋产业结构优化效应，采用前后向关联系数、影响力系数、感应度系数以及综合关联系数进行定量核算；再其次为刻画地方经济增长效应采用区域经济贡献度测定以及 OLS 回归模型进行定量说明；最后采用卡佩罗模型（Capello model），对毗连区域溢出效应强度进行定量刻画。

4　海洋产业演进系数测算及区域海洋产业结构成长态甄别

4.1　海洋产业演化的综合实力解析

4.1.1　中国海洋产业综合竞争力比较

运用优化后的熵权 TOPSIS 法，对中国 1997 ~ 2017 年海洋产业综合竞争力进行分析比较（见表 4.1）。就 11 类海洋产业而言，竞争力较强的产业类型大都集中于海洋科学技术及海洋教育、海洋环境保护业、海洋行政管理及公益服务业三类，故其三次产业综合竞争力排名也都以第三产业为最强。

在发展的过程中，海洋产业竞争力重心存在明显的迁移特征。在产业研究的初期阶段，综合竞争力最强的产业类型大都为海洋环境保护业，但在 2002 年出现了特例，竞争力最强的产业类型突变为海洋渔业，但其综合评价指数只是略微高出海洋科学技术及海洋教育 0.001，并没有显著的差距表现，只能单纯地解释为，海洋渔业仅在当年发展势头强劲但未能保持其优势，使得 11 类海洋产业综合竞争力较强的类型又重新回归海洋环境保护业，这与人们的环保意识以及国家政府政策形势息息相关。中国是海洋大国，开发海洋资源走海洋强国与可持续发展之路，是解决我国人口众多资源匮乏的根本出路，也是实现 21 世纪中华民族伟大复兴的必由之路。

随着科技强国的提出与科技发展的重视程度，中国海洋产业的发展重心逐步从海洋环境保护业转向了海洋科学技术及海洋教育业，这是海洋产业

表 4.1 中国海洋产业竞争力评价指数

年份	1	2	3	4	5	6	7	8	9	10	11	12	13	14	综合得分
1997	0.0068	0.0000	0.0000	0.0044	0.0232	0.0000	0.0001	0.0004	0.0127	0.0319	0.0101	0.0068	0.0276	0.0551	0.8488
1998	0.0161	0.0036	0.0000	0.0172	0.0278	0.0000	0.0016	0.0018	0.0128	0.0592	0.0101	0.0161	0.0486	0.0855	0.7807
1999	0.0244	0.0065	0.0014	0.0057	0.0125	0.0000	0.0018	0.0034	0.0116	0.0298	0.0093	0.0244	0.0261	0.0559	0.8327
2000	0.0088	0.0076	0.0002	0.0087	0.0119	0.0000	0.0087	0.0115	0.0194	0.0676	0.0076	0.0088	0.0284	0.1148	0.7850
2001	0.0241	0.0084	0.0003	0.0091	0.0000	0.0000	0.0109	0.0127	0.0193	0.0828	0.0113	0.0241	0.0178	0.1370	0.7518
2002	0.0208	0.0111	0.0001	0.0094	0.0144	0.0000	0.0131	0.0128	0.0198	0.0124	0.0131	0.0208	0.0351	0.0712	0.8558
2003	0.0216	0.0146	0.0000	0.0094	0.0136	0.0040	0.0149	0.0146	0.0298	0.0303	0.0203	0.0216	0.0417	0.1099	0.8225
2004	0.0232	0.0174	0.0000	0.0037	0.0150	0.0057	0.0168	0.0150	0.0362	0.0522	0.0197	0.0232	0.0417	0.1399	0.7886
2005	0.0249	0.0207	0.0000	0.0085	0.0155	0.0057	0.0245	0.0182	0.0414	0.0164	0.0200	0.0249	0.0503	0.1205	0.8097
2006	0.0271	0.0261	0.0010	0.0136	0.0143	0.0058	0.0308	0.0205	0.0519	0.0329	0.0797	0.0271	0.0609	0.2158	0.6725
2007	0.0267	0.0235	0.0010	0.0271	0.0171	0.0141	0.0358	0.0231	0.0553	0.1083	0.0222	0.0267	0.0828	0.2447	0.6588
2008	0.0151	0.0285	0.0013	0.0318	0.0118	0.0171	0.0431	0.0245	0.0666	0.1058	0.0305	0.0151	0.0906	0.2705	0.6451
2009	0.0260	0.0296	0.0114	0.0343	0.0139	0.0124	0.0333	0.0277	0.0745	0.0855	0.0326	0.0260	0.1017	0.2535	0.6521
2010	0.0272	0.0342	0.0118	0.0308	0.0029	0.0135	0.0421	0.0307	0.1490	0.0646	0.0242	0.0272	0.0932	0.3106	0.6067
2011	0.0215	0.0432	0.0147	0.0344	0.0024	0.0117	0.0489	0.0350	0.1486	0.0528	0.0573	0.0215	0.1065	0.3427	0.5706
2012	0.0236	0.0455	0.0326	0.0320	0.0061	0.0095	0.0550	0.0346	0.1789	0.0605	0.0360	0.0236	0.1257	0.3650	0.5330
2013	0.0259	0.0492	0.0352	0.0280	0.0065	0.0161	0.0566	0.0345	0.1968	0.0497	0.0400	0.0259	0.1350	0.3776	0.5014
2014	0.0285	0.0519	0.0455	0.0215	0.0056	0.0181	0.0580	0.0312	0.2160	0.0510	0.0639	0.0285	0.1426	0.4202	0.4480
2015	0.0291	0.0560	0.0520	0.0211	0.0097	0.0259	0.0631	0.0325	0.2370	0.0446	0.0830	0.0291	0.1647	0.4602	0.3969
2016	0.0304	0.0589	0.0458	0.0116	0.0029	0.0153	0.0645	0.0315	0.2866	0.0453	0.0790	0.0304	0.1346	0.5069	0.3871
2017	0.0288	0.0549	0.0418	0.0200	0.0068	0.0128	0.0669	0.0651	0.2042	0.0662	0.0828	0.0288	0.1363	0.4851	0.4009

注：1~14 依次为海洋渔业、海洋油气业、海洋矿业、海洋盐业、海洋船舶工业、海洋化工业、海洋交通运输业、滨海旅游业、海洋科学技术及海洋教育、海洋环境保护、海洋行政管理及公益服务、海洋第一产业、海洋第二产业、海洋第三产业；下文表格及分析图中出现的数字 1~14 与此同义，将不做赘述。

发展的核心竞争力与创新点，也是未来海洋产业发展的方向与突破口，只有海洋科学技术及海洋教育发展到了一定的阶段和水平，才能使得自身在国际大舞台中拥有话语权与领导力，成为海洋经济发展的舵手与引擎。

中国沿海海洋产业竞争力发展呈现出波动下降的发展趋势（见图4.1），综合竞争力在2002年达到峰值并在2016出现谷值，同时以每年2.13%的速率逐年下降，中国海洋产业发展遭遇瓶颈，发展现状有待调整改善。

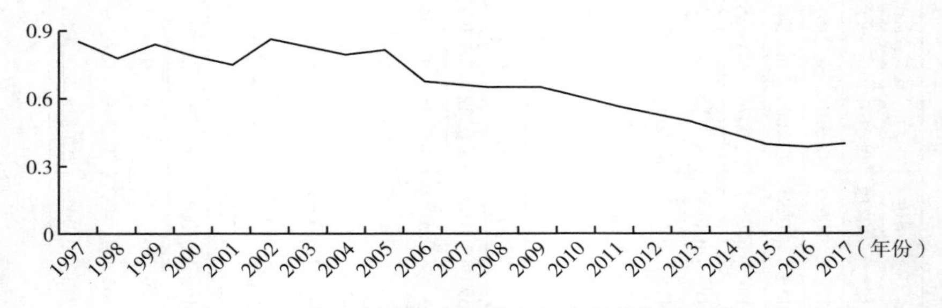

图4.1　中国海洋产业综合竞争力评价指数变化

将中国海洋产业分年度竞争力进行排名赋值，11类海洋产业中竞争力排名1～11分别赋值11～1，三次海洋产业竞争力排名1～3分别赋值3～1，并将1997～2017年竞争力赋值进行累加，对研究期内分产业类型海洋产业竞争力进行比较（见图4.2）。中国海洋三次产业竞争力比较中，海洋第三产业占据了绝对的竞争力优势，分别是第二产业的1.54倍以及第一产业的2.86倍。将11类海洋产业比较发现，海洋科学技术及海洋教育以212分的

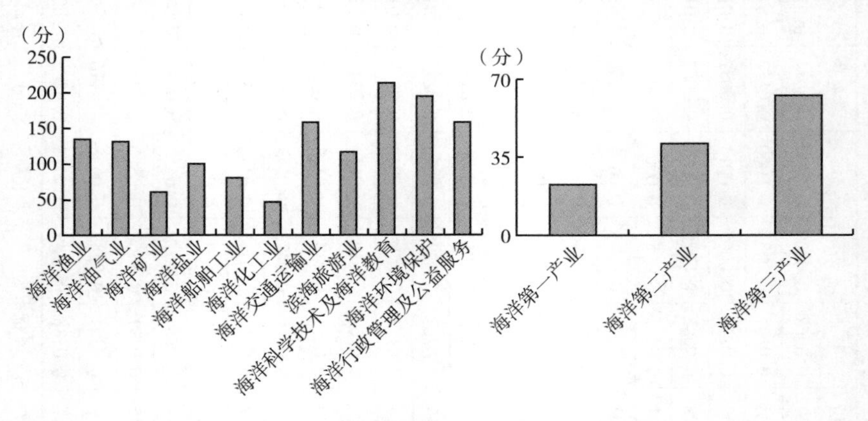

图4.2　中国海洋产业竞争力比较

赋值领先于其他 10 类海洋产业，海洋化工业以 46 分赋值竞争力位居 11 类产业的末尾。观察发现，随着生产力水平的逐渐提升以及产业结构的转型升级，区域海洋产业综合竞争力（综合评价指数）不升反降，使得海洋产业发展开始走下坡路。

4.1.2 省域海洋产业综合竞争力比较

4.1.2.1 天津

天津海洋产业发展综合竞争力（见表 4.2）可大致分为 3 个发展阶段。第一阶段为 1997 ~ 1999 年，是海洋产业发展的初级不稳定阶段，天津海洋产业综合竞争力最强产业类型在海洋盐业以及海洋环境保护业中交替出现，交替频次高且维持时间短；第二阶段为 2000 ~ 2009 年，是海洋产业发展的中级较稳定阶段，海洋产业综合竞争力发生了长时间低频次的转换，主要发生于海洋环境保护业以及海洋行政管理及公益服务业之间，产生了海洋环境保护业—海洋行政管理及公益服务业—海洋环境保护业的变换；第三阶段为 2010 ~ 2017 年，是海洋产业发展的成熟稳定阶段，海洋产业综合竞争力的峰值一直维持在海洋科学技术及海洋教育这一类，区域海洋产业发展逐渐趋于稳定，发展重心偏重海洋科技及教育。

研究期内综合评价指数 C 呈现出小 U 型的发展历程（见图 4.3），2005 ~ 2010 年为发展的 U 型谷，此阶段处于天津海洋产业的转型发展时期，并逐渐趋于稳定。但从整体的发展趋势来看，综合竞争力水平波动下降。

将研究期内 11 类以及三次海洋产业竞争力进行赋值，得到竞争力综合排名柱状图（见图 4.4）。三次海洋产业竞争力赋值排名与全国排名类似，第三产业排名第一，其次为第二产业，最后为第一产业。海洋第三产业中的各类产业竞争力排名分数都较为相似，是区域海洋产业发展的引擎与驱动力。海洋第二产业中海洋矿业创造了区域海洋产业竞争力的最低值，原因在于天津海洋矿存储量较少，导致该类海洋产业名存实亡无竞争力，成为了海洋第二产业发展的阻力，这一现实问题无法短时间内发生改变，只能依靠海洋油气业、海洋盐业以及海洋船舶工业进行正向牵拉，使其积极发展。

表 4.2　　天津海洋产业竞争力评价指数

年份	1	2	3	4	5	6	7	8	9	10	11	12	13	14	综合得分
1997	0.0104	0.0000	0.0000	0.0289	0.0016	0.0000	0.0000	0.0050	0.0113	0.0227	0.0260	0.0104	0.0305	0.0650	0.8179
1998	0.0115	0.0033	0.0000	0.0340	0.0016	0.0000	0.0018	0.0013	0.0144	0.0717	0.0260	0.0115	0.0389	0.1153	0.7437
1999	0.0098	0.0047	0.0000	0.0333	0.0029	0.0000	0.0020	0.0033	0.0125	0.0296	0.0260	0.0098	0.0409	0.0733	0.8050
2000	0.0106	0.0052	0.0000	0.0345	0.0032	0.0000	0.0098	0.0036	0.0196	0.0686	0.0237	0.0106	0.0429	0.1254	0.7419
2001	0.0123	0.0059	0.0000	0.0387	0.0010	0.0000	0.0106	0.0076	0.0185	0.0924	0.0260	0.0123	0.0456	0.1551	0.6721
2002	0.0141	0.0087	0.0000	0.0322	0.0056	0.0000	0.0123	0.0038	0.0217	0.0533	0.0260	0.0141	0.0465	0.1170	0.6970
2003	0.0224	0.0124	0.0000	0.0237	0.0039	0.0065	0.0151	0.0043	0.0262	0.0326	0.0831	0.0224	0.0466	0.1612	0.6935
2004	0.0192	0.0149	0.0000	0.0269	0.0099	0.0096	0.0166	0.0052	0.0317	0.0474	0.0790	0.0192	0.0612	0.1797	0.6823
2005	0.0206	0.0176	0.0000	0.0219	0.0089	0.0096	0.0261	0.0070	0.0375	0.0279	0.0422	0.0206	0.0581	0.1408	0.7612
2006	0.0188	0.0220	0.0000	0.0216	0.0079	0.0065	0.0309	0.0649	0.0475	0.0836	0.0894	0.0188	0.0580	0.3163	0.5161
2007	0.0236	0.0177	0.0000	0.0216	0.0039	0.0073	0.0331	0.0749	0.0657	0.0968	0.0359	0.0236	0.0506	0.3063	0.5282
2008	0.0261	0.0238	0.0000	0.0210	0.0104	0.0088	0.0400	0.0709	0.0702	0.1120	0.0344	0.0261	0.0641	0.3275	0.5143
2009	0.0152	0.0235	0.0000	0.0176	0.0115	0.0078	0.0205	0.0978	0.0661	0.1037	0.0430	0.0152	0.0604	0.3311	0.4618
2010	0.0126	0.0268	0.0000	0.0177	0.0208	0.0065	0.0336	0.0274	0.1165	0.0181	0.0341	0.0126	0.0717	0.2297	0.6675
2011	0.0113	0.0365	0.0000	0.0114	0.0162	0.0066	0.0376	0.0355	0.1182	0.0185	0.0306	0.0113	0.0707	0.2404	0.6653
2012	0.0115	0.0381	0.0000	0.0051	0.0172	0.0061	0.0408	0.0349	0.1403	0.0134	0.0162	0.0115	0.0665	0.2457	0.6614
2013	0.0116	0.0410	0.0000	0.0020	0.0211	0.0063	0.0384	0.0330	0.1544	0.0106	0.0148	0.0116	0.0705	0.2513	0.6485
2014	0.0184	0.0427	0.0000	0.0008	0.0197	0.0065	0.0345	0.0097	0.1659	0.0037	0.0415	0.0184	0.0697	0.2553	0.6463
2015	0.0156	0.0448	0.0000	0.0007	0.0170	0.0181	0.0374	0.0095	0.1731	0.0046	0.0427	0.0156	0.0806	0.2673	0.6286
2016	0.0152	0.0479	0.0000	0.0012	0.0182	0.0115	0.0361	0.0095	0.2013	0.0072	0.0386	0.0152	0.0788	0.2927	0.6042
2017	0.0153	0.0452	0.0000	0.0036	0.0175	0.0115	0.0362	0.0091	0.1512	0.0587	0.0348	0.0153	0.0778	0.2901	0.5863

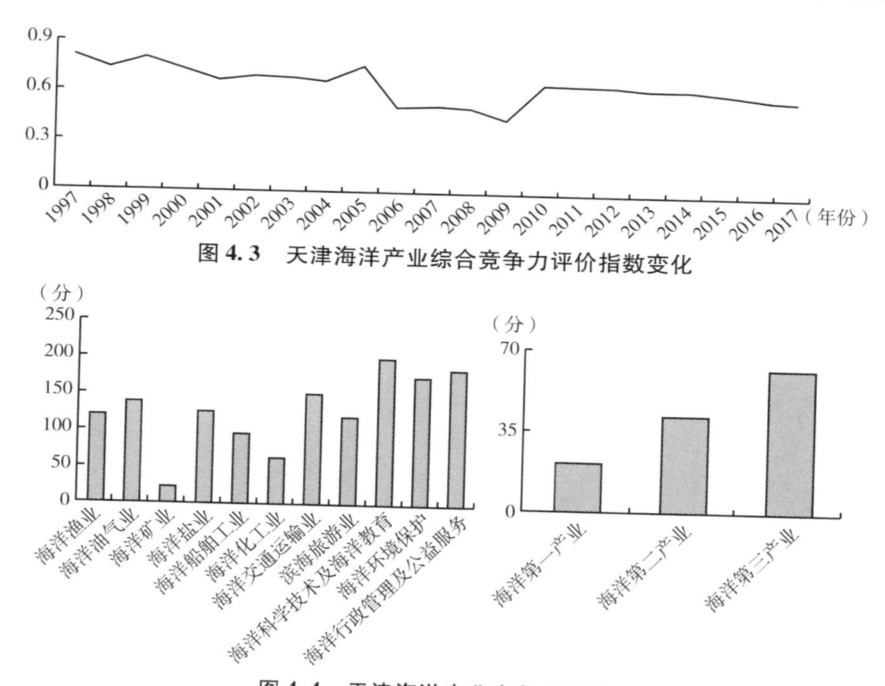

图 4.3　天津海洋产业综合竞争力评价指数变化

图 4.4　天津海洋产业竞争力比较

4.1.2.2　河北

分产业类型对区域海洋产业竞争力进行分析比较（见表 4.3），产业发展历程大致可以分为两个阶段。产业发展波动时期（1997 ~ 2006 年）：河北竞争力最强的海洋产业是第三产业中的海洋环境保护、海洋行政管理及公益服务业以及第二产业的海洋船舶工业，最强竞争力产业类型在第二产业与第三产业间频繁更替，整体发展历程较为曲折。产业发展稳定时期（2007 ~ 2017 年）：该时期区域海洋强势产业变更频率较小，大都集中于海洋第三产业中的滨海旅游业以及海洋科学技术及海洋教育业，这两类产业具有高附加价值的特点，可以为区域经济发展提供活力以及源源不断的动力。最终变化发展趋势也将稳定在滨海旅游业以及海洋科学技术及海洋教育业之间，成为未来海洋经济发展的主导方向。

对河北海洋产业发展进行纵向比较，区域海洋产业综合竞争力 C 表现为波动式下降，呈三小“V”状下降特点，三小“V”的谷值点分别存在于 2002 年、2011 年以及 2015 年（见图 4.5）。2002 年该区域综合海洋产业竞争力指数较低，这是海洋油气业、海洋矿业以及海洋化工业发展得较为滞后所

表 4.3　　河北海洋产业竞争力评价指数

年份	1	2	3	4	5	6	7	8	9	10	11	12	13	14	综合得分
1997	0.0004	0.0000	0.0000	0.0104	0.0000	0.0000	0.0005	0.0000	0.0100	0.0264	0.0022	0.0004	0.0104	0.0391	0.9114
1998	0.0025	0.0000	0.0000	0.0122	0.0000	0.0000	0.0000	0.0001	0.0081	0.0301	0.0022	0.0025	0.0122	0.0405	0.8998
1999	0.0063	0.0000	0.0000	0.0107	0.0183	0.0000	0.0003	0.0012	0.0080	0.0067	0.0022	0.0063	0.0289	0.0183	0.8903
2000	0.0070	0.0000	0.0000	0.0112	0.0272	0.0000	0.0014	0.0022	0.0126	0.0291	0.0022	0.0070	0.0384	0.0476	0.8426
2001	0.0089	0.0000	0.0000	0.0125	0.0010	0.0000	0.0023	0.0028	0.0126	0.0474	0.0099	0.0089	0.0135	0.0750	0.8521
2002	0.0096	0.0000	0.0000	0.0129	0.0011	0.0000	0.0052	0.0030	0.0079	0.0005	0.0669	0.0096	0.0140	0.0835	0.7239
2003	0.0097	0.0000	0.0000	0.0122	0.0255	0.0016	0.0063	0.0029	0.0131	0.0185	0.0111	0.0097	0.0393	0.0518	0.8449
2004	0.0091	0.0000	0.0000	0.0119	0.0017	0.0044	0.0071	0.0042	0.0153	0.0395	0.0111	0.0091	0.0180	0.0771	0.8813
2005	0.0104	0.0000	0.0000	0.0122	0.0014	0.0044	0.0129	0.0056	0.0188	0.0209	0.0133	0.0104	0.0180	0.0715	0.8844
2006	0.0117	0.0004	0.0000	0.0137	0.0017	0.0035	0.0216	0.0061	0.0230	0.0149	0.0382	0.0117	0.0194	0.1039	0.8296
2007	0.0137	0.0206	0.0000	0.0108	0.0022	0.0255	0.0258	0.0062	0.0373	0.0305	0.0359	0.0137	0.0591	0.1357	0.7644
2008	0.0092	0.0189	0.0000	0.0115	0.0037	0.0271	0.0273	0.0065	0.0569	0.0417	0.0338	0.0092	0.0612	0.1661	0.7499
2009	0.0108	0.0285	0.0000	0.0105	0.0043	0.0195	0.0123	0.0116	0.0562	0.0344	0.0356	0.0108	0.0627	0.1501	0.7650
2010	0.0121	0.0378	0.0000	0.0079	0.0038	0.0119	0.0126	0.0124	0.1038	0.0233	0.0157	0.0121	0.0614	0.1679	0.7560
2011	0.0128	0.0407	0.0000	0.0076	0.0072	0.0011	0.0186	0.0136	0.0588	0.0117	0.0936	0.0128	0.0566	0.1963	0.6196
2012	0.0133	0.0483	0.0000	0.0049	0.0146	0.0011	0.0232	0.0231	0.1271	0.0405	0.0484	0.0133	0.0688	0.2622	0.6716
2013	0.0147	0.0604	0.0000	0.0061	0.0078	0.0152	0.0246	0.0240	0.1422	0.0373	0.0137	0.0147	0.0894	0.2419	0.6588
2014	0.0136	0.0778	0.0000	0.0022	0.0059	0.0001	0.0361	0.0243	0.1367	0.0545	0.0132	0.0136	0.0860	0.2648	0.6511
2015	0.0152	0.1171	0.0000	0.0010	0.0326	0.0295	0.0512	0.1194	0.1582	0.0105	0.0482	0.0152	0.1802	0.3875	0.4305
2016	0.0156	0.1134	0.0000	0.0035	0.0251	0.0003	0.0637	0.1312	0.1201	0.0082	0.0373	0.0156	0.1423	0.3604	0.4647
2017	0.0154	0.0892	0.0000	0.0022	0.0063	0.0003	0.0695	0.1454	0.1277	0.0082	0.0308	0.0154	0.0981	0.3815	0.4738

引起，它们均属于海洋第二产业的行列；2011 年 11 类海洋产业排名最后的 3 名分别是海洋矿业、海洋化工业以及海洋船舶工业；2015 年则变为了海洋矿业、海洋盐业以及海洋环境保护业。河北出现海洋产业发展低谷大都与区域海洋第二产业相关，海洋第二产业的发展直接影响到区域海洋产业发展的综合实力。

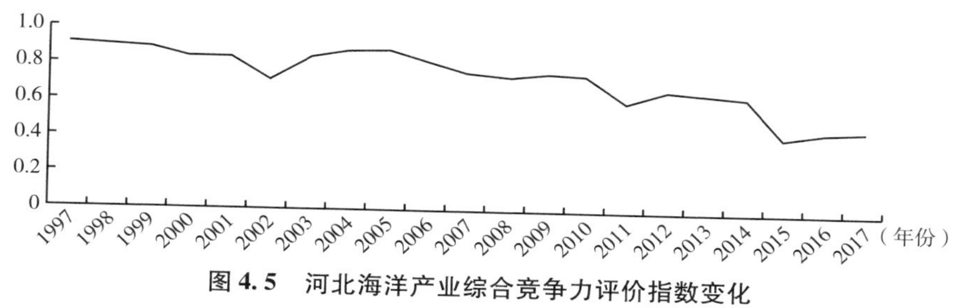

图 4.5　河北海洋产业综合竞争力评价指数变化

研究期内区域海洋产业综合排名第 1 的是海洋科学技术及海洋教育业，具有起步晚发展速度快的特征，综合排名第 11 的则是海洋矿业（见图 4.6）。河北与天津具有相似的海洋产业发展特征，同样缺少大面积的海洋矿产区，使当地的海洋矿业发展较为滞后，只能通过提高海洋第二产业中的海洋油气业、海洋盐业来增强区域海洋第二产业的综合发展竞争力，才使得研究期内竞争力发展处于第二的水平。

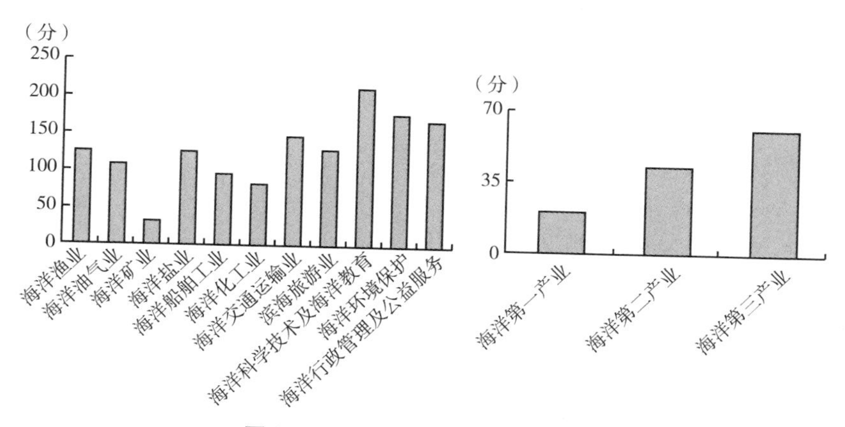

图 4.6　河北海洋产业竞争力比较

4.1.2.3　辽宁

研究期内辽宁海洋产业竞争力发展相较于河北而言，竞争力最强产业更替变化频率低，整体来看大致也是由波动期过渡到稳定发展期（见表 4.4）。

表 4.4　辽宁海洋产业竞争力评价指数

年份	1	2	3	4	5	6	7	8	9	10	11	12	13	14	综合得分
1997	0.0046	0.0014	0.0000	0.0282	0.0025	0.0000	0.0002	0.0001	0.0100	0.0304	0.0285	0.0046	0.0321	0.0693	0.8038
1998	0.0096	0.0088	0.0000	0.0327	0.0018	0.0000	0.0010	0.0004	0.0098	0.0325	0.0285	0.0096	0.0434	0.0722	0.7907
1999	0.0131	0.0123	0.0000	0.0254	0.0017	0.0000	0.0010	0.0022	0.0094	0.0275	0.0285	0.0131	0.0393	0.0688	0.7982
2000	0.0141	0.0221	0.0000	0.0338	0.0035	0.0000	0.0046	0.0170	0.0153	0.0528	0.0285	0.0141	0.0594	0.1182	0.7495
2001	0.0136	0.0226	0.0000	0.0334	0.0043	0.0000	0.0061	0.0188	0.0160	0.0770	0.0312	0.0136	0.0602	0.1491	0.7151
2002	0.0141	0.0168	0.0000	0.0338	0.0000	0.0000	0.0063	0.0147	0.0177	0.0096	0.0312	0.0141	0.0506	0.0796	0.7874
2003	0.0156	0.0159	0.0000	0.0338	0.0005	0.0177	0.0074	0.0174	0.0211	0.0052	0.0408	0.0156	0.0679	0.0918	0.7626
2004	0.0176	0.0246	0.0000	0.0134	0.0035	0.0177	0.0101	0.0167	0.0239	0.0298	0.0408	0.0176	0.0591	0.1212	0.7562
2005	0.0186	0.0257	0.0000	0.0210	0.0035	0.0177	0.0131	0.0196	0.0268	0.0012	0.0438	0.0186	0.0679	0.1045	0.7579
2006	0.0214	0.0246	0.0000	0.0272	0.0045	0.0178	0.0168	0.0217	0.0324	0.0159	0.0882	0.0214	0.0743	0.1750	0.6740
2007	0.0219	0.0309	0.0000	0.0268	0.0268	0.0112	0.0226	0.0243	0.0222	0.0511	0.0171	0.0219	0.0957	0.1374	0.7227
2008	0.0100	0.0271	0.0000	0.0240	0.0087	0.0046	0.0309	0.0235	0.0310	0.0453	0.0116	0.0100	0.0644	0.1423	0.7685
2009	0.0251	0.0235	0.0000	0.0210	0.0126	0.0109	0.0364	0.0286	0.0340	0.0276	0.0136	0.0251	0.0680	0.1403	0.7548
2010	0.0285	0.0203	0.0000	0.0190	0.0183	0.0063	0.0401	0.0304	0.1071	0.0329	0.0136	0.0285	0.0639	0.2241	0.6682
2011	0.0184	0.0155	0.0000	0.0098	0.0205	0.0092	0.0478	0.0335	0.1204	0.0262	0.0385	0.0184	0.0549	0.2665	0.6237
2012	0.0199	0.0108	0.0000	0.0040	0.0264	0.0126	0.0564	0.0335	0.1389	0.0292	0.0148	0.0199	0.0538	0.2728	0.6102
2013	0.0226	0.0112	0.0000	0.0040	0.0389	0.0144	0.0678	0.0340	0.1676	0.0249	0.0249	0.0226	0.0685	0.3192	0.5441
2014	0.0261	0.0099	0.0000	0.0024	0.0304	0.0144	0.0755	0.0338	0.1880	0.0248	0.0409	0.0261	0.0570	0.3630	0.5014
2015	0.0262	0.0251	0.0000	0.0039	0.0116	0.0163	0.0789	0.0333	0.2149	0.0217	0.0650	0.0262	0.0569	0.4139	0.4324
2016	0.0272	0.0294	0.0000	0.0046	0.0199	0.0162	0.0784	0.0315	0.3004	0.0259	0.0907	0.0272	0.0702	0.5268	0.3164
2017	0.0245	0.0305	0.0000	0.0003	0.0228	0.0161	0.0802	0.0303	0.1674	0.0306	0.0888	0.0245	0.0697	0.3972	0.4790

可将其划分为3个发展阶段：第一阶段（1997～2002年），该阶段海洋产业发展较不稳定，竞争力最强产业在海洋第三产业（海洋环境保护、海洋行政管理及公益服务）以及海洋第二产业（海洋盐业）中更替变换，在变更中寻找最适宜产业结构；第二阶段（2003～2010年）海洋产业竞争力最强产业均存在于海洋第三产业中，并在海洋行政管理及公益服务业、海洋环境保护业以及海洋交通运输业中更替存在，但变化速率相较于第一阶段频率较低，并逐渐趋于稳定；第三阶段（2011～2017年）11类海洋产业综合发展水平最高的产业类型是海洋科学技术及海洋教育业，现今海洋产业的发展已逐渐摆脱自然因素束缚，逐渐向教育科技进行转型，通过该类附加价值较高的产业类型来增强整个海洋产业经济发展效益，提高区域海洋产业发展综合竞争力。

研究期内辽宁海洋产业综合评价指数趋势图呈现两小“V”一大“V”变化趋势（见图4.7）。两小“V”的谷底出现在2001年以及2006年，造成该结果出现的主要产业类型是海洋矿业、海洋化工业以及海洋船舶工业3类，均属于海洋第二产业。一大“V”的谷底则出现在2016年，是研究期内该区域海洋产业发展的最低谷，由海洋矿业、海洋盐业以及海洋化工业3类第二产业所导致，第二产业的发展滞后将成为区域发展海洋经济滞后的重要因素所在。

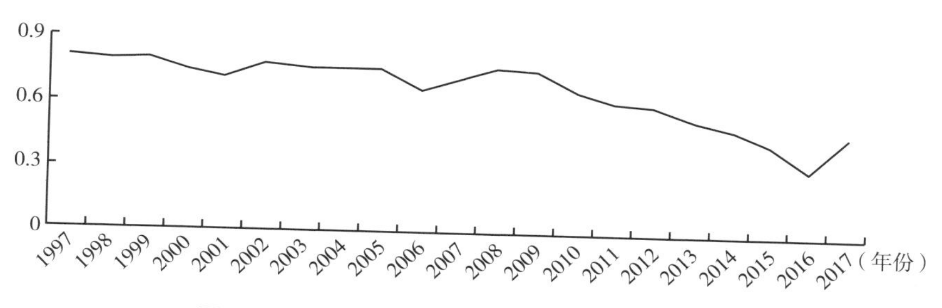

图4.7 辽宁海洋产业综合竞争力评价指数变化

辽宁11类海洋产业以及三次海洋产业综合发展指数与河北、天津极为类似（见图4.8），它们空间地理位置接近，同存在于渤海湾区域的研究范围，发展特征将不再赘述。

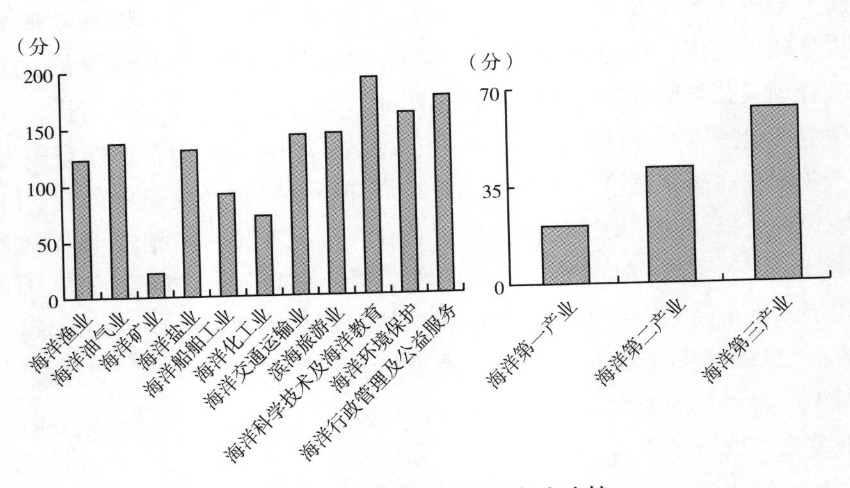

图 4.8　辽宁海洋产业竞争力比较

4.1.2.4　上海

相较于其他区域海洋产业发展，上海具有其独特发展变迁过程（见表 4.5），可将其明显地分为两个过程阶段。第一阶段为海洋第一产业蓬勃期，第二阶段为海洋第三产业成熟期。第一阶段为 1997 ~ 2006 年，虽然该发展阶段中存在两年区域竞争力最强的产业类型为海洋环境保护业以及海洋行政管理及公益服务业，但其他年份仍然是以海洋渔业为区域核心竞争力产业。上海海洋产业发展的第二阶段为 2007 ~ 2017 年，该阶段最具竞争力的产业自始至终都是海洋科学技术及海洋教育，该产业为区域海洋产业发展以及经济增长带了新的支撑点。观察发现，上海海洋产业发展转型，越过了海洋第二产业，以跨越式的形式直接转变为第三产业，缩短了产业结构变迁的时间，得到了最大的经济增长效应。

上海海洋产业综合竞争力指数曲线无明显峰值谷值，总体呈波动下降趋势（见图 4.9）。1997 ~ 2008 年波动较为和缓，变化率低；2010 年以后下降趋势明显。

表 4.5 上海海洋产业竞争力评价指数

年份	1	2	3	4	5	6	7	8	9	10	11	12	13	14	综合得分
1997	0.0388	0.0000	0.0000	0.0000	0.0030	0.0000	0.0000	0.0001	0.0070	0.0107	0.0008	0.0388	0.0030	0.0187	0.7723
1998	0.0377	0.0000	0.0000	0.0000	0.0029	0.0000	0.0010	0.0022	0.0067	0.0195	0.0028	0.0377	0.0029	0.0321	0.7783
1999	0.0382	0.0026	0.0000	0.0000	0.0033	0.0000	0.0013	0.0012	0.0082	0.0177	0.0033	0.0382	0.0058	0.0317	0.7751
2000	0.0375	0.0118	0.0000	0.0000	0.0032	0.0000	0.0056	0.0057	0.0121	0.0329	0.0037	0.0375	0.0150	0.0600	0.7342
2001	0.0496	0.0134	0.0000	0.0000	0.0012	0.0000	0.0066	0.0232	0.0121	0.0564	0.0045	0.0496	0.0147	0.1028	0.6595
2002	0.0535	0.0150	0.0000	0.0000	0.0037	0.0000	0.0076	0.0237	0.0132	0.0112	0.0050	0.0535	0.0188	0.0607	0.6901
2003	0.0514	0.0140	0.0000	0.0000	0.0019	0.0000	0.0091	0.0260	0.0116	0.0226	0.0057	0.0514	0.0159	0.0749	0.6892
2004	0.0476	0.0111	0.0000	0.0000	0.0017	0.0000	0.0111	0.0260	0.0154	0.0241	0.0087	0.0476	0.0128	0.0853	0.6980
2005	0.0394	0.0112	0.0000	0.0000	0.0022	0.0000	0.0136	0.0275	0.0185	0.0182	0.0088	0.0394	0.0134	0.0867	0.7232
2006	0.0189	0.0126	0.0000	0.0000	0.0032	0.0000	0.0164	0.0281	0.0217	0.0220	0.0340	0.0189	0.0158	0.1222	0.7182
2007	0.0183	0.0133	0.0000	0.0000	0.0035	0.0000	0.0189	0.0287	0.0441	0.0304	0.0267	0.0183	0.0168	0.1487	0.7071
2008	0.0101	0.0156	0.0000	0.0000	0.0035	0.0000	0.0223	0.0337	0.0486	0.0264	0.0444	0.0101	0.0191	0.1754	0.6375
2009	0.0118	0.0141	0.0000	0.0000	0.0041	0.0000	0.0235	0.0080	0.0487	0.0299	0.0107	0.0118	0.0182	0.1207	0.7489
2010	0.0102	0.0135	0.0000	0.0000	0.0049	0.0000	0.0213	0.0337	0.0935	0.0265	0.0405	0.0102	0.0184	0.2154	0.6081
2011	0.0003	0.0132	0.0000	0.0000	0.0073	0.0000	0.0256	0.0238	0.1037	0.0229	0.0221	0.0003	0.0205	0.1981	0.6466
2012	0.0003	0.0170	0.0000	0.0000	0.0057	0.0000	0.0279	0.0131	0.1163	0.0219	0.0267	0.0003	0.0227	0.2059	0.6275
2013	0.0002	0.0184	0.0000	0.0000	0.0054	0.0000	0.0285	0.0135	0.1143	0.0245	0.0335	0.0002	0.0238	0.2143	0.6080
2014	0.0002	0.0193	0.0000	0.0000	0.0049	0.0000	0.0255	0.0115	0.1409	0.0172	0.0228	0.0002	0.0242	0.2179	0.5899
2015	0.0002	0.0239	0.0000	0.0000	0.0055	0.0000	0.0286	0.0137	0.1434	0.0155	0.0781	0.0002	0.0294	0.2792	0.4250
2016	0.0000	0.0302	0.0000	0.0000	0.0049	0.0000	0.0298	0.0131	0.1478	0.0186	0.0761	0.0000	0.0351	0.2854	0.4092
2017	0.0000	0.0350	0.0000	0.0000	0.0037	0.0000	0.0300	0.0132	0.0824	0.0186	0.0801	0.0000	0.0387	0.2243	0.5035

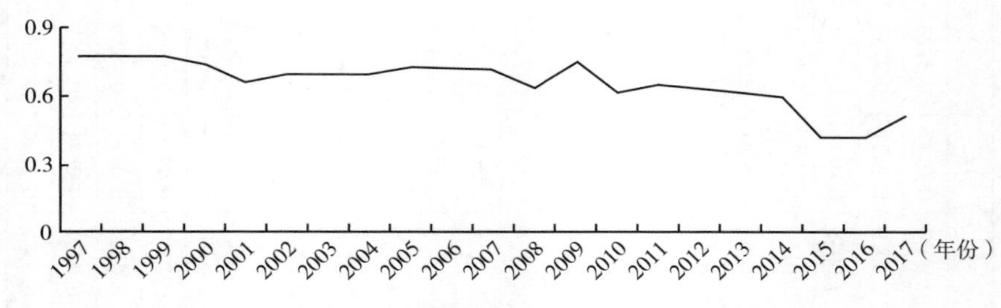

图 4.9　上海海洋产业综合竞争力评价指数变化

纵览研究期内海洋产业的发展情况，该区域与其以北省域海洋产业的发展有较大的不同，上海拥有独特的发展模式与特征（见图 4.10）。上海海洋第三产业成为了区域产业发展与经济增长的核心动力，第二产业发展略弱于海洋第一产业。上海海洋产业的发展速率以及发展结构呈跳跃式，这使得区域短时间内获得了更大的收益与成绩，为区域经济发展提供了正向促进作用。

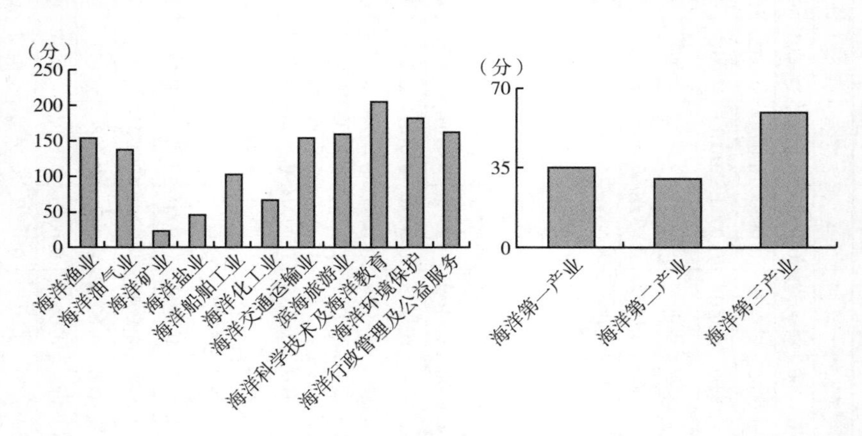

图 4.10　上海海洋产业竞争力比较

4.1.2.5　江苏

将江苏海洋产业综合发展情况放入时间层面比较，区域产业发展根据其转换类型以及频率分为两个阶段（见表 4.6）。第一阶段是 1997 ~ 2004 年，区域海洋优势产业在海洋盐业以及海洋环境保护业间频繁交替更换，该时期政府已经意识到产业经济发展与区域环境发展间应双向并行存在，

表 4.6 江苏海洋产业竞争力评价指数

年份	1	2	3	4	5	6	7	8	9	10	11	12	13	14	综合得分
1997	0.0094	0.0000	0.0000	0.0200	0.0000	0.0000	0.0008	0.0000	0.0054	0.0161	0.0014	0.0094	0.0200	0.0238	0.8385
1998	0.0139	0.0000	0.0000	0.0212	0.0000	0.0000	0.0002	0.0000	0.0060	0.0215	0.0019	0.0139	0.0212	0.0296	0.8077
1999	0.0142	0.0000	0.0000	0.0168	0.0053	0.0000	0.0000	0.0007	0.0066	0.0051	0.0019	0.0142	0.0221	0.0144	0.8381
2000	0.0129	0.0000	0.0000	0.0163	0.0029	0.0000	0.0013	0.0011	0.0093	0.0361	0.0005	0.0129	0.0192	0.0483	0.7937
2001	0.0126	0.0000	0.0000	0.0150	0.0005	0.0000	0.0015	0.0031	0.0103	0.0491	0.0019	0.0126	0.0155	0.0658	0.7583
2002	0.0115	0.0000	0.0000	0.0145	0.0034	0.0000	0.0016	0.0027	0.0125	0.0037	0.0058	0.0115	0.0179	0.0264	0.8630
2003	0.0096	0.0000	0.0000	0.0143	0.0044	0.0080	0.0023	0.0031	0.0121	0.0213	0.0199	0.0096	0.0266	0.0587	0.7892
2004	0.0077	0.0000	0.0000	0.0179	0.0019	0.0116	0.0037	0.0038	0.0160	0.0355	0.0193	0.0077	0.0314	0.0783	0.7568
2005	0.0102	0.0000	0.0000	0.0074	0.0019	0.0116	0.0067	0.0046	0.0195	0.0176	0.0188	0.0102	0.0209	0.0672	0.7888
2006	0.0106	0.0000	0.0000	0.0128	0.0067	0.0012	0.0113	0.0055	0.0233	0.0111	0.0399	0.0106	0.0206	0.0911	0.7533
2007	0.0117	0.0000	0.0000	0.0111	0.0095	0.0019	0.0158	0.0064	0.0267	0.0222	0.0229	0.0117	0.0226	0.0940	0.7810
2008	0.0094	0.0000	0.0000	0.0079	0.0071	0.0099	0.0217	0.0138	0.0343	0.0290	0.0240	0.0094	0.0249	0.1228	0.7345
2009	0.0098	0.0000	0.0000	0.0052	0.0158	0.0022	0.0296	0.0250	0.0437	0.0410	0.0216	0.0098	0.0232	0.1609	0.6366
2010	0.0114	0.0000	0.0000	0.0062	0.0087	0.0026	0.0307	0.0362	0.0709	0.0238	0.0180	0.0114	0.0176	0.1796	0.6413
2011	0.0129	0.0000	0.0000	0.0072	0.0101	0.0094	0.0385	0.0441	0.0936	0.0168	0.0172	0.0129	0.0268	0.2102	0.5659
2012	0.0137	0.0000	0.0000	0.0079	0.0184	0.0005	0.0485	0.0487	0.0938	0.0488	0.0242	0.0137	0.0268	0.2640	0.5021
2013	0.0140	0.0000	0.0000	0.0036	0.0181	0.0151	0.0527	0.0450	0.1048	0.0112	0.0245	0.0140	0.0367	0.2382	0.5030
2014	0.0131	0.0000	0.0000	0.0028	0.0155	0.0139	0.0620	0.0765	0.1053	0.0090	0.0347	0.0131	0.0322	0.2875	0.4321
2015	0.0123	0.0000	0.0000	0.0024	0.0058	0.0182	0.0598	0.0498	0.1268	0.0096	0.0334	0.0123	0.0263	0.2794	0.4523
2016	0.0121	0.0000	0.0000	0.0006	0.0060	0.0062	0.0534	0.0360	0.1459	0.0184	0.0363	0.0121	0.0127	0.2901	0.4478
2017	0.0119	0.0000	0.0000	0.0017	0.0052	0.0028	0.0510	0.0285	0.1267	0.0087	0.0344	0.0119	0.0097	0.2493	0.5198

不能使环境问题制约经济发展。第二阶段是2005～2017年，该阶段江苏海洋产业完成了产业结构由第二产业到第三产业的过渡，区域优势产业为第三产业中的海洋科学技术及海洋教育业，与国家海洋经济发展战略方针相吻合，使科技教育转变为区域发展的新兴动力源，成为区域经济新增长点，是经济发展新方向。

江苏海洋产业综合竞争力指数曲线不同于其他省域研究区。江苏省无明显峰值、谷值且呈波动下降趋势发展（见图4.11）。1997～2007年波动较为和缓，变化率低；2008～2014年下降趋势明显，存在小范围的微小波动，变化率高；2015～2017年略有回升趋势出现。

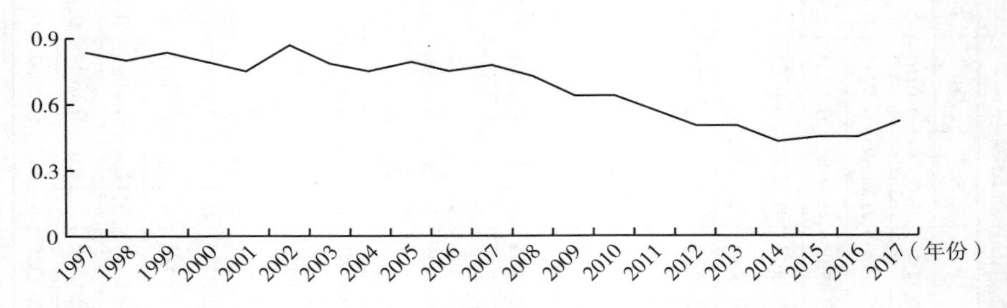

图4.11　江苏海洋产业综合竞争力评价指数变化

江苏由于缺少海洋油气矿类自然资源，导致区域海洋油气业矿业发展较为滞后（见图4.12），但其拥有较大的盐田生产面积并伴随较高的海盐产量，使其第二产业综合发展竞争力仍然处于三次产业中排名第二的位置。

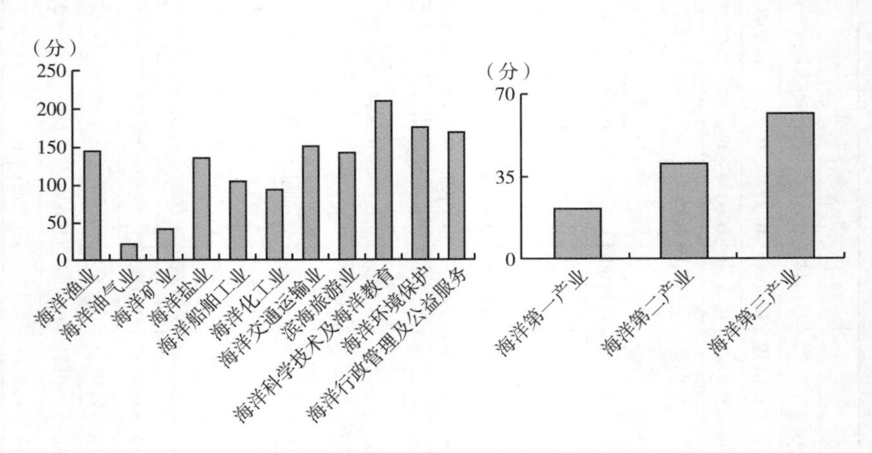

图4.12　江苏海洋产业竞争力比较

海洋第三产业中的各类二级产业发展均高于区域产业发展的平均水平，是产业升级经济增长的核心竞争力所在。

4.1.2.6 浙江

浙江海洋产业发展与长江三角洲区域的江苏较为相似（见表4.7），区域海洋产业中的具有强竞争力的优势产业在海洋盐业、海洋科学技术及海洋教育、海洋环境保护以及海洋行政管理及公益服务4类间变更转换。可根据其具有较强竞争力的优势产业类型将其大致划分为两个发展阶段：第一阶段为1997～2005年，第二阶段为2006～2017年。第一阶段强竞争优势产业在海洋第二产业海洋盐业以及海洋第三产业的海洋环境保护业间更替出现，两类产业的竞争力优势维持时间为1～3年的短期，变化频率高。第二阶段浙江海洋产业竞争力优势产业逐渐稳定在海洋科学技术及海洋教育，与其邻近区域以及全国产业发展变迁过程相类似，最终都以发展科技教育形成新的产业经济增长点。

研究期内浙江海洋产业总体竞争力趋势为“VWV”型（见图4.13）。第一个V型的谷值出现在2001年，由于海洋油气业、海洋矿业以及海洋船舶工业的发展滞后所导致。W型的两谷值一峰值依次出现在2006年、2007年、2008年，2006年的谷值是由于海洋油气业、海洋化工业、海洋环境保护3类产业竞争力较弱所导致，2008年的谷值则是由于海洋渔业、海洋油气业以及海洋矿业共同导致，前者源于海洋第二、第三产业的滞后发展所致，后者则源于海洋第一、第二产业竞争力较弱导致。W型的峰值来源于海洋交通运输业、海洋科学技术及海洋教育、海洋环境保护业3类，均属于海洋第三产业范畴，使得区域产业发展在谷值中现峰值。最后一个V型的曲线由2015年的海洋油气业、海洋矿业以及海洋盐业发展落后所形成，该区域海洋自然资源较为稀缺使得这类依赖自然资源而发展的产业类型缺少竞争力。

研究期内浙江海洋产业发展综合实力比较与江苏极为类似（见图4.14），此处竞争力特点将不再赘述。

表 4.7　浙江海洋产业竞争力评价指数

年份	1	2	3	4	5	6	7	8	9	10	11	12	13	14	综合得分
1997	0.0007	0.0000	0.0000	0.0396	0.0007	0.0000	0.0000	0.0064	0.0082	0.0140	0.0037	0.0007	0.0403	0.0322	0.7876
1998	0.0036	0.0000	0.0000	0.0324	0.0004	0.0000	0.0004	0.0070	0.0104	0.0150	0.0032	0.0036	0.0328	0.0360	0.8087
1999	0.0072	0.0000	0.0000	0.0316	0.0000	0.0000	0.0005	0.0064	0.0106	0.0196	0.0034	0.0072	0.0316	0.0404	0.8044
2000	0.0101	0.0000	0.0000	0.0280	0.0000	0.0000	0.0013	0.0079	0.0163	0.0423	0.0039	0.0101	0.0280	0.0717	0.7601
2001	0.0136	0.0000	0.0000	0.0290	0.0000	0.0000	0.0023	0.0090	0.0107	0.0492	0.0046	0.0136	0.0290	0.0758	0.7380
2002	0.0141	0.0000	0.0000	0.0310	0.0166	0.0000	0.0033	0.0082	0.0131	0.0088	0.0045	0.0141	0.0476	0.0378	0.7886
2003	0.0147	0.0000	0.0000	0.0245	0.0145	0.0013	0.0049	0.0091	0.0162	0.0236	0.0184	0.0147	0.0404	0.0723	0.7696
2004	0.0146	0.0000	0.0079	0.0290	0.0177	0.0017	0.0076	0.0065	0.0202	0.0327	0.0166	0.0146	0.0563	0.0836	0.7234
2005	0.0153	0.0000	0.0158	0.0269	0.0175	0.0017	0.0114	0.0133	0.0242	0.0105	0.0237	0.0153	0.0620	0.0832	0.7119
2006	0.0138	0.0000	0.0114	0.0191	0.0158	0.0021	0.0152	0.0159	0.0310	0.0096	0.0583	0.0138	0.0484	0.1300	0.6320
2007	0.0134	0.0000	0.0107	0.0137	0.0188	0.0108	0.0209	0.0179	0.0334	0.0300	0.0109	0.0134	0.0540	0.1131	0.7117
2008	0.0038	0.0000	0.0062	0.0118	0.0099	0.0195	0.0250	0.0220	0.0349	0.0332	0.0165	0.0038	0.0474	0.1316	0.6906
2009	0.0128	0.0000	0.0102	0.0080	0.0078	0.0046	0.0286	0.0311	0.0409	0.0582	0.0150	0.0128	0.0306	0.1738	0.6495
2010	0.0119	0.0000	0.0122	0.0070	0.0090	0.0038	0.0284	0.0303	0.0623	0.0234	0.0112	0.0119	0.0321	0.1556	0.6871
2011	0.0093	0.0000	0.0064	0.0047	0.0109	0.0051	0.0363	0.0241	0.0579	0.0261	0.0350	0.0093	0.0271	0.1794	0.6403
2012	0.0106	0.0000	0.0070	0.0043	0.0105	0.0064	0.0447	0.0265	0.0790	0.0274	0.0296	0.0106	0.0282	0.2071	0.5940
2013	0.0115	0.0000	0.0070	0.0034	0.0129	0.0103	0.0488	0.0258	0.0896	0.0132	0.0271	0.0115	0.0336	0.2046	0.5785
2014	0.0118	0.0000	0.0055	0.0036	0.0097	0.0105	0.0522	0.0233	0.1101	0.0163	0.0351	0.0118	0.0292	0.2370	0.5414
2015	0.0122	0.0000	0.0057	0.0012	0.0109	0.0112	0.0572	0.0262	0.1515	0.0277	0.0333	0.0122	0.0290	0.2959	0.4455
2016	0.0132	0.0000	0.0066	0.0008	0.0079	0.0115	0.0551	0.0270	0.1435	0.0233	0.0407	0.0132	0.0268	0.2897	0.4555
2017	0.0149	0.0000	0.0059	0.0000	0.0077	0.0099	0.0619	0.0271	0.1497	0.0479	0.0336	0.0149	0.0235	0.3203	0.4324

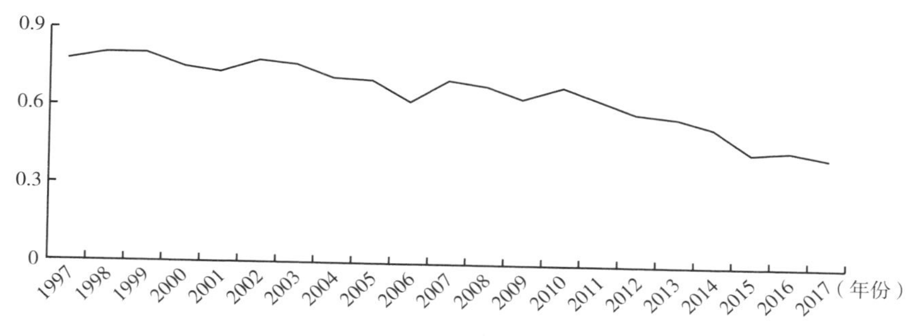

图 4.13 浙江海洋产业综合竞争力评价指数变化

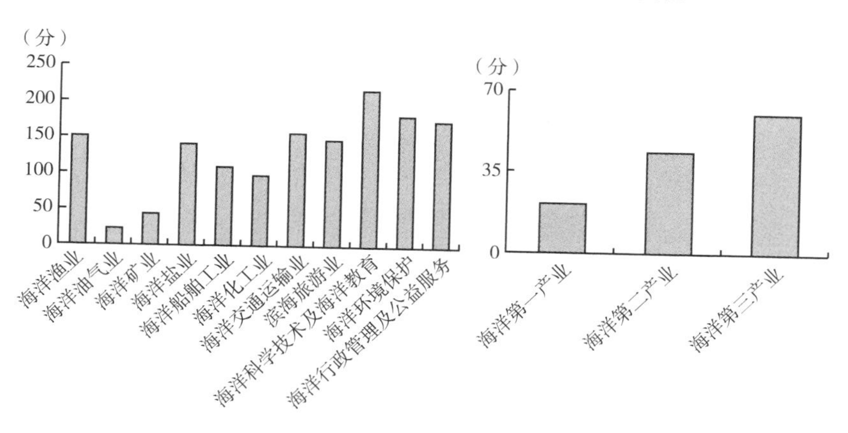

图 4.14 浙江海洋产业竞争力比较

4.1.2.7 福建

福建海洋优势产业发展历程大致可以划分为以下三个变化时期（见表4.8）：1997～2002年的跨越式变换时期，该时间段福建最具竞争力的产业在海洋盐业以及海洋环境保护业间转换，具有在第二产业与第三产业间跨产业类型变换的特点；2003～2008年为海洋第三产业内部调整时期，该时期海洋最具竞争力优势产业的变迁发生在第三产业内部，在海洋科学技术及海洋教育、海洋环境保护以及海洋行政管理及公益服务业3类间更替变迁，具有维持时间短、变换频率高的特点；2009～2017年为优势产业稳定发展时期，该产业发展时间段内，福建海洋产业竞争力首位一直为海洋科学技术及海洋教育业，该类海洋产业受到了广泛关注。

表 4.8 福建海洋产业竞争力评价指数

年份	1	2	3	4	5	6	7	8	9	10	11	12	13	14	综合得分
1997	0.0000	0.0000	0.0000	0.0122	0.0002	0.0000	0.0000	0.0042	0.0040	0.0062	0.0056	0.0000	0.0125	0.0200	0.9104
1998	0.0024	0.0000	0.0000	0.0258	0.0010	0.0000	0.0010	0.0046	0.0039	0.0125	0.0045	0.0024	0.0269	0.0265	0.8592
1999	0.0040	0.0000	0.0000	0.0295	0.0014	0.0000	0.0014	0.0046	0.0039	0.0111	0.0010	0.0040	0.0309	0.0221	0.8604
2000	0.0047	0.0000	0.0000	0.0279	0.0044	0.0000	0.0025	0.0062	0.0090	0.0301	0.0042	0.0047	0.0323	0.0520	0.8234
2001	0.0054	0.0000	0.0011	0.0253	0.0037	0.0000	0.0031	0.0099	0.0111	0.0312	0.0046	0.0054	0.0301	0.0599	0.8250
2002	0.0058	0.0000	0.0014	0.0210	0.0030	0.0000	0.0038	0.0053	0.0139	0.0007	0.0062	0.0058	0.0254	0.0300	0.8895
2003	0.0063	0.0000	0.0018	0.0152	0.0027	0.0000	0.0048	0.0062	0.0176	0.0042	0.0255	0.0063	0.0198	0.0583	0.8539
2004	0.0070	0.0000	0.0036	0.0125	0.0026	0.0000	0.0069	0.0088	0.0206	0.0135	0.0255	0.0070	0.0187	0.0753	0.8464
2005	0.0077	0.0000	0.0054	0.0108	0.0041	0.0000	0.0087	0.0052	0.0248	0.0150	0.0123	0.0077	0.0203	0.0661	0.8724
2006	0.0079	0.0000	0.0024	0.0098	0.0040	0.0000	0.0108	0.0058	0.0302	0.0054	0.0557	0.0079	0.0162	0.1078	0.7491
2007	0.0076	0.0000	0.0022	0.0107	0.0054	0.0000	0.0138	0.0155	0.0263	0.0299	0.0144	0.0076	0.0182	0.1000	0.8354
2008	0.0036	0.0000	0.0021	0.0093	0.0079	0.0269	0.0162	0.0166	0.0236	0.0369	0.0166	0.0036	0.0463	0.1098	0.7483
2009	0.0049	0.0000	0.0022	0.0091	0.0079	0.0315	0.0194	0.0171	0.0335	0.0281	0.0214	0.0049	0.0507	0.1195	0.7264
2010	0.0058	0.0000	0.0022	0.0102	0.0072	0.0020	0.0195	0.0200	0.0672	0.0163	0.0186	0.0058	0.0215	0.1415	0.7739
2011	0.0052	0.0000	0.0024	0.0044	0.0073	0.0027	0.0240	0.0229	0.0962	0.0217	0.0436	0.0052	0.0168	0.2083	0.6758
2012	0.0056	0.0000	0.0027	0.0079	0.0103	0.0055	0.0279	0.0243	0.1007	0.0120	0.0157	0.0056	0.0264	0.1805	0.7259
2013	0.0060	0.0000	0.0028	0.0046	0.0160	0.0106	0.0314	0.0264	0.1035	0.0130	0.0149	0.0060	0.0340	0.1892	0.7052
2014	0.0067	0.0000	0.0032	0.0029	0.0160	0.0120	0.0341	0.0272	0.1200	0.0144	0.0351	0.0067	0.0340	0.2309	0.6538
2015	0.0076	0.0000	0.0033	0.0035	0.0178	0.0155	0.0388	0.0270	0.1517	0.0152	0.0334	0.0076	0.0402	0.2661	0.6006
2016	0.0083	0.0000	0.0022	0.0002	0.0076	0.0169	0.0439	0.0279	0.1488	0.1072	0.0458	0.0083	0.0268	0.3735	0.3606
2017	0.0093	0.0000	0.0137	0.0000	0.0104	0.0030	0.0482	0.0272	0.1506	0.0324	0.0347	0.0093	0.0271	0.2931	0.5966

福建海洋产业综合竞争力折线图呈现出起伏较大的深 V 特征（见图 4.15），该特征出现在 2015 ~2017 年，由于 2016 年竞争力的大幅下降而造成了该特征的出现，2015 年以及 2017 年的区域海洋产业竞争力分别是 2016 年的 1.67 倍以及 1.65 倍，此时出现谷值源于该时间段海洋油气业、海洋矿业以及海洋盐业这类资源型产业发展处于衰退阶段。

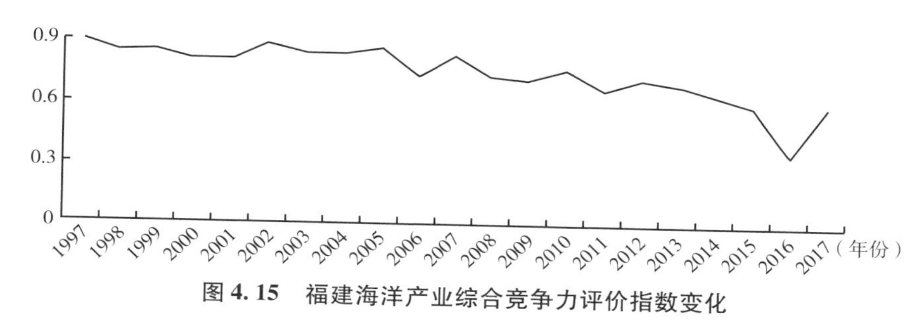

图 4.15 福建海洋产业综合竞争力评价指数变化

福建海洋渔业的发展超过了该时间段内海洋第二产业中的大部分产业类型（见图 4.16），但是海洋第二产的综合实力仍然略胜于第一产业的发展，第三产业无论是综合竞争实力还是二级海洋产业实力均高于区域其他类型产业。

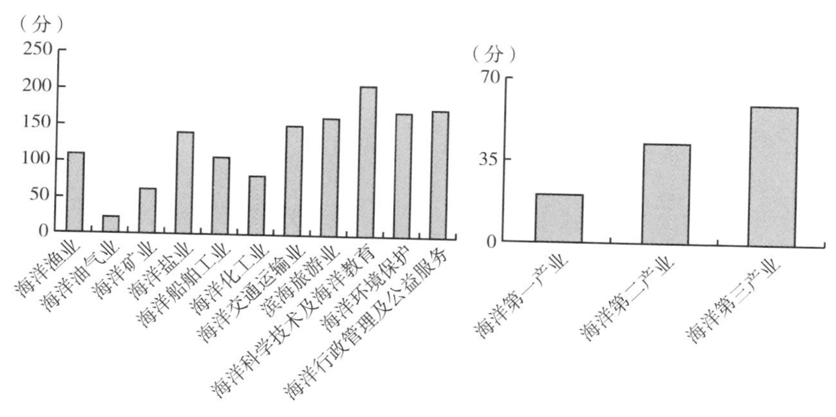

图 4.16 福建海洋产业竞争力比较

4.1.2.8 山东

山东海洋产业发展探索时期较短，海洋产业竞争力较强的优势产业仅在海洋第二产业（海洋船舶工业）中出现一次，在之后的发展时期中，均存在于海洋第三产业中（见表 4.9）。故将山东海洋产业发展过程阶段

表 4.9　山东海洋产业竞争力评价指数

年份	1	2	3	4	5	6	7	8	9	10	11	12	13	14	综合得分
1997	0.0056	0.0000	0.0000	0.0015	0.0298	0.0000	0.0001	0.0000	0.0121	0.0202	0.0184	0.0056	0.0312	0.0508	0.8399
1998	0.0084	0.0016	0.0000	0.0139	0.0356	0.0000	0.0017	0.0039	0.0117	0.0420	0.0184	0.0084	0.0511	0.0778	0.7903
1999	0.0114	0.0055	0.0014	0.0021	0.0157	0.0000	0.0017	0.0056	0.0107	0.0294	0.0156	0.0114	0.0247	0.0630	0.8595
2000	0.0035	0.0075	0.0002	0.0046	0.0145	0.0000	0.0095	0.0047	0.0196	0.0497	0.0127	0.0035	0.0268	0.0963	0.8173
2001	0.0145	0.0092	0.0003	0.0044	0.0000	0.0000	0.0156	0.0060	0.0204	0.0555	0.0131	0.0145	0.0138	0.1105	0.8187
2002	0.0131	0.0163	0.0001	0.0053	0.0185	0.0000	0.0196	0.0116	0.0228	0.0195	0.0116	0.0131	0.0402	0.0851	0.8414
2003	0.0137	0.0205	0.0000	0.0082	0.0170	0.0000	0.0180	0.0136	0.0357	0.0528	0.0204	0.0137	0.0458	0.1405	0.7902
2004	0.0157	0.0191	0.0000	0.0070	0.0189	0.0007	0.0183	0.0157	0.0436	0.0603	0.0208	0.0157	0.0458	0.1587	0.7833
2005	0.0171	0.0220	0.0000	0.0105	0.0195	0.0007	0.0237	0.0189	0.0507	0.0332	0.0194	0.0171	0.0527	0.1459	0.7952
2006	0.0182	0.0277	0.0010	0.0138	0.0181	0.0036	0.0303	0.0222	0.0626	0.0283	0.0942	0.0182	0.0642	0.2376	0.6478
2007	0.0184	0.0303	0.0010	0.0320	0.0208	0.0186	0.0368	0.0255	0.0688	0.0942	0.0207	0.0184	0.1028	0.2460	0.6614
2008	0.0159	0.0389	0.0013	0.0389	0.0145	0.0255	0.0403	0.0310	0.0727	0.0800	0.0373	0.0159	0.1191	0.2614	0.6306
2009	0.0172	0.0404	0.0111	0.0430	0.0170	0.0158	0.0403	0.0323	0.0900	0.1014	0.0381	0.0172	0.1274	0.3021	0.5964
2010	0.0177	0.0477	0.0115	0.0427	0.0026	0.0221	0.0430	0.0426	0.1367	0.0490	0.0313	0.0177	0.1266	0.3026	0.5967
2011	0.0199	0.0463	0.0143	0.0510	0.0016	0.0194	0.0495	0.0514	0.1408	0.0473	0.0791	0.0199	0.1325	0.3680	0.5331
2012	0.0214	0.0468	0.0317	0.0544	0.0053	0.0140	0.0542	0.0478	0.1615	0.0474	0.0557	0.0214	0.1521	0.3666	0.5252
2013	0.0226	0.0480	0.0341	0.0474	0.0059	0.0257	0.0473	0.0473	0.1773	0.0397	0.0676	0.0226	0.1612	0.3792	0.4948
2014	0.0238	0.0488	0.0442	0.0424	0.0050	0.0333	0.0455	0.0411	0.1918	0.0272	0.0940	0.0238	0.1737	0.3995	0.4604
2015	0.0248	0.0493	0.0505	0.0441	0.0091	0.0355	0.0493	0.0441	0.2010	0.0367	0.1041	0.0248	0.1885	0.4352	0.4244
2016	0.0261	0.0490	0.0445	0.0307	0.0008	0.0226	0.0529	0.0432	0.2248	0.0363	0.0931	0.0261	0.1476	0.4504	0.4499
2017	0.0267	0.0490	0.0405	0.0433	0.0072	0.0168	0.0582	0.0946	0.2003	0.0586	0.1082	0.0267	0.1568	0.5197	0.3522

的优势产业竞争力划分为 3 个阶段：1997 年为海洋第二产业阶段，这一年山东海洋产业的优势部门为海洋船舶工业，该时期区域重视发展工业以促进经济发展；1998 ~ 2009 年为海洋第三产业探索阶段，该发展阶段区域海洋优势产业在海洋科学技术及教育、海洋环境保护以及海洋行政管理及公益服务间变换更替，其中海洋环境保护业维持时间最长，使得该区域海洋环境问题得以改善，经济发展与环境保护治理双向并行；2010 ~ 2017 年为稳定发展阶段，这一阶段的发展与全国重点发展产业类型相吻合，以推行科技及教育提升区域海洋产业发展，促进区域海洋经济增长。

山东海洋产业竞争力曲线较为平缓，存在两个变化率较大的起落点时期：2005 ~ 2006 年、2015 ~ 2017 年（见图 4.17）。2005 ~ 2006 年区域海洋产业竞争力产生了较大的下降速率，下降了 18.54% 后又有小幅度的回弹。2015 ~ 2017 年，始末期虽存在小幅度的下降变化，但其过程表现为竞争力先增长后下降，相较于 2015 年产业综合竞争力增长的原因来源于 2016 年海洋交通运输业上升了两个层级，提升了区域海洋第三产业的发展，使其出现"小山"型发展历程。

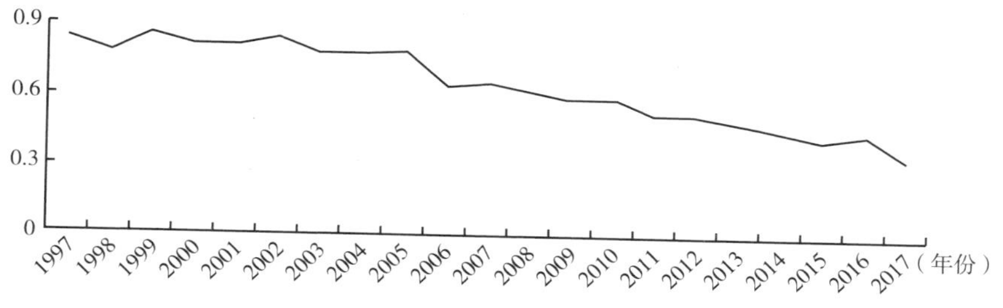

图 4.17　山东海洋产业综合竞争力评价指数变化

从 11 类海洋产业以及三次产业发展综合竞争力来看（见图 4.18），第一产业中的海洋渔业不具有竞争力优势，故海洋三次产业中第一产业也排在了末尾。海洋第二产业中海洋油气业、海洋盐业以及海洋船舶工业发展名列前茅，带领海洋第二产业成为三次产业结构中的第二名。山东省海洋第三产业自 1998 年开始成为区域产业发展的优势产业类型，较早地为区域海洋经济发展提供了平台与机遇。

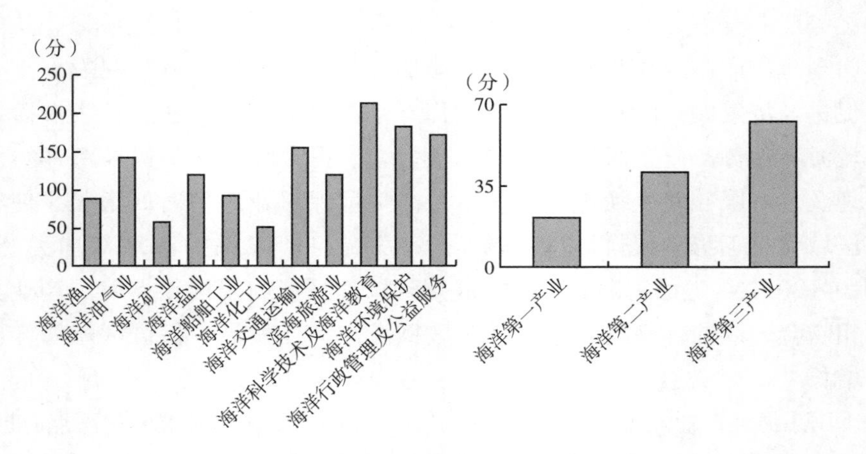

图 4.18　山东海洋产业竞争力比较

4.1.2.9　广东

广东海洋产业发展大致可以划分为两个阶段（见表 4.10），1997～2007 年的初级探索阶段，以及 2008～2017 年的持续稳定成熟阶段。初级探索阶段中，广东海洋优势竞争力产业在第二产业（海洋盐业、海洋矿业）以及第三产业（海洋环境保护、海洋行政管理及公益服务）间不断转换，变化频率较高，故单项优势产业维持时间较短。稳定成熟阶段区域海洋产业具有较强竞争力的产业类型一直存在于海洋科学技术及海洋教育业，为区域产业发展、经济提升提供了重要的方向与动力。

该区域海洋产业竞争力发展趋势表现为“断崖”模式（见图 4.19），2002～2005 年广东海洋产业竞争力指数发生“跳水”情况，2002～2003 年产业综合竞争力指数降低了 32.78%，分析其缘由在于该时间段海洋船舶工业竞争力指数急速下降导致“断崖”出现。低迷情况持续了近一年的时间，2004～2005 年，区域海洋产业综合发展指数缓慢回升，海洋矿业以及海洋油气业等第二产业增速迅猛，使得该区域在 2004 年之后存在稳定的增长上升期。

广东与全国发展情况较为相似，第三产业最优（图 4.20）。二级海洋产业发展竞争力中海洋矿业以及海洋化工业成为区域末尾滞后发展产业，广东海洋产业发展逐渐向第三产业靠近，使得第三产业的发展逐渐趋于成熟稳定。

表 4.10 广东海洋产业竞争力评价指数

年份	1	2	3	4	5	6	7	8	9	10	11	12	13	14	综合得分
1997	0.0153	0.0024	0.0001	0.0147	0.0229	0.0000	0.0002	0.0055	0.0030	0.0104	0.0196	0.0153	0.0402	0.0386	0.8499
1998	0.0172	0.0098	0.0003	0.0078	0.0151	0.0000	0.0008	0.0061	0.0026	0.0119	0.0208	0.0172	0.0329	0.0422	0.8571
1999	0.0192	0.0083	0.0044	0.0122	0.0218	0.0000	0.0016	0.0079	0.0030	0.0090	0.0210	0.0192	0.0466	0.0426	0.8425
2000	0.0197	0.0075	0.0077	0.0134	0.0196	0.0000	0.0063	0.0052	0.0080	0.0207	0.0196	0.0197	0.0482	0.0598	0.8369
2001	0.0199	0.0092	0.0009	0.0078	0.0017	0.0000	0.0075	0.0103	0.0093	0.0476	0.0196	0.0199	0.0196	0.0943	0.8289
2002	0.0197	0.0063	0.0006	0.0089	0.0414	0.0000	0.0084	0.0049	0.0106	0.0101	0.0063	0.0197	0.0573	0.0403	0.8268
2003	0.0195	0.0073	0.0011	0.0108	0.0740	0.0001	0.0101	0.0068	0.0157	0.1166	0.0442	0.0195	0.0932	0.1934	0.5558
2004	0.0195	0.0085	0.0330	0.0134	0.0013	0.0001	0.0117	0.0092	0.0191	0.1298	0.0450	0.0195	0.0563	0.2148	0.5667
2005	0.0170	0.0155	0.0648	0.0067	0.0015	0.0001	0.0153	0.0127	0.0210	0.0326	0.0290	0.0170	0.0886	0.1106	0.6989
2006	0.0184	0.0160	0.0069	0.0108	0.0006	0.0000	0.0172	0.0137	0.0265	0.0501	0.0827	0.0184	0.0342	0.1902	0.7371
2007	0.0187	0.0171	0.0118	0.0103	0.0013	0.0000	0.0198	0.0189	0.0637	0.0660	0.0284	0.0187	0.0406	0.1968	0.7741
2008	0.0083	0.0168	0.0121	0.0119	0.0019	0.0000	0.0235	0.0193	0.0678	0.0411	0.0410	0.0083	0.0426	0.1927	0.7847
2009	0.0082	0.0213	0.0000	0.0089	0.0030	0.0000	0.0257	0.0164	0.0782	0.0490	0.0407	0.0082	0.0331	0.2100	0.7798
2010	0.0114	0.0226	0.0000	0.0078	0.0042	0.0193	0.0238	0.0237	0.1047	0.0473	0.0313	0.0114	0.0539	0.2308	0.7429
2011	0.0094	0.0210	0.0000	0.0083	0.0055	0.0132	0.0293	0.0330	0.1068	0.0235	0.0496	0.0094	0.0480	0.2421	0.7466
2012	0.0113	0.0265	0.0000	0.0089	0.0060	0.0153	0.0332	0.0382	0.1205	0.0504	0.0281	0.0113	0.0567	0.2704	0.7114
2013	0.0136	0.0277	0.0000	0.0064	0.0052	0.0185	0.0390	0.0406	0.1432	0.0180	0.0300	0.0136	0.0578	0.2708	0.7113
2014	0.0134	0.0300	0.0000	0.0061	0.0048	0.0206	0.0409	0.0322	0.1420	0.0235	0.0474	0.0134	0.0614	0.2861	0.7021
2015	0.0138	0.0339	0.0000	0.0049	0.0010	0.0276	0.0519	0.0397	0.1565	0.0147	0.0454	0.0138	0.0674	0.3082	0.6737
2016	0.0147	0.0458	0.0000	0.0064	0.0012	0.0494	0.0525	0.0406	0.2792	0.0155	0.0499	0.0147	0.1028	0.4377	0.5423
2017	0.0146	0.0426	0.0000	0.0034	0.0042	0.0494	0.0654	0.0411	0.2750	0.0155	0.0483	0.0146	0.0996	0.4453	0.5432

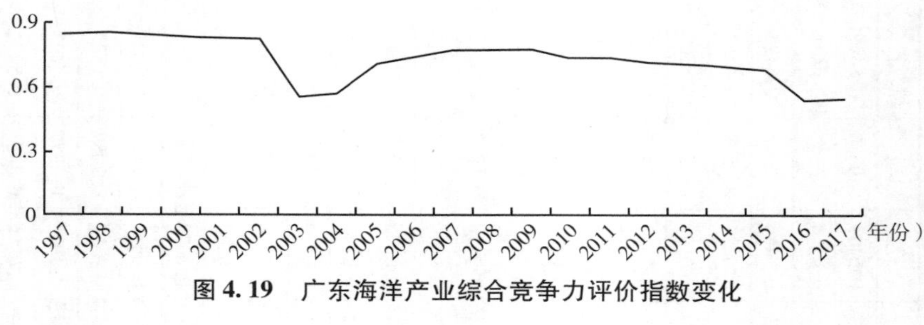

图 4.19　广东海洋产业综合竞争力评价指数变化

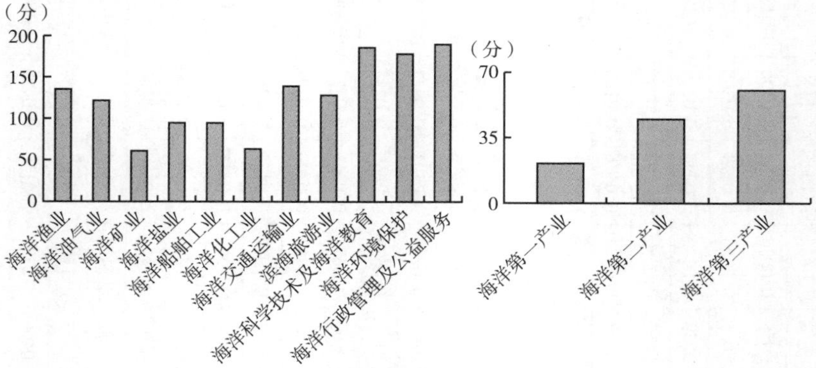

图 4.20　广东海洋产业竞争力评价指数

4.1.2.10　广西

广西海洋优势产业发展可划分为 3 个阶段（见表 4.11）。第一阶段为 1997～2002 年，该阶段中海洋优势产业类型在海洋环境保护业、海洋行政管理及公益服务以及海洋渔业中不断转换，涉及海洋第一产业与海洋第三产业间的变更，跨越了海洋第二产业发展阶段；第二阶段为 2003～2009 年，该阶段海洋优势产业的变更仅发生于海洋第三产业中，在海洋科学技术及海洋教育业、海洋环境保护业以及海洋行政管理及公益服务业三类中频繁变更，逐渐向低速变更稳定发展过渡；第三阶段为 2010～2017 年，该阶段海洋优势产业仅存在一类——海洋科学技术及海洋教育类，与大多数省域研究区以及全国海洋产业发展较为类似。

广西海洋产业纵向竞争力评价指数（见图 4.21）是双 V 型发展趋势。第一个 V 型的谷值出现在 2006 年，是由于海洋油气业、海洋矿业以及海洋化工业的发展滞后产业转型升级所导致；第二个 V 型的谷值出现在 2016 年，同

表 4.11 广西海洋产业竞争力评价指数

年份	1	2	3	4	5	6	7	8	9	10	11	12	13	14	综合得分
1997	0.0033	0.0000	0.0000	0.0104	0.0000	0.0000	0.0007	0.0025	0.0031	0.0367	0.0043	0.0033	0.0104	0.0474	0.8619
1998	0.0083	0.0000	0.0002	0.0097	0.0000	0.0000	0.0009	0.0056	0.0040	0.0328	0.0076	0.0083	0.0099	0.0510	0.8597
1999	0.0152	0.0000	0.0003	0.0131	0.0000	0.0000	0.0008	0.0020	0.0034	0.0133	0.0106	0.0152	0.0134	0.0302	0.8592
2000	0.0165	0.0000	0.0001	0.0113	0.0000	0.0000	0.0003	0.0019	0.0096	0.0397	0.0092	0.0165	0.0114	0.0608	0.8281
2001	0.0175	0.0000	0.0001	0.0124	0.0022	0.0000	0.0004	0.0035	0.0109	0.0548	0.0086	0.0175	0.0147	0.0782	0.7925
2002	0.0179	0.0000	0.0002	0.0083	0.0000	0.0000	0.0006	0.0049	0.0111	0.0128	0.0026	0.0179	0.0085	0.0320	0.8645
2003	0.0061	0.0000	0.0002	0.0100	0.0000	0.0000	0.0013	0.0050	0.0130	0.0051	0.0147	0.0061	0.0102	0.0392	0.8952
2004	0.0165	0.0000	0.0008	0.0050	0.0000	0.0000	0.0016	0.0033	0.0158	0.0195	0.0147	0.0165	0.0057	0.0549	0.8580
2005	0.0138	0.0000	0.0013	0.0060	0.0016	0.0000	0.0026	0.0048	0.0179	0.0083	0.0082	0.0138	0.0089	0.0419	0.8769
2006	0.0165	0.0000	0.0008	0.0059	0.0019	0.0000	0.0039	0.0045	0.0215	0.0111	0.0401	0.0165	0.0085	0.0810	0.7688
2007	0.0169	0.0000	0.0019	0.0058	0.0006	0.0000	0.0056	0.0057	0.0159	0.0340	0.0056	0.0169	0.0083	0.0669	0.8412
2008	0.0027	0.0000	0.0062	0.0084	0.0001	0.0000	0.0097	0.0064	0.0185	0.0381	0.0095	0.0027	0.0148	0.0822	0.8363
2009	0.0081	0.0000	0.0044	0.0067	0.0002	0.0000	0.0173	0.0127	0.0189	0.0441	0.0055	0.0081	0.0114	0.0985	0.8124
2010	0.0153	0.0000	0.0028	0.0081	0.0003	0.0000	0.0208	0.0167	0.0685	0.0274	0.0115	0.0153	0.0112	0.1449	0.7508
2011	0.0040	0.0000	0.0012	0.0080	0.0135	0.0000	0.0304	0.0268	0.0649	0.0160	0.0251	0.0040	0.0227	0.1631	0.7011
2012	0.0046	0.0000	0.0013	0.0048	0.0024	0.0000	0.0393	0.0270	0.1018	0.0268	0.0211	0.0046	0.0084	0.2161	0.6660
2013	0.0053	0.0000	0.0018	0.0067	0.0029	0.0000	0.0483	0.0305	0.0947	0.0171	0.0165	0.0053	0.0114	0.2071	0.6715
2014	0.0051	0.0000	0.0237	0.0056	0.0037	0.0000	0.0517	0.0291	0.1217	0.0053	0.0264	0.0051	0.0330	0.2342	0.5925
2015	0.0054	0.0000	0.0224	0.0016	0.0035	0.0000	0.0534	0.0387	0.1607	0.0051	0.0297	0.0054	0.0275	0.2876	0.5294
2016	0.0059	0.0000	0.0244	0.0009	0.0707	0.0000	0.0618	0.0423	0.1812	0.0045	0.0266	0.0059	0.0960	0.3163	0.3416
2017	0.0064	0.0000	0.0164	0.0000	0.0420	0.0000	0.0701	0.0453	0.1464	0.0090	0.0251	0.0064	0.0584	0.2960	0.4657

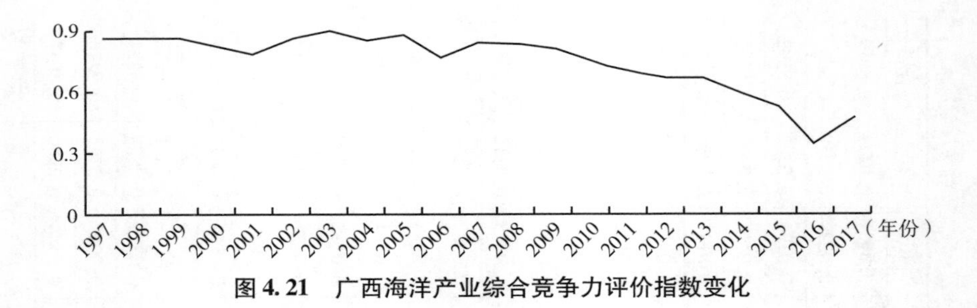

图 4.21　广西海洋产业综合竞争力评价指数变化

样由于海洋油气业、海洋盐业以及海洋化工业等海洋第二产业综合竞争力水平排名较为落后所导致。广西地区海洋自然资源较少，导致该区域海洋产业发展较为落后，海洋第三产业的发展对区域海洋经济提升进行了弥补。

广西 11 类海洋产业综合竞争力发展中（见图 4.22），资源型海洋第二产业发展滞后，缺乏区域竞争力，与海洋第一产业发展竞争力不相上下，仅有海洋第三产业发展具有较强的区域竞争力，为区域经济增长提供了持久的动力来源。

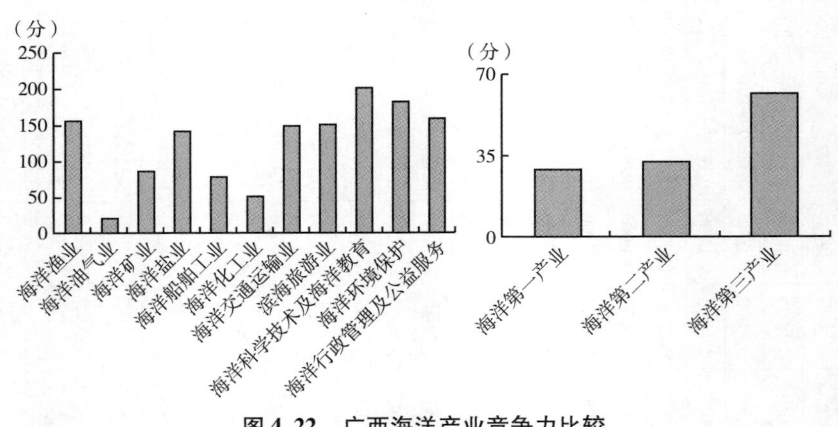

图 4.22　广西海洋产业竞争力比较

4.1.2.11　海南

海南海洋优势产业变换更替发展状况可以划分为两个阶段（见表 4.12）：1997～2007 为第一阶段，该阶段优势产业在海洋矿业、海洋船舶工业、海洋科学技术及海洋教育业、海洋环境保护以及海洋行政管理及公益服务业 5 类产业中变换更替，在海洋第二产业以及第三产业中更替变迁，其中优势产业持续时间最长的是海洋环境保护业，该区域在产业发展的前期早已意识到环境问题并着手发展海洋环境保护业，使经济发展与环境保护共同成长；

表 4.12 海南海洋产业竞争力评价指数

年份	1	2	3	4	5	6	7	8	9	10	11	12	13	14	综合得分
1997	0. 0000	0. 0000	0. 0000	0. 0110	0. 0000	0. 0000	0. 0014	0. 0027	0. 0000	0. 0203	0. 0009	0. 0000	0. 0111	0. 0254	0. 9217
1998	0. 0005	0. 0000	0. 0000	0. 0069	0. 0000	0. 0000	0. 0020	0. 0051	0. 0001	0. 0072	0. 0025	0. 0005	0. 0069	0. 0169	0. 9558
1999	0. 0017	0. 0000	0. 0000	0. 0091	0. 0000	0. 0000	0. 0020	0. 0079	0. 0001	0. 0094	0. 0025	0. 0017	0. 0092	0. 0219	0. 9415
2000	0. 0030	0. 0000	0. 0000	0. 0030	0. 0000	0. 0000	0. 0006	0. 0043	0. 0016	0. 0196	0. 0006	0. 0030	0. 0030	0. 0267	0. 9300
2001	0. 0042	0. 0000	0. 0001	0. 0203	0. 0074	0. 0000	0. 0026	0. 0062	0. 0021	0. 0259	0. 0025	0. 0042	0. 0277	0. 0392	0. 8627
2002	0. 0055	0. 0000	0. 0001	0. 0082	0. 0096	0. 0000	0. 0024	0. 0046	0. 0027	0. 0236	0. 0025	0. 0055	0. 0180	0. 0357	0. 9068
2003	0. 0066	0. 0000	0. 0002	0. 0062	0. 0131	0. 0000	0. 0032	0. 0044	0. 0103	0. 0007	0. 0048	0. 0066	0. 0195	0. 0233	0. 9094
2004	0. 0076	0. 0000	0. 0003	0. 0088	0. 0052	0. 0000	0. 0040	0. 0045	0. 0107	0. 0041	0. 0048	0. 0076	0. 0143	0. 0280	0. 9316
2005	0. 0085	0. 0000	0. 0004	0. 0048	0. 0017	0. 0000	0. 0042	0. 0043	0. 0119	0. 0030	0. 0059	0. 0085	0. 0069	0. 0294	0. 9415
2006	0. 0096	0. 0000	0. 0008	0. 0055	0. 0024	0. 0000	0. 0074	0. 0045	0. 0139	0. 0021	0. 0338	0. 0096	0. 0087	0. 0618	0. 8546
2007	0. 0108	0. 0000	0. 0421	0. 0081	0. 0031	0. 0000	0. 0120	0. 0094	0. 0389	0. 0260	0. 0089	0. 0108	0. 0533	0. 0952	0. 7344
2008	0. 0058	0. 0000	0. 0011	0. 0059	0. 0164	0. 0000	0. 0159	0. 0080	0. 0493	0. 0224	0. 0171	0. 0058	0. 0235	0. 1126	0. 8210
2009	0. 0065	0. 0000	0. 0013	0. 0043	0. 0115	0. 0000	0. 0132	0. 0084	0. 0683	0. 0127	0. 0298	0. 0065	0. 0171	0. 1325	0. 7792
2010	0. 0088	0. 0000	0. 0016	0. 0042	0. 0158	0. 0000	0. 0176	0. 0102	0. 0654	0. 0059	0. 0162	0. 0088	0. 0216	0. 1154	0. 8228
2011	0. 0080	0. 0000	0. 0017	0. 0048	0. 0069	0. 0000	0. 0232	0. 0160	0. 0746	0. 0457	0. 0741	0. 0080	0. 0134	0. 2336	0. 6021
2012	0. 0084	0. 0000	0. 0018	0. 0035	0. 0070	0. 0000	0. 0329	0. 0167	0. 1029	0. 0751	0. 0065	0. 0084	0. 0123	0. 2340	0. 6872
2013	0. 0095	0. 0000	0. 0022	0. 0017	0. 0076	0. 0000	0. 0372	0. 0179	0. 1210	0. 0203	0. 0075	0. 0095	0. 0115	0. 2040	0. 7290
2014	0. 0105	0. 0000	0. 0014	0. 0021	0. 0062	0. 0000	0. 0286	0. 0160	0. 0726	0. 0080	0. 0395	0. 0105	0. 0097	0. 1648	0. 7536
2015	0. 0113	0. 0000	0. 0015	0. 0010	0. 0111	0. 0000	0. 0441	0. 0206	0. 1168	0. 0074	0. 0334	0. 0113	0. 0136	0. 2224	0. 6968
2016	0. 0119	0. 0000	0. 0015	0. 0022	0. 0114	0. 0000	0. 0397	0. 0215	0. 1117	0. 0080	0. 0348	0. 0119	0. 0151	0. 2156	0. 7033
2017	0. 0127	0. 0000	0. 0000	0. 0027	0. 0158	0. 0727	0. 0410	0. 0190	0. 1527	0. 0081	0. 0317	0. 0127	0. 0913	0. 2526	0. 5041

2008～2017 为第二阶段，该阶段中海洋优势产业均为海洋科学技术及海洋教育业，国家产业核心竞争力转变为了科技与教育发展，科技兴国教育兴国。

海南区域纵向时间维度海洋产业竞争力发展历程较为曲折（见图 4.23），竞争力波动下降趋势较为明显，存在两个明显的波动点，分别为 2007 年以及 2011 年。2007 年海洋产业竞争力出现波动的原因在于海洋盐业、海洋船舶工业以及海洋行政管理及公益服务业，竞争力的相对下降导致全年整体海洋产业竞争力出现波动。经过 4 年的发展变迁，区域海洋产业竞争力逐渐上升，但在 2011 年再一次发生了大波动，区域海洋产业竞争力以 26.83% 的变化率直线下降，造成新的波动点出现，此时间节点的波动由于海洋船舶工业以及海洋交通运输业的发展相较于前一时间节点而言竞争力水平下降了 2～3 级所致。

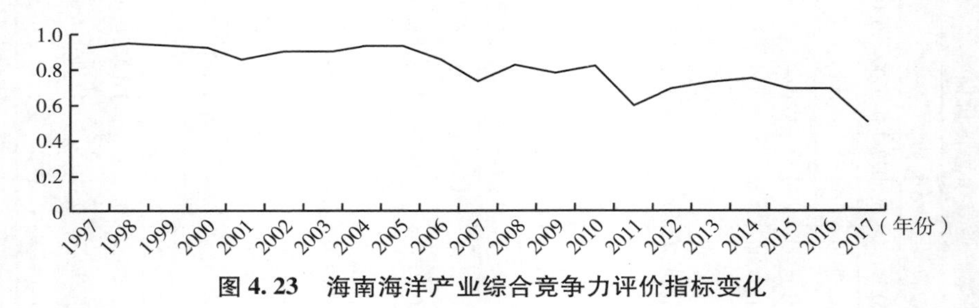

图 4.23　海南海洋产业综合竞争力评价指标变化

海南 11 类海洋产业发展中（见图 4.24），第三产业远超于第二产业以及第一产业，成为区域发展的重要组成部分，海洋第二产业中存在两类产业发展较为滞后——海洋油气业、海洋化工业。

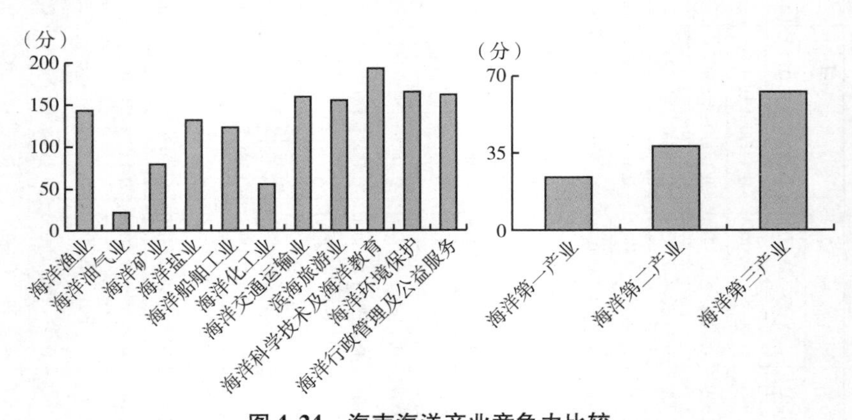

图 4.24　海南海洋产业竞争力比较

4.1.3 三角洲海洋产业综合竞争力评价指数

4.1.3.1 渤海湾区域

渤海湾区域海洋产业发展过程中的优势产业变换经历了两个主要阶段（见表4.13）：优势产业探索阶段（1997～2009年）；优势产业稳定发展阶段（2010～2017年）。渤海湾区域优势产业探索阶段主要以海洋环境保护业为主，期间发生了3次优势产业类型的变迁，依次变更为海洋渔业、海洋科学技术及海洋教育、海洋行政管理及公益服务业，其变更具有偶然性及探索性。随着生产力的发展与科学技术的进步，优势产业稳定发展阶段中竞争力具有绝对优势的产业类型转变为了海洋科学技术及海洋教育业，与全国优势产业发展趋势相吻合，附加价值高的产业类型成为现今海洋产业发展的新趋势。

渤海湾区域海洋产业综合竞争力发展呈波动式下降趋势（见图4.25），平均每年以3.46%的速率逐年下降。整体下降趋势中也存在产业竞争力上升的年份，依次为1999年、2002年、2005年、2009年以及2017年。在海洋产业的发展变化中，变化幅度逐渐趋于平稳，起落逐渐稳定。

渤海湾区域11类海洋产业综合竞争力发展差距较大（见图4.26），发展较好的海洋科学技术及海洋教育竞争力指数是海洋化工业的4.61倍，这是产业结构转型的趋势，高附加值低污染是未来产业发展的方向，是经济提升的便捷路径。同时观察区域海洋三次产业综合竞争力排名，研究期内累计排名第一的与全国相一致，为海洋第三产业，最后一名为海洋第一产业。

4.1.3.2 长江三角洲区域

长江三角洲区域海洋优势产业出现于海洋第二产业以及海洋第三产业中，主要涉及海洋盐业、海洋科学技术及海洋教育业、海洋环境保护业、海洋行政管理及公益服务业4类（见表4.14）。海洋优势产业发展转化阶段可分为3个部分：1997～2003年为第一阶段，是海洋第二产业到海洋第三产业的过渡阶段，海洋优势产业在海洋第二产业以及第三产业中不断变换，

表 4.13　渤海湾区域海洋产业竞争力评价指数

年份	1	2	3	4	5	6	7	8	9	10	11	12	13	14	综合得分
1997	0.0068	0.0000	0.0000	0.0044	0.0232	0.0000	0.0001	0.0004	0.0127	0.0319	0.0101	0.0068	0.0276	0.0551	0.8488
1998	0.0161	0.0036	0.0000	0.0172	0.0278	0.0000	0.0016	0.0018	0.0128	0.0592	0.0101	0.0161	0.0486	0.0855	0.7807
1999	0.0244	0.0065	0.0014	0.0057	0.0125	0.0000	0.0018	0.0034	0.0116	0.0298	0.0093	0.0244	0.0261	0.0559	0.8327
2000	0.0088	0.0076	0.0002	0.0087	0.0119	0.0000	0.0087	0.0115	0.0194	0.0676	0.0076	0.0088	0.0284	0.1148	0.7850
2001	0.0241	0.0084	0.0003	0.0091	0.0000	0.0000	0.0109	0.0127	0.0193	0.0828	0.0113	0.0241	0.0178	0.1370	0.7518
2002	0.0208	0.0111	0.0001	0.0094	0.0144	0.0000	0.0131	0.0128	0.0198	0.0124	0.0131	0.0208	0.0351	0.0712	0.8558
2003	0.0216	0.0146	0.0000	0.0094	0.0136	0.0040	0.0149	0.0146	0.0298	0.0303	0.0203	0.0216	0.0417	0.1099	0.8225
2004	0.0232	0.0174	0.0000	0.0037	0.0150	0.0057	0.0168	0.0150	0.0362	0.0522	0.0197	0.0232	0.0417	0.1399	0.7886
2005	0.0249	0.0207	0.0000	0.0085	0.0155	0.0057	0.0245	0.0182	0.0414	0.0164	0.0200	0.0249	0.0503	0.1205	0.8097
2006	0.0271	0.0261	0.0010	0.0136	0.0143	0.0058	0.0308	0.0205	0.0519	0.0329	0.0797	0.0271	0.0609	0.2158	0.6725
2007	0.0267	0.0235	0.0010	0.0271	0.0171	0.0141	0.0358	0.0231	0.0553	0.1083	0.0222	0.0267	0.0828	0.2447	0.6588
2008	0.0151	0.0285	0.0013	0.0318	0.0118	0.0171	0.0431	0.0245	0.0666	0.1058	0.0305	0.0151	0.0906	0.2705	0.6451
2009	0.0260	0.0296	0.0114	0.0343	0.0139	0.0124	0.0333	0.0277	0.0745	0.0855	0.0326	0.0260	0.1017	0.2535	0.6521
2010	0.0272	0.0342	0.0118	0.0308	0.0029	0.0135	0.0421	0.0307	0.1490	0.0646	0.0242	0.0272	0.0932	0.3106	0.6067
2011	0.0215	0.0432	0.0147	0.0344	0.0024	0.0117	0.0489	0.0350	0.1486	0.0528	0.0573	0.0215	0.1065	0.3427	0.5706
2012	0.0236	0.0455	0.0326	0.0320	0.0061	0.0095	0.0550	0.0346	0.1789	0.0605	0.0360	0.0236	0.1257	0.3650	0.5330
2013	0.0259	0.0492	0.0352	0.0280	0.0065	0.0161	0.0566	0.0345	0.1968	0.0497	0.0400	0.0259	0.1350	0.3776	0.5014
2014	0.0285	0.0519	0.0455	0.0215	0.0056	0.0181	0.0580	0.0312	0.2160	0.0510	0.0639	0.0285	0.1426	0.4202	0.4480
2015	0.0291	0.0560	0.0520	0.0211	0.0097	0.0259	0.0631	0.0325	0.2370	0.0446	0.0830	0.0291	0.1647	0.4602	0.3969
2016	0.0304	0.0589	0.0458	0.0116	0.0029	0.0153	0.0645	0.0315	0.2866	0.0453	0.0790	0.0304	0.1346	0.5069	0.3871
2017	0.0288	0.0549	0.0418	0.0200	0.0068	0.0128	0.0669	0.0651	0.2042	0.0662	0.0828	0.0288	0.1363	0.4851	0.4009

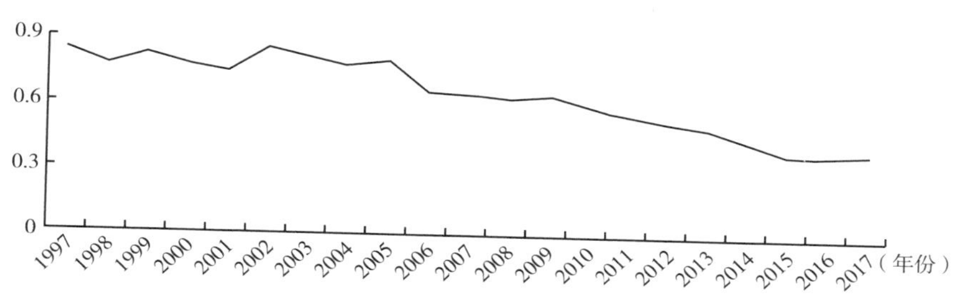

图 4.25　渤海湾区域海洋产业综合竞争力评价指数变化

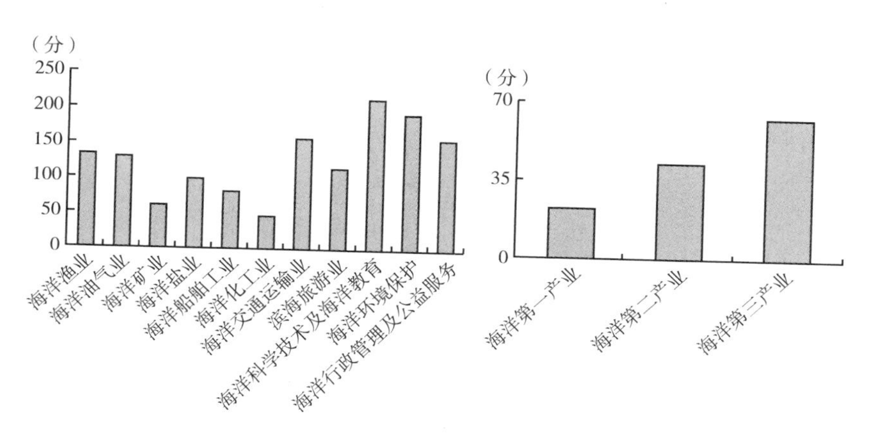

图 4.26　渤海湾区域海洋产业竞争力比较

但其变化率相对于其他区域而言较低；2004～2009 年为第二阶段，是在第三产业中探寻最佳优势产业；第三阶段为 2010～2017 年，是优势产业的稳定发展阶段，该阶段逐步将海洋优势产业稳定在海洋科学技术及海洋教育中，为区域海洋产业发展提供了充足的动力。

长江三角洲区域海洋产业综合竞争力同渤海湾区域较为类似，整体呈现出波动式下降的发展趋势（见图 4.27）。该趋势线中存在 4 个较明显的谷底点分别是 2001 年、2006 年、2009 年以及 2016 年，这 4 个年份相较于上一年而言竞争力分别下降了 4.89%、8.34%、11.25%以及 10.32%。同时也存在相较于上一年产业综合竞争力增加的情况，该类情况出现于 1999 年、2002 年、2007 年、2010 年以及 2017 年，增长率分别为 2.63%、7.81%、5.78%、4.80%以及 30.77%。

表 4.14　长江三角洲区域海洋产业竞争力评价指数

年份	1	2	3	4	5	6	7	8	9	10	11	12	13	14	综合得分
1997	0.0011	0.0000	0.0000	0.0416	0.0013	0.0000	0.0000	0.0058	0.0115	0.0214	0.0004	0.0011	0.0428	0.0390	0.8471
1998	0.0048	0.0000	0.0000	0.0416	0.0010	0.0000	0.0015	0.0076	0.0127	0.0286	0.0014	0.0048	0.0426	0.0518	0.8391
1999	0.0084	0.0050	0.0000	0.0348	0.0034	0.0000	0.0018	0.0056	0.0144	0.0194	0.0026	0.0084	0.0432	0.0439	0.8612
2000	0.0113	0.0226	0.0000	0.0328	0.0021	0.0000	0.0079	0.0090	0.0208	0.0609	0.0029	0.0113	0.0575	0.1015	0.7918
2001	0.0159	0.0257	0.0000	0.0315	0.0000	0.0000	0.0096	0.0235	0.0188	0.0806	0.0067	0.0159	0.0572	0.1393	0.7534
2002	0.0162	0.0288	0.0000	0.0307	0.0195	0.0000	0.0113	0.0232	0.0220	0.0088	0.0073	0.0162	0.0789	0.0726	0.8122
2003	0.0175	0.0269	0.0000	0.0287	0.0174	0.0101	0.0141	0.0253	0.0246	0.0326	0.0342	0.0175	0.0831	0.1309	0.7700
2004	0.0181	0.0212	0.0139	0.0356	0.0197	0.0145	0.0181	0.0228	0.0329	0.0491	0.0366	0.0181	0.1049	0.1595	0.7284
2005	0.0199	0.0213	0.0277	0.0174	0.0195	0.0145	0.0235	0.0297	0.0386	0.0191	0.0386	0.0199	0.1005	0.1495	0.7273
2006	0.0196	0.0241	0.0200	0.0257	0.0197	0.0030	0.0293	0.0326	0.0450	0.0145	0.0899	0.0196	0.0925	0.2113	0.6667
2007	0.0205	0.0254	0.0187	0.0219	0.0239	0.0108	0.0358	0.0338	0.0682	0.0388	0.0392	0.0205	0.1006	0.2157	0.7052
2008	0.0107	0.0298	0.0108	0.0163	0.0142	0.0268	0.0428	0.0419	0.0778	0.0461	0.0424	0.0107	0.0979	0.2510	0.6770
2009	0.0197	0.0269	0.0179	0.0106	0.0150	0.0062	0.0474	0.0304	0.0903	0.1002	0.0383	0.0197	0.0766	0.3067	0.6008
2010	0.0200	0.0258	0.0213	0.0122	0.0154	0.0060	0.0444	0.0535	0.1545	0.0336	0.0280	0.0200	0.0808	0.3139	0.6296
2011	0.0178	0.0253	0.0112	0.0130	0.0187	0.0148	0.0543	0.0444	0.1773	0.0276	0.0479	0.0178	0.0831	0.3516	0.5871
2012	0.0203	0.0326	0.0123	0.0149	0.0232	0.0057	0.0623	0.0366	0.2024	0.0536	0.0451	0.0203	0.0887	0.4000	0.5499
2013	0.0217	0.0352	0.0122	0.0070	0.0234	0.0254	0.0656	0.0356	0.2078	0.0170	0.0450	0.0217	0.1032	0.3710	0.5398
2014	0.0218	0.0369	0.0096	0.0058	0.0185	0.0243	0.0652	0.0344	0.2439	0.0169	0.0741	0.0218	0.0950	0.4346	0.4771
2015	0.0219	0.0457	0.0101	0.0044	0.0157	0.0296	0.0712	0.0349	0.2764	0.0252	0.0926	0.0219	0.1054	0.5003	0.4152
2016	0.0223	0.0578	0.0116	0.0010	0.0125	0.0162	0.0710	0.0344	0.2901	0.0428	0.0973	0.0223	0.0991	0.5357	0.3724
2017	0.0241	0.0670	0.0104	0.0031	0.0116	0.0110	0.0732	0.0336	0.2007	0.0417	0.0945	0.0241	0.1031	0.4438	0.4870

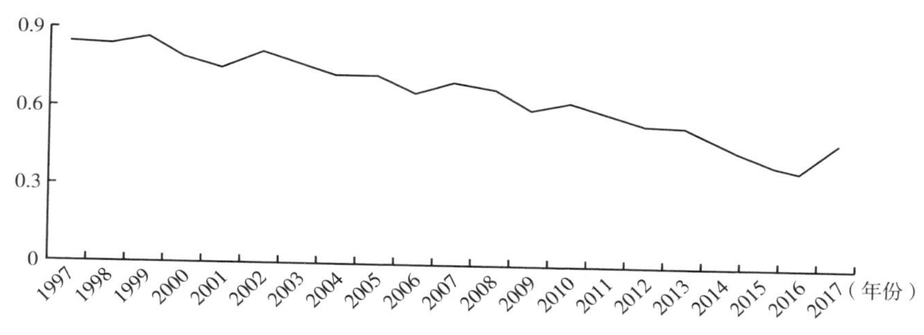

图 4.27　长江三角洲区域海洋产业综合竞争力评价指数变化

研究期内长江三角洲区域 11 类二级海洋产业发展中（见图 4.28），竞争力最强的海洋科学技术及海洋教育业是竞争力最弱的海洋矿业的 4.18 倍，该区域海洋资源较为匮乏，导致区域资源型产业发展较为滞后，逐渐向海洋第三产业进行过渡转型，提升区域产业发展综合竞争力。

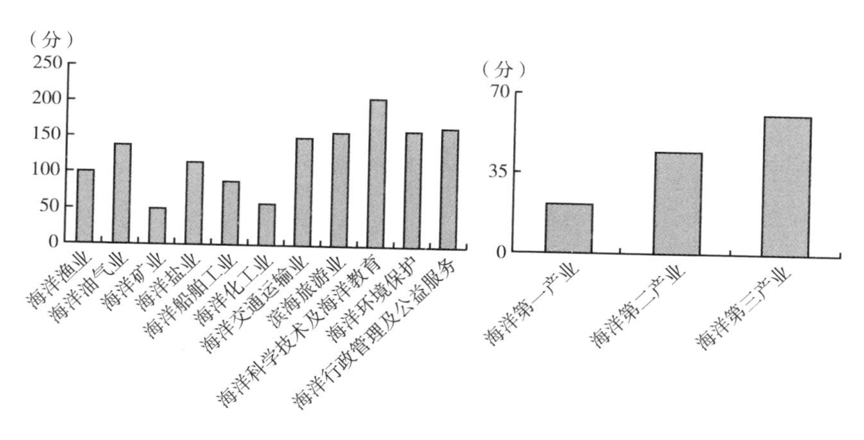

图 4.28　长江三角洲区域海洋产业竞争力比较

4.1.3.3　珠江三角洲区域

珠江三角洲区域海洋优势产业的发展变化可分为 2 个阶段：转型阶段（1997～2006 年）以及稳定发展阶段（2007～2017 年）（见表 4.15）。转型阶段中，区域海洋优势产业的发展经历了由海洋盐业变更为海洋环境保护业的过程，区域经济的发展或多或少带来的环境问题引发社会关注，使得产业发展开始转型变化。在区域稳定发展阶段中，海洋优势产业转变为海洋

表 4.15 珠江三角洲区域海洋产业竞争力评价指数

年份	1	2	3	4	5	6	7	8	9	10	11	12	13	14	综合得分
1997	0.0000	0.0026	0.0000	0.0231	0.0058	0.0000	0.0001	0.0050	0.0038	0.0141	0.0031	0.0000	0.0314	0.0260	0.9142
1998	0.0038	0.0106	0.0001	0.0298	0.0050	0.0000	0.0010	0.0057	0.0035	0.0170	0.0052	0.0038	0.0454	0.0325	0.8809
1999	0.0068	0.0089	0.0001	0.0339	0.0081	0.0000	0.0018	0.0079	0.0036	0.0093	0.0057	0.0068	0.0510	0.0283	0.8785
2000	0.0082	0.0081	0.0001	0.0304	0.0102	0.0000	0.0054	0.0052	0.0090	0.0311	0.0063	0.0082	0.0488	0.0570	0.8624
2001	0.0099	0.0100	0.0008	0.0283	0.0038	0.0000	0.0068	0.0121	0.0105	0.0475	0.0075	0.0099	0.0428	0.0845	0.8370
2002	0.0110	0.0068	0.0009	0.0254	0.0202	0.0000	0.0078	0.0056	0.0123	0.0050	0.0060	0.0110	0.0534	0.0367	0.8719
2003	0.0109	0.0079	0.0013	0.0223	0.0319	0.0000	0.0095	0.0073	0.0183	0.0934	0.0337	0.0109	0.0634	0.1623	0.6102
2004	0.0135	0.0092	0.0028	0.0183	0.0001	0.0000	0.0117	0.0108	0.0217	0.1058	0.0343	0.0135	0.0305	0.1843	0.6193
2005	0.0140	0.0167	0.0042	0.0053	0.0022	0.0000	0.0152	0.0105	0.0249	0.0170	0.0204	0.0140	0.0285	0.0879	0.8803
2006	0.0154	0.0173	0.0023	0.0154	0.0018	0.0000	0.0181	0.0123	0.0307	0.0163	0.0798	0.0154	0.0368	0.1572	0.7470
2007	0.0161	0.0185	0.0389	0.0162	0.0035	0.0000	0.0222	0.0243	0.0621	0.0475	0.0205	0.0161	0.0771	0.1765	0.7370
2008	0.0061	0.0182	0.0032	0.0184	0.0105	0.0350	0.0268	0.0225	0.0674	0.0477	0.0268	0.0061	0.0852	0.1913	0.7345
2009	0.0088	0.0230	0.0030	0.0140	0.0086	0.0409	0.0295	0.0229	0.0792	0.0462	0.0313	0.0088	0.0895	0.2091	0.7098
2010	0.0118	0.0245	0.0031	0.0148	0.0091	0.0104	0.0288	0.0289	0.1171	0.0300	0.0269	0.0118	0.0618	0.2317	0.7369
2011	0.0091	0.0227	0.0031	0.0116	0.0109	0.0090	0.0357	0.0382	0.1292	0.0299	0.0345	0.0091	0.0573	0.2674	0.7149
2012	0.0103	0.0287	0.0034	0.0115	0.0132	0.0133	0.0416	0.0408	0.1452	0.0424	0.0235	0.0103	0.0702	0.2935	0.6763
2013	0.0117	0.0300	0.0038	0.0091	0.0209	0.0213	0.0480	0.0439	0.1651	0.0207	0.0231	0.0117	0.0851	0.3009	0.6628
2014	0.0123	0.0324	0.0062	0.0072	0.0203	0.0239	0.0491	0.0395	0.1660	0.0203	0.0812	0.0123	0.0901	0.3560	0.5825
2015	0.0137	0.0368	0.0062	0.0032	0.0229	0.0314	0.0616	0.0457	0.1899	0.0191	0.0799	0.0137	0.1004	0.3962	0.5483
2016	0.0155	0.0496	0.0057	0.0017	0.0217	0.0421	0.0637	0.0475	0.3016	0.0312	0.0868	0.0155	0.1208	0.5308	0.4357
2017	0.0167	0.0461	0.0103	0.0002	0.0210	0.0241	0.0755	0.0477	0.2954	0.0260	0.0804	0.0167	0.1017	0.5249	0.4631

科学技术及海洋教育业，与全国、渤海湾以及长三角区域的发展变迁过程相一致。

观察珠江三角洲区域海洋产业竞争力变化趋势图（图4.29），该区域发展趋势与渤海湾以及长三角有较大差异，虽都为波动式下降，但珠三角区域出现了“峡谷”期，存在较长时间的产业竞争力低迷。“峡谷”期的出现是由于2003年、2004年的海洋油气业、海洋船舶工业以及海洋交通运输业发展相比于其他产业而言较为落后所致。随后在2005年出现海洋产业竞争力峰值后开始持续稳定下降。

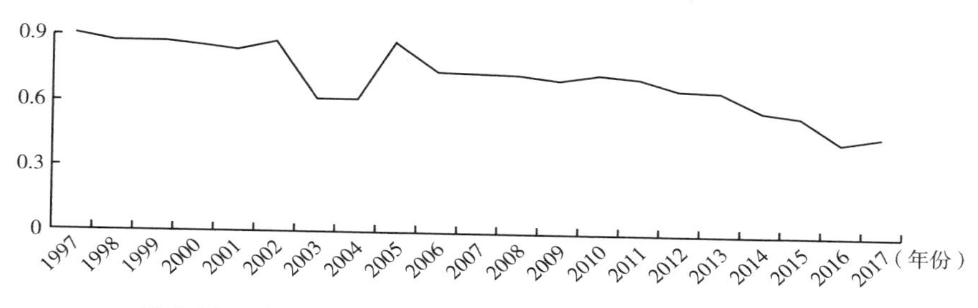

图4.29　珠江三角洲区域海洋产业综合竞争力评价指数变化

珠江三角洲区域海洋三产以及11类海洋产业综合发展情况与渤海湾区域以及长三角区域具有相同的发展特征，海洋第三产业中海洋科学技术及海洋教育业最优，资源型的海洋矿业发展较为滞后（图4.30）。

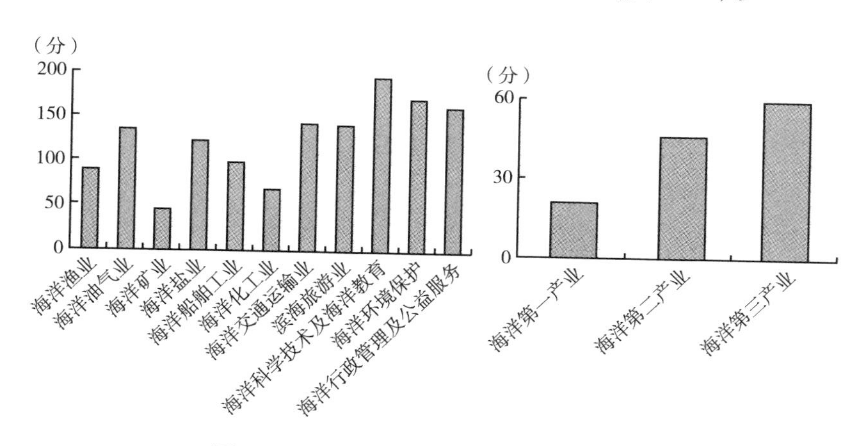

图4.30　珠江三角洲海洋产业竞争力比较

4.2 海洋产业演化的产业间协调度指数测算

4.2.1 中国海洋产业耦合协调度指数

通过海洋产业间相关性分析可知，无论是11类海洋产业还是三次海洋产业间都存在一些相关的联系，故引入耦合协调度模型探究其产业发展紧密度状况（见表4.16），以折线图趋势来表达其发展情况（见图4.31），11类海洋产业以及三次海洋产业均呈现出逐渐和谐稳定的良性积极关联。

表4.16　中国海洋产业耦合协调度计量

年份	11类海洋产业		三次海洋产业	
	耦合度（M）	协调度（D）	耦合度（M）	协调度（D）
1997	0.00	0.00	0.73	0.15
1998	0.00	0.00	0.81	0.20
1999	0.00	0.00	0.93	0.18
2000	0.00	0.00	0.60	0.18
2001	0.00	0.00	0.65	0.20
2002	0.00	0.00	0.88	0.19
2003	0.00	0.00	0.80	0.22
2004	0.00	0.00	0.75	0.23
2005	0.00	0.00	0.82	0.23
2006	0.66	0.13	0.70	0.27
2007	0.67	0.15	0.69	0.29
2008	0.66	0.15	0.57	0.27
2009	0.82	0.17	0.69	0.30
2010	0.67	0.16	0.64	0.30
2011	0.67	0.17	0.59	0.30
2012	0.70	0.18	0.60	0.32

续表

年份	11 类海洋产业		三次海洋产业	
	耦合度（M）	协调度（D）	耦合度（M）	协调度（D）
2013	0.72	0.19	0.61	0.33
2014	0.69	0.19	0.61	0.35
2015	0.71	0.21	0.60	0.36
2016	0.57	0.19	0.57	0.36
2017	0.69	0.20	0.57	0.35

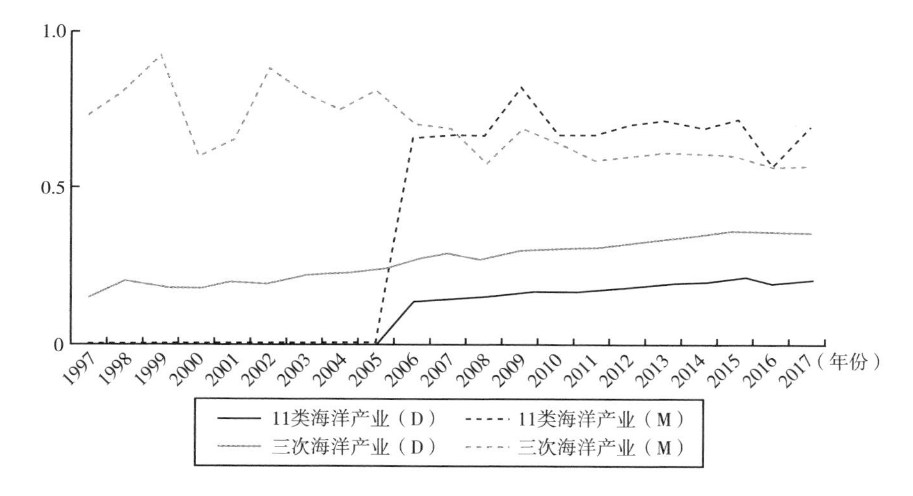

图 4.31　中国海洋产业耦合协调度变化

研究期内 11 类海洋产业耦合度 M 表现出猛然增长、曲折变化的情况，11 类海洋产业的耦合度 M∈[0,0.5)、[0.5,0.8) 以及 [0.8,1.0] 三个数值区间内，表现为低度耦合度、磨合耦合度以及高度耦合度，跨越了拮抗耦合度发展模式，呈高速增长模式。但仅依赖于 M 值很难客观地衡量出区域海洋产业的总体发展水平，故同时对比 D 值进行综合判断。11 类海洋产业的 D 值曲线呈现出前期猛然增长后期稳定增长的发展趋势，与 M 值的高速变化区相一致。11 类海洋产业的协调度 D 值为 [0,0.19] 和 [0.2,0.39]，表现出严重失调以及轻度失调两类，反映出 11 类海洋产业发展存在分级分化模式，与本书 4.1 节所呈现出的产业发展竞争力较为吻合，虽都表现出增长态势，但多级分化极为严重，优势产业与劣势产业间差距虽有略微的缩小，但差距仍然很大。

研究期内三次海洋产业耦合度M值前期呈波浪式增减起伏较大，后期发展逐渐稳定，并表现出耦合度值逐渐下降的趋势，M ∈ [0.5,0.8)和[0.8,1.0]的区间内，对应为磨合耦合度以及高度耦合度两类。对应于区域D值曲线，D值表现出低增长率的稳定增长模式，D值属于[0.00,0.19]和[0.20,0.39]，表现出严重失调以及轻度失调的发展状况，与M值增减过程呈负相关关系。这样的数值组合说明海洋三次产业间发展水平以及增长率具有较大的差距，但三次海洋产业发展水平相对来说都呈现出比较高的同发展共增长模式，使得中国海洋产业结构逐渐趋向完善。

4.2.2 沿海省域海洋产业耦合协调度指数

沿海省份海洋产业耦合协调度计算中，辽宁、河北、天津、江苏、上海、浙江、福建、广西以及海南9省域研究期内M值、D值均为0，故未列入表4.17中。

表4.17 沿海省域11类海洋产业耦合协调度计量

年份	山东		广东	
	耦合度（M）	协调度（D）	耦合度（M）	协调度（D）
1997	0.00	0.00	0.00	0.00
1998	0.00	0.00	0.00	0.00
1999	0.00	0.00	0.00	0.00
2000	0.00	0.00	0.00	0.00
2001	0.00	0.00	0.00	0.00
2002	0.00	0.00	0.00	0.00
2003	0.00	0.00	0.34	0.10
2004	0.00	0.00	0.38	0.10
2005	0.00	0.00	0.48	0.10
2006	0.61	0.13	0.00	0.00
2007	0.68	0.15	0.00	0.00
2008	0.71	0.16	0.00	0.00

续表

年份	山东		广东	
	耦合度（M）	协调度（D）	耦合度（M）	协调度（D）
2009	0.80	0.18	0.00	0.00
2010	0.70	0.17	0.00	0.00
2011	0.66	0.18	0.00	0.00
2012	0.74	0.19	0.00	0.00
2013	0.75	0.20	0.00	0.00
2014	0.72	0.20	0.00	0.00
2015	0.76	0.21	0.00	0.00
2016	0.59	0.18	0.00	0.00
2017	0.72	0.21	0.00	0.00

山东11类海洋产业耦合协调度发展趋势图中（见图4.32），M呈现出“陡崖式”发展波动型增长趋势，1997～2005年区域M值为0，呈现出低度耦合度的发展状况，2006年M值猛然增加至0.61，为磨合耦合度阶段，跨越了拮抗耦合度发展阶段，发生了耦合度的跨级跃迁。自2005年以后，山东区域M∈[0.5,0.8]具有较高的耦合度值相匹配为磨合耦合度。同期与D值相比，趋势图中同样存在陡增，但增长幅度较小，1997～2012年以及2016年为耦合度严重失调期，2013年、2014年、2015年以及2017年为

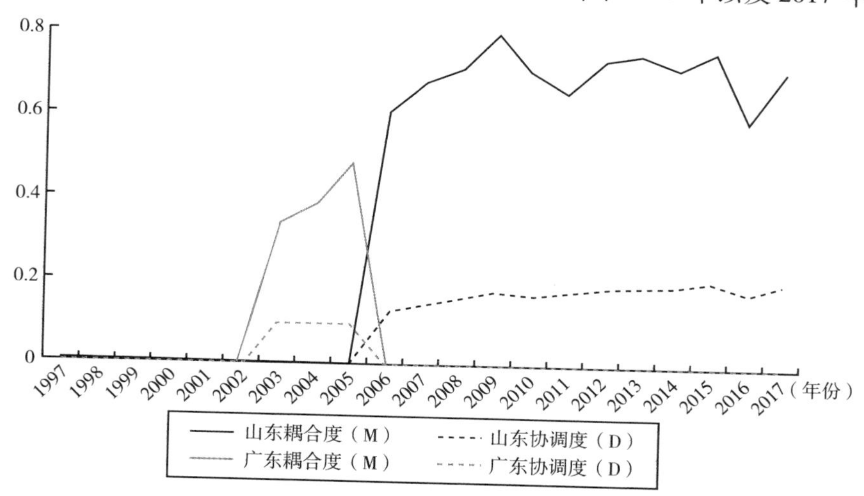

图4.32　沿海省域海洋产业耦合协调度变化

轻度失调。山东区域11类海洋产业M值较高，但其相同年份所对应的D值并不乐观，存在多类发展比例均较低的海洋产业类型，导致区域协调度发展较差。

广东11类海洋产业耦合协调度发展趋势中，M值与D值均为“小山丘”型发展趋势。1997～2002年均为0.00，为低度耦合度与协调度严重失调阶段；2003～2005年M值以及D值出现非0阶段，耦合度发展变迁为拮抗耦合度，但协调度仍然为严重失调情况；2006～2017年M值、D值又重新回到了0值阶段，耦合协调度又重新变为了低度耦合度。在此变化过程中，广东经历了低度耦合度—拮抗耦合度—低度耦合度的变更，协调度一直处于严重失调阶段，未发生任何阶段性变化。该现象体现出广东区域11类海洋产业发展极为不协调，产业分级较为明显。

沿海省域海洋三次产业耦合度变化趋势图中（见图4.33），大都呈现出波动式先增后减的变化趋势，M值增减变化明显，波动幅度较小但变化频率较高。其中存在3个区域拥有自己独特的趋势线特点——上海、福建、海南。上海三次海洋产业M值以0.00为结束，前期经历了磨合耦合度与高度耦合度之间两次高频率变换，后期经历了磨合耦合度以及拮抗耦合度，最后在2011～2017年稳定于低度耦合度发展现状，表现出了较为明显的海洋第一、第二产业发展较为滞后的特点。福建及海南地区发展趋势较为相

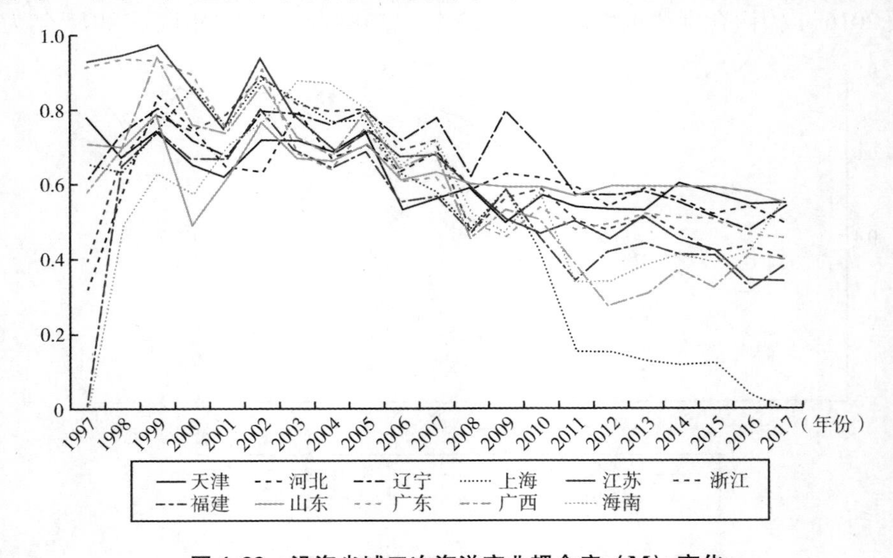

图4.33　沿海省域三次海洋产业耦合度（M）变化

似，从低度耦合度0.00开始，经历磨合耦合度以及高度耦合度阶段最后过渡至拮抗耦合度（见表4.18）。

表4.18　　　沿海省域三次海洋产业耦合度（M）计算

年份	天津	河北	辽宁	上海	江苏	浙江	福建	山东	广东	广西	海南
1997	0.78	0.32	0.61	0.65	0.93	0.39	0.00	0.71	0.92	0.58	0.00
1998	0.67	0.58	0.74	0.63	0.95	0.67	0.65	0.70	0.94	0.70	0.49
1999	0.75	0.84	0.81	0.76	0.98	0.79	0.74	0.79	0.93	0.94	0.63
2000	0.65	0.75	0.72	0.86	0.85	0.75	0.67	0.49	0.90	0.76	0.57
2001	0.62	0.64	0.67	0.76	0.75	0.79	0.67	0.61	0.75	0.74	0.70
2002	0.72	0.63	0.80	0.89	0.94	0.89	0.80	0.77	0.91	0.87	0.77
2003	0.72	0.80	0.79	0.83	0.78	0.82	0.69	0.67	0.69	0.73	0.88
2004	0.69	0.67	0.76	0.77	0.68	0.80	0.64	0.66	0.64	0.67	0.87
2005	0.75	0.71	0.80	0.77	0.74	0.80	0.69	0.71	0.76	0.80	0.80
2006	0.53	0.64	0.72	0.63	0.67	0.69	0.55	0.61	0.61	0.64	0.65
2007	0.56	0.69	0.78	0.58	0.68	0.72	0.57	0.63	0.62	0.69	0.72
2008	0.59	0.58	0.62	0.47	0.58	0.47	0.49	0.60	0.50	0.45	0.52
2009	0.50	0.63	0.80	0.59	0.51	0.56	0.53	0.59	0.46	0.53	0.47
2010	0.57	0.62	0.70	0.42	0.47	0.59	0.46	0.59	0.53	0.51	0.58
2011	0.54	0.59	0.57	0.15	0.50	0.50	0.34	0.57	0.48	0.39	0.34
2012	0.53	0.54	0.57	0.15	0.45	0.48	0.42	0.59	0.49	0.27	0.34
2013	0.53	0.59	0.58	0.13	0.52	0.52	0.44	0.59	0.52	0.31	0.38
2014	0.60	0.56	0.55	0.12	0.45	0.47	0.41	0.59	0.51	0.37	0.41
2015	0.57	0.52	0.51	0.12	0.42	0.42	0.41	0.59	0.51	0.33	0.39
2016	0.55	0.54	0.48	0.04	0.34	0.43	0.32	0.58	0.47	0.41	0.42
2017	0.55	0.50	0.54	0.00	0.34	0.40	0.38	0.55	0.46	0.40	0.56

沿海省域三次海洋产业协调度D值中大部分区域发展趋势为波动上升（见表4.19和图4.34），产生了由严重失调转变为轻度失调的过程，发展趋势逐渐向好。但也存在发展特例：上海、江苏、福建以及海南。上海海

洋三次产业发展 D 值经历严重失调、轻度失调后又重新回到严重失调阶段并以 D 值为 0.00 结束，倒退式发展方式体现出上海区域三次海洋产业结构发展差距逐渐扩大，发展不协调趋势愈演愈烈。江苏与上海拥有相似的发展趋势，区别在于江苏结束值为 0.18，相对于上海来说产业间差距较小。福建与海南拥有类似的发展过程，以 0.00 的严重失调为基础，经过长时间（18～20 年）产业结构调整使其最终上升到了轻度失调的发展阶段。

表 4.19 沿海省域三次海洋产业协调度（D）计量

年份	天津	河北	辽宁	上海	江苏	浙江	福建	山东	广东	广西	海南
1997	0.17	0.07	0.15	0.11	0.13	0.10	0.00	0.14	0.17	0.11	0.00
1998	0.19	0.10	0.18	0.12	0.14	0.13	0.11	0.18	0.17	0.13	0.06
1999	0.18	0.12	0.18	0.14	0.13	0.14	0.12	0.16	0.18	0.14	0.08
2000	0.20	0.15	0.22	0.18	0.15	0.17	0.14	0.14	0.20	0.15	0.08
2001	0.21	0.14	0.22	0.21	0.15	0.18	0.15	0.17	0.18	0.16	0.13
2002	0.21	0.15	0.20	0.20	0.13	0.17	0.13	0.19	0.19	0.13	0.12
2003	0.24	0.16	0.21	0.20	0.16	0.19	0.14	0.21	0.27	0.12	0.12
2004	0.24	0.15	0.22	0.19	0.16	0.20	0.15	0.22	0.25	0.13	0.12
2005	0.23	0.15	0.23	0.19	0.16	0.21	0.15	0.23	0.23	0.13	0.11
2006	0.26	0.17	0.26	0.18	0.16	0.21	0.16	0.26	0.22	0.15	0.13
2007	0.27	0.22	0.26	0.19	0.17	0.21	0.16	0.28	0.23	0.15	0.19
2008	0.29	0.21	0.21	0.18	0.17	0.17	0.16	0.28	0.20	0.12	0.16
2009	0.26	0.22	0.25	0.17	0.18	0.20	0.18	0.30	0.20	0.14	0.16
2010	0.24	0.22	0.27	0.19	0.18	0.20	0.16	0.30	0.23	0.17	0.17
2011	0.24	0.23	0.25	0.10	0.20	0.19	0.16	0.31	0.22	0.16	0.17
2012	0.24	0.25	0.26	0.11	0.21	0.20	0.17	0.33	0.24	0.14	0.17
2013	0.24	0.26	0.28	0.10	0.22	0.21	0.18	0.33	0.24	0.15	0.17
2014	0.26	0.26	0.29	0.10	0.22	0.21	0.19	0.34	0.25	0.18	0.16
2015	0.26	0.32	0.29	0.11	0.21	0.22	0.21	0.36	0.26	0.19	0.18
2016	0.27	0.30	0.32	0.06	0.19	0.22	0.21	0.35	0.30	0.24	0.18
2017	0.26	0.29	0.30	0.00	0.18	0.22	0.20	0.36	0.29	0.22	0.26

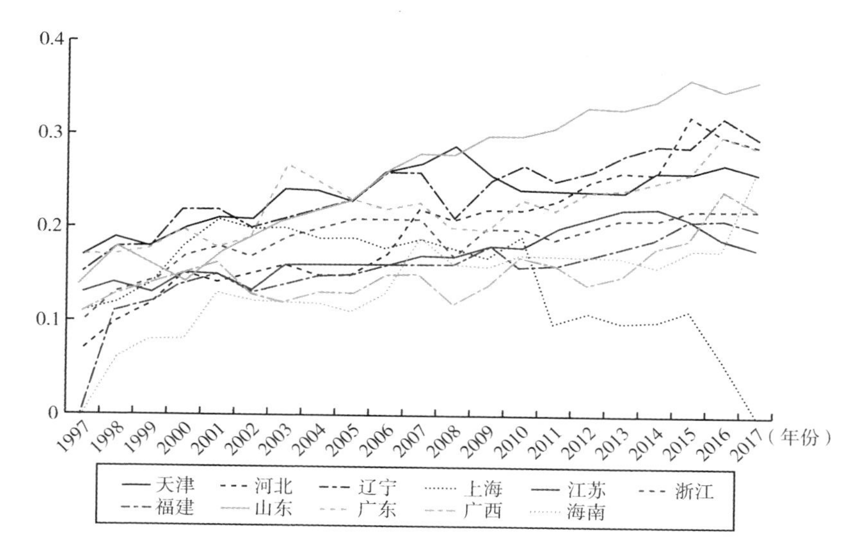

图 4.34 沿海省域三次海洋产业协调度（D）变化

4.2.3 沿海三角洲海洋产业耦合协调度指数

沿海三角洲区域11类海洋产业耦合协调度趋势呈现波动式增长的发展态势（见表4.20和图4.35），它们发展趋势的相同点是：三区域均经历了耦合度M的“陡崖式”增长后，出现M值略微下降的发展趋势；三区域的D值均存在波动式突增区与稳定发展区。它们发展趋势的不同之处是：其一，珠三角区域2006～2007年存在M值、D值为0.00的大幅度回落区，渤海湾以及长三角区域无大规模回落；其二，长江三角洲区域的M值是趋势图的峰值，出现了0.92、0.95、0.90以及0.83的高度耦合情况，但与同期D值相比则为严重失调，产业间发展不平衡极为明显；其三，长三角与渤海湾区域M值在发展后期阶段中下降后回升，而珠三角区域则表现为持续下降。

表 4.20 沿海三角洲11类海洋产业耦合协调度计量

年份	渤海湾区域		长江三角洲区域		珠江三角洲区域	
	耦合度（M）	协调度（D）	耦合度（M）	协调度（D）	耦合度（M）	协调度（D）
1997	0.00	0.00	0.00	0.00	0.00	0.00
1998	0.00	0.00	0.00	0.00	0.00	0.00

续表

年份	渤海湾区域		长江三角洲区域		珠江三角洲区域	
	耦合度（M）	协调度（D）	耦合度（M）	协调度（D）	耦合度（M）	协调度（D）
1999	0. 00	0. 00	0. 00	0. 00	0. 00	0. 00
2000	0. 00	0. 00	0. 00	0. 00	0. 00	0. 00
2001	0. 00	0. 00	0. 00	0. 00	0. 00	0. 00
2002	0. 00	0. 00	0. 00	0. 00	0. 00	0. 00
2003	0. 00	0. 00	0. 00	0. 00	0. 38	0. 09
2004	0. 00	0. 00	0. 92	0. 15	0. 28	0. 08
2005	0. 00	0. 00	0. 95	0. 15	0. 52	0. 08
2006	0. 66	0. 13	0. 77	0. 15	0. 00	0. 00
2007	0. 67	0. 15	0. 90	0. 17	0. 00	0. 00
2008	0. 66	0. 15	0. 83	0. 16	0. 74	0. 14
2009	0. 82	0. 17	0. 73	0. 16	0. 72	0. 14
2010	0. 67	0. 16	0. 70	0. 16	0. 67	0. 14
2011	0. 67	0. 17	0. 69	0. 17	0. 63	0. 14
2012	0. 70	0. 18	0. 65	0. 17	0. 64	0. 15
2013	0. 72	0. 19	0. 65	0. 17	0. 63	0. 15
2014	0. 69	0. 19	0. 58	0. 17	0. 64	0. 16
2015	0. 71	0. 21	0. 56	0. 18	0. 58	0. 16
2016	0. 57	0. 19	0. 47	0. 17	0. 49	0. 17
2017	0. 69	0. 20	0. 56	0. 17	0. 41	0. 16

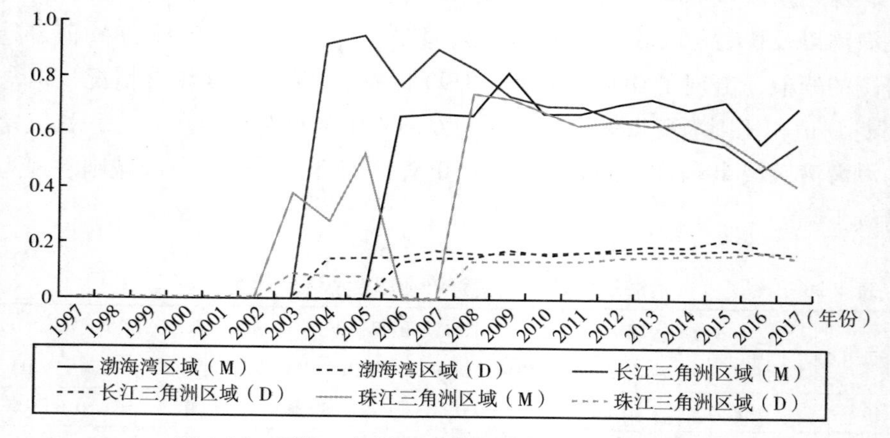

图 4. 35　沿海三角洲 11 类海洋产业耦合协调度变化

沿海三角洲区域三次海洋产业耦合协调度计量具有明显的规律性（见表4.21和图4.36），三区域M值前期波动式上升，中期增减变换式下降，后期变化率较小并逐渐稳定；D值则为小频率波动式上升，增长稳定。同时，这三区域也具有发展趋势的不同点：其一，珠三角区域M值、D值起始为零，1998年二者分别增长为0.65以及0.13，耦合度由低度耦合度跨越过拮抗耦合度后直接转变为了磨合耦合度，协调度由严重失调转变为轻度失调；其二，渤海湾M值变化过程仅存在磨合耦合度与高度耦合度两个阶段，而长三角及珠三角存在第三个发展阶段拮抗耦合度。同时，渤海湾D值发生了严重失调与轻度失调间的高频率变换后发展趋势逐渐趋于稳定，而长三角以及珠三角二者间仅存在一次变换。

表4.21　沿海三角洲三次海洋产业耦合协调度计量

年份	渤海湾区域		长江三角洲区域		珠江三角洲区域	
	耦合度（M）	协调度（D）	耦合度（M）	协调度（D）	耦合度（M）	协调度（D）
1997	0.73	0.15	0.45	0.11	0.00	0.00
1998	0.81	0.20	0.66	0.15	0.65	0.13
1999	0.93	0.18	0.79	0.16	0.75	0.15
2000	0.60	0.18	0.71	0.20	0.75	0.17
2001	0.65	0.20	0.71	0.22	0.72	0.18
2002	0.88	0.19	0.81	0.21	0.83	0.17
2003	0.80	0.22	0.75	0.24	0.61	0.22
2004	0.75	0.23	0.71	0.26	0.56	0.21
2005	0.82	0.23	0.74	0.26	0.75	0.18
2006	0.70	0.27	0.67	0.27	0.64	0.21
2007	0.69	0.29	0.68	0.28	0.67	0.25
2008	0.57	0.27	0.53	0.25	0.49	0.22
2009	0.69	0.30	0.58	0.28	0.54	0.23
2010	0.64	0.30	0.58	0.28	0.54	0.23
2011	0.59	0.30	0.53	0.28	0.47	0.23
2012	0.60	0.32	0.53	0.30	0.48	0.24

续表

年份	渤海湾区域		长江三角洲区域		珠江三角洲区域	
	耦合度（M）	协调度（D）	耦合度（M）	协调度（D）	耦合度（M）	协调度（D）
2013	0.61	0.33	0.57	0.31	0.50	0.26
2014	0.61	0.35	0.53	0.31	0.48	0.27
2015	0.60	0.36	0.50	0.32	0.48	0.29
2016	0.57	0.36	0.48	0.33	0.45	0.32
2017	0.57	0.35	0.54	0.32	0.45	0.31

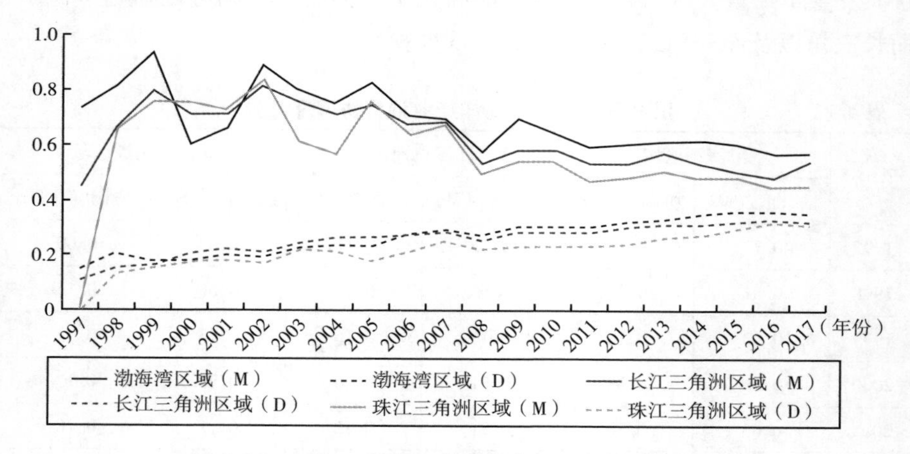

图 4.36　沿海三角洲三次海洋产业耦合协调度变化

4.3　海洋产业结构多元化系数测算

4.3.1　中国海洋产业结构多元化系数测算

将 1997～2017 年《中国海洋统计年鉴》中二级海洋产业类别按照海洋及相关产业分类标准（GB/T4754－2011）重新分类，并计算当年三次海洋产业产值（见表 4.22）以及海洋生产总值增长速度（见图 4.37）。1997～2017 年，中国海洋生产总值持续上升，增长速度呈现出 N 型增长趋势，增长速度在 2005 年达到峰值，2011 年增速基本为 0，而后的年份又呈现出增速上升的发展趋势。1997～2017年，中国海洋生产总值增长了23.78倍，其中第一产业生产总值增加了1.47倍，第二产业生产总值增加了60.54倍，第三产业生产总值增加了40.89倍。高速增长的海洋第二、第三产业，促使海洋产业结构变化迅速且逐渐完善。

表4.22　1997～2017年我国海洋生产总值及海洋第一、第二、第三产业生产总值

年份	海洋生产总值（亿元）	第一产业生产总值（亿元）	第二产业生产总值（亿元）	第三产业生产总值（亿元）	海洋生产总值增长速度（%）
1997	2812.94	1445.27	449.60	918.07	—
1998	3104.53	1642.56	555.99	979.94	0.10
1999	3269.92	1772.12	499.09	998.53	0.05
2000	3651.30	1998.83	561.31	1091.16	0.12
2001	4133.50	2084.34	693.86	1355.30	0.13
2002	5437.80	2256.56	1243.83	1508.90	0.32
2003	7014.29	2541.03	1615.84	2180.86	0.29
2004	8733.55	3240.15	2207.08	2629.76	0.25
2005	13704.76	3967.57	3142.10	5855.64	0.57
2006	16755.13	4577.50	3940.59	6316.45	0.22
2007	21220.30	1143.00	9802.50	10275.00	0.27
2008	25048.40	1377.80	11337.40	12333.70	0.18
2009	29631.70	1608.30	13995.70	14027.90	0.18
2010	32277.70	1857.80	14980.30	15439.60	0.09
2011	32277.70	1857.80	14980.30	15339.60	0.00
2012	37224.00	2382.00	21685.70	21428.50	0.15
2013	50045.00	2670.60	23469.80	23904.90	0.34
2014	54313.30	2918.00	24909.10	26486.30	0.09
2015	60699.10	3109.60	26660.00	30929.60	0.12
2016	65534.30	3327.70	27672.00	34534.90	0.08
2017	69693.60	3570.90	27666.70	38456.20	0.06

资料来源：1997～2017年的《中国海洋统计年鉴》。

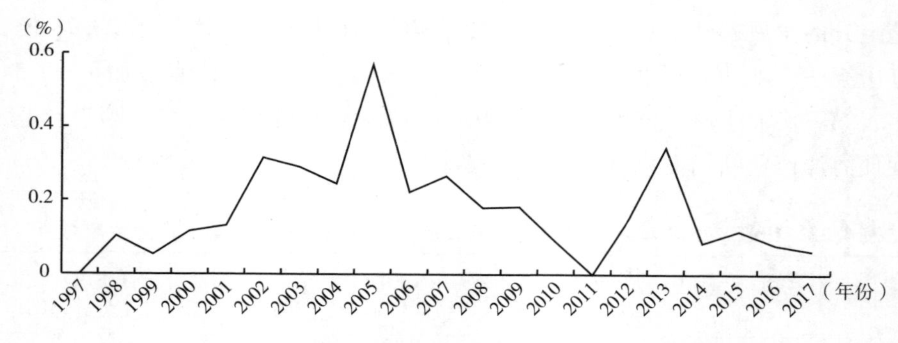

图 4.37　1997～2017 年中国海洋生产总值增长速度

产业结构多元化系数代表了经济结构逐渐从较为单一的第一产业逐渐向第二产业以及第三产业转变，该系数可以从宏观大局整体来看，系数越大，产业结构演变越深化。从中国沿海海洋 MESD 系数测算结果来看（见表 4.23 和图 4.38），产业结构转变逐渐加强，呈现出了小波动的持续增长态势，较为明显的变化时间段为 2006～2007 年，产业结构多元化系数增长了近 5.86 倍。产业结构多元化系数的巨大变化，原因在于海洋产业统计口径的变动、统计资料的可比性原则，按照国民经济三次产业分类，海洋产业可分为海洋第一产业、海洋第二产业和海洋第三产业。原口径的划分标准为：海洋渔业等属于海洋第一产业，沿海造船业、滨海砂矿业（2006 年后变为海洋矿业）、海洋油气业、海洋化工业等构成海洋第二产业，海洋交通运输业及滨海国际旅游等构成海洋第三产业。新口径则是依据 2006 年发布的《海洋及相关产业分类》标准划分海洋三次产业。在新口径的划分标准

表 4.23　　中国沿海海洋 MESD 系数测算结果

年份	MESD	年份	MESD	年份	MESD
1997	1.61	2004	1.65	2011	16.52
1998	1.39	2005	3.54	2012	17.99
1999	1.41	2006	3.07	2013	17.91
2000	1.34	2007	18.00	2014	18.19
2001	1.60	2008	17.97	2015	20.11
2002	1.36	2009	17.44	2016	21.27
2003	1.79	2010	16.63	2017	22.72

下，原来的海洋产业部门进行了适当的调整和细分，同时又新增了部分新兴的海洋产业部门。在新口径下，海洋第一产业剔除了海洋产品加工业，新增了第一产业内海洋产业中相关的部门；海洋第二产业包含原产业的海洋产品加工业和海洋工程建筑业等新兴部门；海洋第三产业包括了未能划入第一和第二产业的其他产业部门。

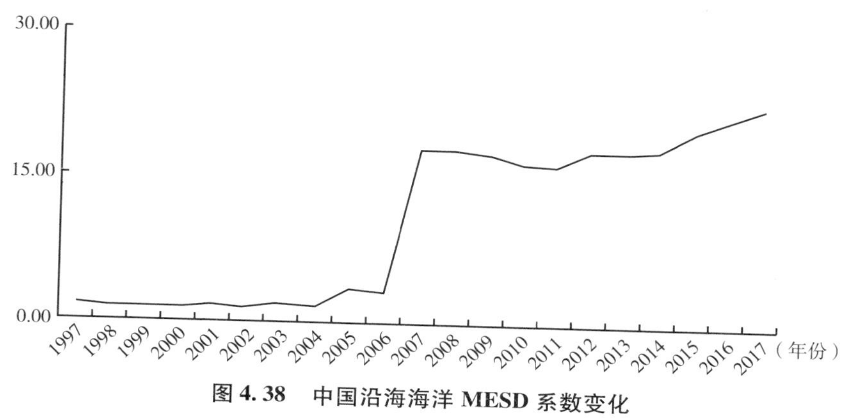

图 4.38　中国沿海海洋 MESD 系数变化

受统计口径变化的影响，海洋产业结构发生了巨大的变动，但海洋产业的演变过程前后是一致的，均表现为第一、第三产业比重减小，第二产业比重增加的趋势。总体上来看，海洋产业变动速度减缓，结构日趋稳定。

4.3.2　沿海省域海洋产业结构多元化系数测算

运用产业结构多元化系数对沿海省域海洋产业进行综合测算分析（见表 4.24)，中国沿海 11 省份海洋产业结构多元化系数都呈现出了上升的发展态势，代表着海洋第二产业以及海洋第三产业逐渐开始占领市场份额，为区域海洋产业的发展提供了充足的动力与发展空间，产业转型速度较快，产业结构也得到了较为系统的完善。

表 4.24　沿海省域海洋 MESD 系数测算结果

年份	天津	河北	辽宁	上海	江苏	浙江	福建	山东	广东	广西	海南	全国
1997	22.45	1.71	0.75	65.77	0.57	2.66	1.20	0.22	3.26	21.60	13.45	1.61
1998	27.40	1.62	0.72	57.66	1.93	2.39	1.60	0.24	2.82	0.41	9.51	1.39

续表

年份	天津	河北	辽宁	上海	江苏	浙江	福建	山东	广东	广西	海南	全国
1999	17.39	1.61	0.55	77.58	1.82	1.27	25.68	0.25	3.55	0.45	6.56	1.41
2000	17.50	0.60	0.37	172.16	0.26	0.89	0.58	0.25	2.83	0.42	1.40	1.34
2001	17.83	2.13	0.56	276.01	0.29	0.96	6.89	0.28	2.96	0.03	0.36	1.60
2002	22.94	1.55	0.42	261.26	0.32	0.51	0.68	0.43	2.66	1.39	0.89	1.36
2003	25.93	1.60	0.53	298.05	0.42	1.07	8.10	0.48	2.59	107.78	0.87	1.79
2004	29.60	2.33	5.26	271.84	0.85	1.20	12.45	0.44	2.65	0.63	1.22	1.65
2005	114.83	3.97	1.81	908.67	1.23	1.87	19.31	0.81	3.22	0.31	9.50	3.54
2006	131.72	4.58	1.36	538.82	1.59	2.08	4.74	0.95	2.97	0.36	20.13	3.07
2007	325.86	41.52	7.93	1180.25	21.08	14.86	10.56	10.41	26.47	5.49	6.75	18.00
2008	268.08	50.11	7.01	1141.63	21.72	15.86	10.74	11.70	26.94	5.55	6.48	17.97
2009	365.29	49.27	6.33	1271.62	24.81	11.54	10.83	12.21	26.28	5.62	6.56	17.44
2010	360.70	21.40	5.85	1459.71	13.79	13.39	11.22	12.52	38.53	3.89	6.28	16.63
2011	360.70	21.40	5.85	1459.71	13.79	13.39	11.22	12.52	38.53	3.89	2.87	16.52
2012	398.52	19.08	6.62	1844.24	23.49	12.04	10.61	12.16	46.99	3.82	8.24	17.99
2013	414.53	19.69	7.30	1980.35	18.99	13.03	11.06	12.27	57.66	4.44	9.33	17.91
2014	434.47	19.68	7.64	2349.92	20.12	14.02	11.63	12.27	59.70	4.79	7.75	18.19
2015	292.47	25.77	10.74	2135.51	15.34	15.23	14.05	13.63	70.90	5.51	8.41	20.11
2016	288.43	27.61	10.20	2293.97	12.96	16.18	16.64	15.55	64.64	6.18	9.12	21.27
2017	307.14	29.09	8.65	2696.24	13.38	17.25	17.36	17.68	71.23	6.39	8.15	22.72

天津海洋产业结构多元化系数在1997～2004年增长变化不明显，海洋第一产业仍然处于主导地位，从2005年开始天津海洋产业结构发生转变，海洋第二第三产业发展迅猛，直至2017年产业结构多元化系数一直处于上升的状态（见图4.39）。

广西海洋产业结构多元化系数变化较为明显，呈现出了倒*V*型的发展历程，2003年MESD系数呈指数型增长，产业结构高速变化，之后又猛然回落，多元化系数一直保持为个位数的发展状态（见图4.39）。

河北1997～2006年海洋产业多元化系数变化不显著，仅在2006～2007

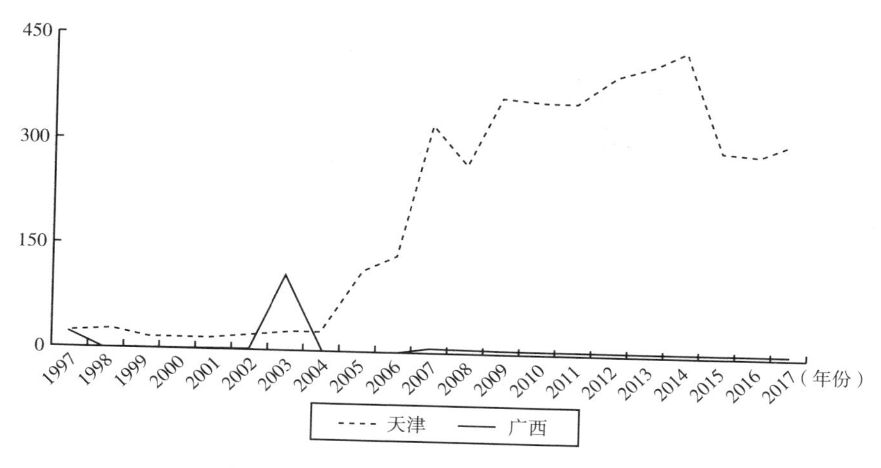

图 4.39　天津和广西海洋 MESD 系数变化

年发生了大比例的量变，多元化系数上升了 7.62 倍，海洋第二产业以及第三产业迅速崛起，河北海洋产业发展产生了突飞猛进的提升（见图 4.40）。

辽宁海洋产业结构多元化系数表现为波浪形曲线增长发展态势，经历了 2004 年、2007 年以及 2015 年的高峰增长点，以及 2003 年、2006 年及 2011 年的低谷期，但产业结构变化并不十分明显，三次产业比例占比较为平均（见图 4.40）。

江苏 1997 ~2017 年海洋产业结构多元化系数表现为双几字型发展态势，MESD 系数起起落落，但总体发展趋势仍以上升为主（见图 4.40）。

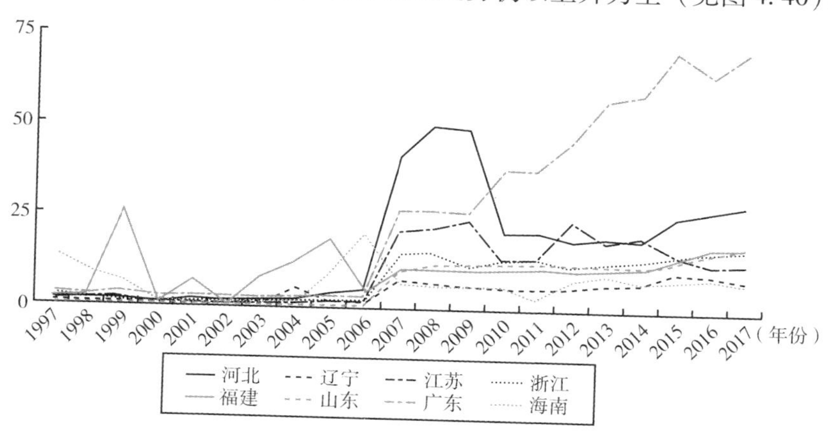

图 4.40　沿海 8 省域海洋 MESD 系数变化趋势

浙江海洋产业结构多元化系数整体表现为单几字型发展趋势，1997～2006 年 MESD 系数出现了小幅度的回落，2007 年该系数直线上升，斜率接近于正无穷，产业发展及变迁速度极为显著（见图 4.40）。

福建 1997～2017 年海洋产业结构多元化系数呈现出较为规律的脉冲波形发展趋势，1997～2007 年系数增减幅度较大，波峰波谷交替出现，2007 年之后发展较为平稳，形成的折线图接近于 $y=a$（a 为常数）的函数形式，产业结构逐渐趋于合理及稳定（见图 4.40）。

山东区域较中国沿海其他省份而言，海洋产业结构多元化系数数值变化范围不大，2017 年系数仅为 1997 年的 15.31 倍，呈现出了绝对变化大、相对变化小的发展境况。数据显示，山东 2006 年以及 2014 年为海洋产业发展与结构转型的高峰时间段，海洋产业结构发生了层级式的跃迁（见图 4.40）。

广东海洋产业结构多元化系数 2006～2017 年表现为阶梯式增长模式，增长幅度平均且稳定，但 1997～2006 年 MESD 系数变化率基本接近于 0，大都以海洋第一产业为主，产业结构变化不明显（见图 4.40）。

海南海洋产业起步较高，是海洋产业发展的先行代表，直至 2017 年，海南海洋 MESD 系数发生了一次高潮与两次低谷，呈现出 W 型态势，现今发展趋于稳定，起落幅度较小，产业结构趋于完善（见图 4.40）。

上海 1997～2017 年海洋产业结构多元化系数基本呈现出了直线增长的发展趋势，从 1997 年的 66.77 到 2017 年的 2697.24，增加了 39.40 倍，产业结构变化极为显著，海洋第二、第三产业发展较为迅速，成为中国沿海所有城市的领头羊，以及榜样模范标杆（见图 4.41）。

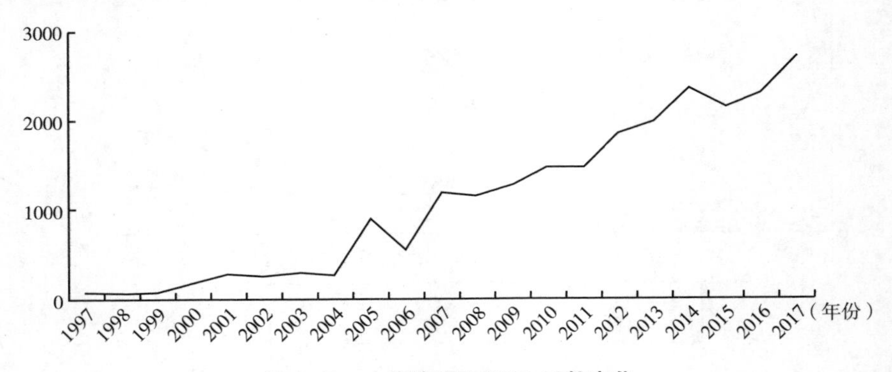

图 4.41　上海海洋 MESD 系数变化

4.3.3 沿海三角洲海洋产业结构多元化系数测算

运用产业结构多元化系数对沿海三角洲际海洋产业进行综合测算分析（见表4.25和图4.42），中国沿海三角洲海洋产业结构多元化系数都呈现出了上升的发展态势，代表着海洋第二产业以及海洋第三产业逐渐开始占据市场份额，为区域海洋产业的发展提供了充足的动力与发展空间，产业转型速度较快，产业结构也逐渐完善。

表4.25 沿海三角洲海洋MESD系数测算结果

年份	渤海湾区域	长江三角洲区域	珠江三角洲区域
1997	0.59	3.73	2.02
1998	0.56	3.41	1.78
1999	0.47	3.67	2.05
2000	0.41	5.09	1.40
2001	0.53	7.96	1.44
2002	0.67	5.58	1.34
2003	0.74	4.52	2.16
2004	0.68	3.52	2.05
2005	1.84	8.45	3.07
2006	1.83	8.41	2.11
2007	13.34	36.36	15.86
2008	13.70	37.25	15.29
2009	13.52	31.84	15.04
2010	12.28	25.88	16.60
2011	12.28	25.88	16.26
2012	13.17	30.47	17.52
2013	13.10	27.85	18.29
2014	13.17	30.01	18.35
2015	15.89	25.88	21.82
2016	17.39	24.64	23.55
2017	18.61	26.21	24.53

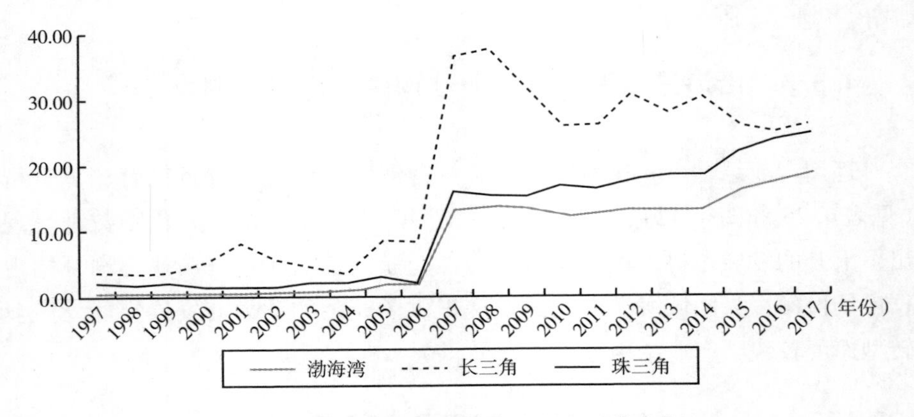

图 4.42　长江三角洲海洋 MESD 系数变化

观察沿海三角洲 MESD 系数测算结果，3 个区域拥有共同的特点：2006 年之后都发生了直线型的增长趋势。从 2006 年到 2007 年仅一年的时间，渤海湾地区 MESD 系数增长了 6.29 倍，长江三角洲区域增长了 3.32 倍，珠江三角洲区域增长速度最快，为 6.52 倍。渤海湾区域以及长江三角洲区域都为“几”字型增长趋势，2010 年以及 2011 年 MESD 系数有微弱的下降后又呈现出上升的趋势，珠江三角洲区域呈现出了持续增长的状况，2006 ~ 2007 年增长速率最快，其后增长速率较为缓慢但并非停滞。

4.4　海洋产业结构成长态甄别

4.4.1　中国沿海海洋产业结构成长态甄别

绘制中国沿海海洋产业结构成长态模型（见图 4.43 和表 4.26），纵观 1997 ~ 2017 年的 21 年中国海洋产业结构变化发现，仅存在海洋船舶工业未发生产业跃级变迁现象，其余 10 类海洋产业均存在由成长产业跃级成为衰退产业或由衰退产业跃级成为成长产业的过程，跨过了发展产业阶段以及成熟产业阶段。这充分证明，中国海洋产业在 5 年的发展时间中，产业结构发生了极为迅速的演变。除了大规模的跃级变迁现象以外，11 类海洋产业中海洋化工业、海洋环境保护以及海洋行政管理及公益服务业发生了 3

次海洋产业结构变化，其余8类海洋产业均只发生了2次海洋产业结构变化。

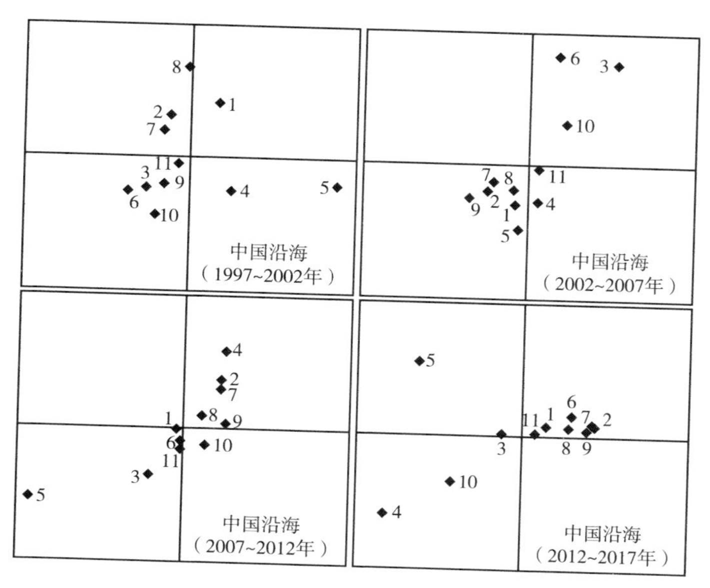

图4.43 中国沿海海洋产业结构成长态模型

表4.26 中国沿海海洋产业变迁统计

时段	发展产业	成长产业	成熟产业	衰退产业	四类产业数量比
1997~2002年	海洋油气业、海洋交通运输业、滨海旅游业	海洋渔业	海洋盐业、海洋船舶工业	海洋矿业、海洋化工业、海洋科学技术及海洋教育、海洋环境保护、海洋行政管理及公益服务	3:1:2:5
2002~2007年	—	海洋矿业、海洋化工业、海洋环境保护	海洋盐业、海洋行政管理及公益服务	海洋渔业、海洋油气业、海洋船舶工业、海洋交通运输业、滨海旅游业、海洋科学技术及海洋教育	0:3:2:6

续表

时段	发展产业	成长产业	成熟产业	衰退产业	四类产业数量比
2007～2012年	—	海洋油气业、海洋盐业、海洋交通运输业、滨海旅游业、海洋科学技术及海洋教育	海洋环境保护	海洋渔业、海洋矿业、海洋船舶工业、海洋化工业、海洋行政管理及公益服务	0:5:1:5
2012～2017年	海洋船舶工业	海洋渔业、海洋油气业、海洋化工业、海洋交通运输业、滨海旅游业、海洋科学技术及海洋教育、海洋行政管理及公益服务	—	海洋矿业、海洋盐业、海洋环境保护	1:7:0:3

1997～2002年，11类海洋产业中有近一半的产业属于衰退产业的行列，仅有海洋渔业、海洋盐业以及海洋船舶工业存在于成长产业以及成熟产业区域，成为海洋产业发展的潜在动力源；2002～2007年，中国沿海11类海洋产业中只存在成长产业、成熟产业以及衰退产业三个类别，与1997～2002年较为类似的，拥有超过一半的海洋产业类型集中于衰退产业的行列，为新一轮的成长和发展积蓄了力量；2007～2012年，仍然不存在发展产业，11类海洋产业中，成长产业以及衰退产业各拥有5类，仅有一类海洋环境保护为成熟产业，随着经济的发展，海洋环境问题逐渐成为人们所关注以及最为棘手的问题之一；2012～2017年，成熟产业类型数量为零，11类海洋产业中存在有7类在成长产业区域中，成为又一轮海洋产业发展的最新原动力。

依照“结构效果法”对中国沿海海洋产业结构是否合理进行判定（见表4.27）。中国沿海海洋产业结构成长态模型所测定出的产业增长率在研究期内均大于国内生产总值增长率，对国内生产总值的增加起到了正向牵引的作用，成为中国经济增长的动力来源。同时，将海洋产业增长率与国内生产总值增长率进行比较发现，在2002～2007年的产值增长变化中，海洋产业正向牵引作用极为明显，海洋三次产业结构由45：25：30转变为5：47：48，海洋第一产业比重大规模下降，第二、第三产业迅速发展，海洋产业结构得到优化升级，逐渐趋于合理化发展。同时，观察该时段海洋产业二级分类，作为海洋第一产业的海洋渔业由成长产业跃级发展成为衰退产业，产业发展变化与三次产业结构变化相契合。海洋第二产业中的海洋矿业、海洋化工业，以及海洋第三产业中的海洋环境保护业都从衰退产业变化发展成为成长产业，充当了当前阶段海洋产业发展的核心力量。

表4.27　中国沿海海洋产业结构合理性判定

年份	海洋三次产业产值比重	成长态模型测定海洋产业增长率（%）	国内生产总值增长率（%）	海洋产业结构合理性
1997	51：16：33	—（基期）	—（基期）	—（基期）
2002	45：25：30	0.78	0.58	1.34
2007	5：47：48	3.24	1.24	2.61
2012	5：48：47	1.14	1.14	1.00
2017	5：40：55	0.53	0.47	1.13

4.4.2 沿海省域海洋产业结构成长态甄别

4.4.2.1 天津

1997～2017年天津11类海洋产业未发生产业类型的跃级变迁（见图4.44和表4.28），产生的变化均为邻近象限产业类型转变。海洋矿业以及海洋船舶业未发生产业类型变化，相对于其他产业而言一直为衰退产业；海洋渔业、滨海旅游业从衰退产业变为发展产业；海洋油气业由成长产业稳定发展成为成熟产业；海洋盐业以及海洋化工业转变方式相同均是由成熟产业跃级成为成长产业；海洋交通运输业以及海洋科学技术及海洋教育经历了从成熟产业演变为衰退产业；最后则为海洋环境保护以及海洋行政管理及公益服务业，这两类产业在发展产业以及衰退产业中不断变换与更替，在发展中复苏为衰退产业，在衰退产业中转变为发展产业。

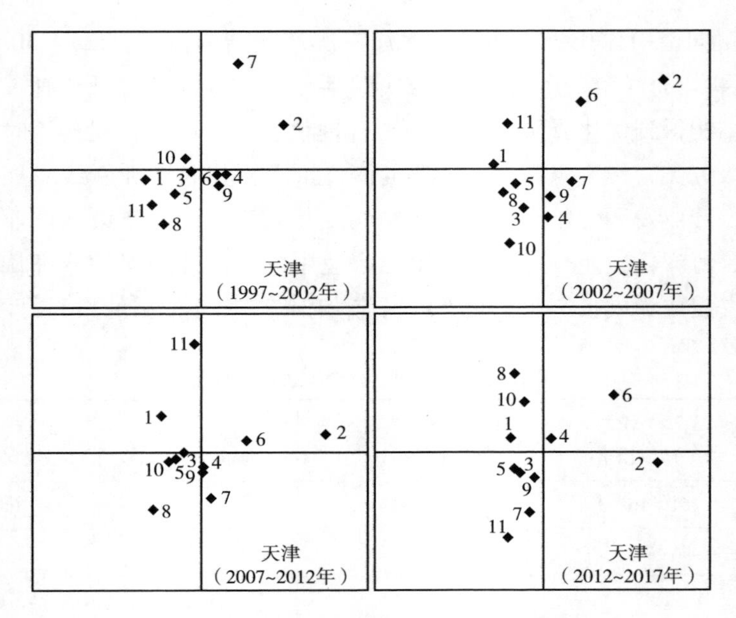

图 4.44　天津海洋产业结构成长态模型

表 4.28　天津海洋产业变迁统计

时段	发展产业	成长产业	成熟产业	衰退产业
1997～2002 年	海洋环境保护	海洋油气业、海洋交通运输业	海洋盐业、海洋化工业、海洋科学技术及海洋教育	海洋渔业、海洋矿业、海洋船舶工业、滨海旅游业、海洋行政管理及公益服务
2002～2007 年	海洋渔业、海洋行政管理及公益服务	海洋油气业、海洋化工业	海洋盐业、海洋交通运输业、海洋科学技术及海洋教育	海洋矿业、海洋船舶工业、滨海旅游业、海洋环境保护
2007～2012 年	海洋渔业、海洋行政管理及公益服务	海洋油气业、海洋化工业	海洋盐业、海洋交通运输业	海洋矿业、海洋船舶工业、滨海旅游业、海洋科学技术及海洋教育、海洋环境保护
2012～2017 年	海洋渔业、滨海旅游业、海洋环境保护	海洋盐业、海洋化工业	海洋油气业	海洋矿业、海洋船舶工业、海洋交通运输业、海洋科学技术及海洋教育、海洋行政管理及公益服务

依照“结构效果法”对天津海洋产业结构的合理性进行判定（见表4.29），天津海洋产业发展与全国海洋产业发展历程相似。海洋产业结构自始至终较为合理，最为合理的研究期为 2002～2017 年，海洋第一产业产值

为0，海洋产业发展迅速向第二、第三产业转移。随着时间的推移，第二产业开始逐渐向第三产业转移发展。

表4.29　天津海洋产业结构合理性判定

年份	海洋三次产业产值比重	成长态模型测定海洋产业增长率（%）	国内生产总值增长率（%）	海洋产业结构合理性
1997	5∶40∶55	—（基期）	—（基期）	—（基期）
2002	3∶63∶34	0.79	0.66	1.20
2007	0∶66∶34	5.87	1.39	4.22
2012	0∶68∶32	1.57	1.59	0.99
2017	0∶45∶55	0.15	0.58	0.26

观察海洋产业结构成长态模型，依照海洋产业的二级分类，引起天津海洋三次产业结构变化的产业类别为海洋渔业、海洋化工业、海洋交通运输业、海洋环境保护以及海洋行政管理及公益服务业5类。

4.4.2.2　河北

1997～2017年河北地区存在4类海洋产业类型跃级变迁（见图4.45和表4.30），分别是海洋矿业、海洋化工业以及海洋行政管理及公益服务

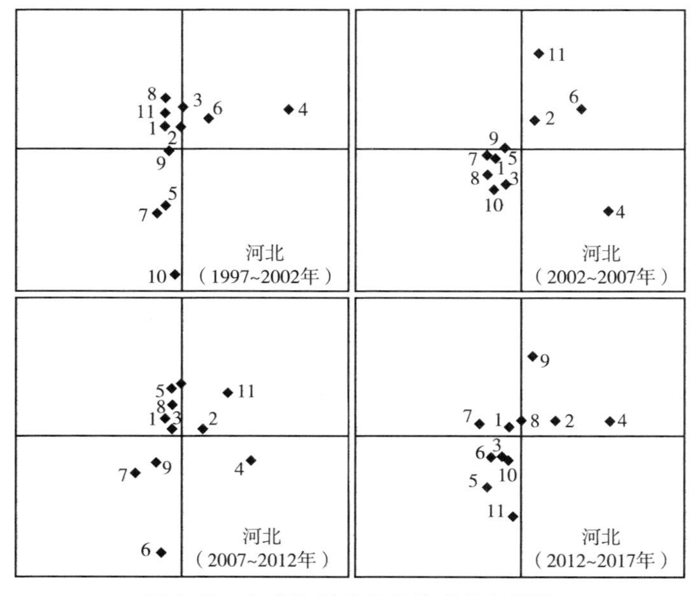

图4.45　河北海洋产业结构成长态模型

从成长产业直接变为衰退产业，海洋科学技术及海洋教育从衰退产业跃过发展产业类型直接成长为成长产业；海洋渔业、海洋船舶工业、海洋环境保护以及海洋交通运输业4类产业在发展产业以及衰退产业中来回往复交替存在；海洋油气业仅发生了一次产业变迁的现象，仅从发展产业通过区域经济发展以及当地政府政策引导变迁为成长产业；海洋盐业在这21年中从成长产业变为了成熟产业，随着时间的推移又重新回归到了成长产业的行列中；河北的滨海旅游业经历了发展产业－衰退产业－发展产业－成长产业的4阶段变化，成为了当地发展较有竞争力的第三产业之一。

表4.30　河北海洋产业变迁统计

时段	发展产业	成长产业	成熟产业	衰退产业
1997～2002年	海洋渔业、海洋油气业、滨海旅游业、海洋行政管理及公益服务	海洋矿业、海洋盐业、海洋化工业	—	海洋船舶工业、海洋交通运输业、海洋科学技术及海洋教育、海洋环境保护
2002～2007年	海洋科学技术及海洋教育	海洋油气业、海洋化工业、海洋行政管理及公益服务	海洋盐业	海洋渔业、海洋矿业、海洋船舶工业、海洋交通运输业、滨海旅游业、海洋环境保护
2007～2012年	海洋渔业、海洋矿业、海洋船舶工业、滨海旅游业、海洋环境保护	海洋油气业、海洋行政管理及公益服务	海洋盐业	6海洋化工业、7海洋交通运输业、9海洋科学技术及海洋教育
2012～2017年	海洋渔业、海洋交通运输业	海洋油气业、海洋盐业、滨海旅游业、海洋科学技术及海洋教育	—	海洋矿业、海洋船舶工业、海洋化工业、海洋环境保护、海洋行政管理及公益服务

根据表4.31数值可知，研究期内河北海洋产业结构都较为合理，产业发展结构逐渐稳定，对地区生产总值的增长始终为正向积极拉动作用，并在2002～2007年表现出极为强劲的经济牵引力。此牵引力来源于海洋产业结构的变化，三次海洋产业结构由36∶38∶26转变为2∶51∶47，第一产业

市场份额急速缩减，第二产业以及第三产业猛然增加，促使海洋产业有了新的发展方向与空间，为区域经济发展带来了信心。

表 4.31　　河北海洋产业结构合理性判定

年份	海洋三次产业产值比重	成长态模型测定海洋产业增长率（%）	国内生产总值增长率（%）	海洋产业结构合理性
1997	49：17：34	—（基期）	—（基期）	—（基期）
2002	36：38：26	1.12	0.47	2.38
2007	2：51：47	8.43	1.29	6.53
2012	4：56：40	0.33	1.10	0.30
2017	4：38：58	0.37	0.31	1.19

根据海洋产业结构成长态模型进行判定，海洋产业结构最合理阶段除4类海洋产业（海洋化工业、海洋船舶业、海洋交通运输以及海洋环境保护）外，其余都发生了变化，其中发生于邻近区域产业类型变化的有海洋渔业、海洋油气业、滨海旅游业、海洋行政管理及公益服务业、海洋盐业、海洋科学技术及海洋教育；发生于对角线区域产业类型变化的有海洋矿业。说明在该阶段演化过程中海洋矿业是海洋第二产业产值比重增加的核心产业，海洋三次产业产值增加则来源于多类海洋产业共同作用。

4.4.2.3　辽宁

辽宁海洋产业的发展变迁存在两种情况——产业类型未发生变更、产业类型发生跃级变化（见图4.46和表4.32）。未发生改变的产业类型为海洋矿业，其自始至终一直都为该区域海洋产业类型中的衰退产业；发生跃级的产业类型为海洋化工业、海洋科学技术及海洋教育以及海洋环境保护3类产业，且均越过成熟产业，在成长产业以及衰退产业中频繁变更。滨海旅游业以及海洋行政管理及公益服务业2类均发生了1次产业类型的转变，都是从成长产业发展为成熟产业；海洋油气业、海洋盐业以及海洋交通运输业发生了2次海洋产业发展类型的变化，海洋渔业以及海洋船舶工业发生了3次海洋产业发展类型的变化。

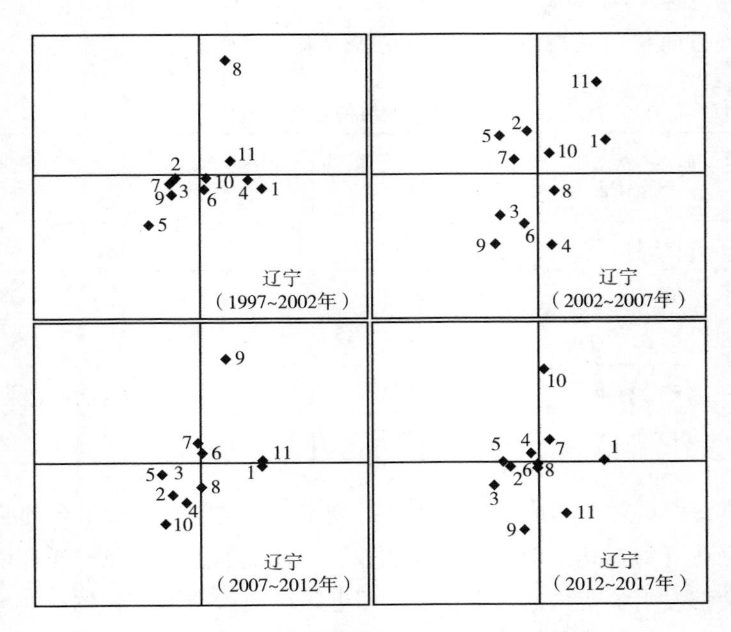

图 4.46　辽宁海洋产业结构成长态模型

表 4.32　辽宁海洋产业变迁统计

时段	发展产业	成长产业	成熟产业	衰退产业
1997 ~ 2002 年	—	滨海旅游业、海洋行政管理及公益服务	海洋渔业、海洋盐业、海洋化工业、海洋环境保护	海洋油气业、海洋矿业、海洋船舶工业、海洋交通运输业、海洋科学技术及海洋教育
2002 ~ 2007 年	海洋油气业、海洋船舶工业、海洋交通运输业	海洋渔业、海洋环境保护、海洋行政管理及公益服务	海洋盐业、滨海旅游业	海洋矿业、海洋化工业、海洋科学技术及海洋教育
2007 ~ 2012 年	海洋交通运输业	海洋化工业、海洋科学技术及海洋教育、海洋行政管理及公益服务	海洋渔业、滨海旅游业	海洋油气业、海洋矿业、海洋盐业、海洋船舶工业、海洋环境保护
2012 ~ 2017 年	海洋盐业、海洋船舶工业	海洋渔业、海洋交通运输业、海洋环境保护	滨海旅游业、海洋行政管理及公益服务	海洋油气业、海洋矿业、海洋化工业、海洋科学技术及海洋教育

纵观中国沿海 11 省份海洋产业结构合理性数值，辽宁成为唯一一个研究期内产业结构合理性为 0 的区域（见表 4.33）。产业结构合理性由趋于合理转变为不合理的发展方向，究其原因在于海洋第一产业与第二产业比重分配不合理，海洋第二产业比重逐年下降，经济带动力逐年减弱，直至为 0。辽宁侧重于发展海洋渔业，对于海洋油气业、海洋矿业以及海洋化工业发展较为疏忽。第二产业发展活力长期低下，处于衰退产业的行业，成为区域经济增长的阻力。

表 4.33　　辽宁海洋产业结构合理性判定

年份	海洋三次产业产值比重	成长态模型测定海洋产业增长率/%	国内生产总值增长率/%	海洋产业结构合理性
1997	56 : 24 : 20	—（基期）	—（基期）	—（基期）
2002	68 : 19 : 13	0.75	0.59	1.27
2007	10 : 53 : 37	3.08	0.84	3.67
2012	13 : 43 : 44	1.26	1.40	0.90
2017	13 : 36 : 51	0.00	0.00	0.00

4.4.2.4　上海

上海区域海洋产业同样存在未发生产业发展类型变化以及产业跃级变化的情况（见图 4.47 和表 4.34）。未发生发展变化的产业同辽宁以及天津相同，都为海洋矿业，海洋产业发展变化出现了跃级现象的是海洋船舶工业，越过了成熟产业直接从成长产业发展为衰退产业，该研究期内产生的变化不排除成熟产业的可能，但其存在时间可能较为短暂。

发生了 1 次产业发展变化的海洋产业类型为海洋渔业、海洋盐业、海洋化工业以及海洋交通运输业 4 类，其中海洋渔业以及海洋盐业均由衰退产业变为发展产业，海洋化工业由成熟产业转变为衰退产业，海洋交通运输业由成长产业变为成熟产业。

发生了 2 次产业发展变化的海洋产业类型为海洋油气业、滨海旅游业、海洋科学技术及海洋教育、海洋环境保护以及海洋行政管理及公益服务业 5 类海洋产业类型，其中海洋油气业以及海洋行政管理及公益服务两类产业经历了相同的产业发展变化，即从衰退产业发展到发展产业最终变化成为成

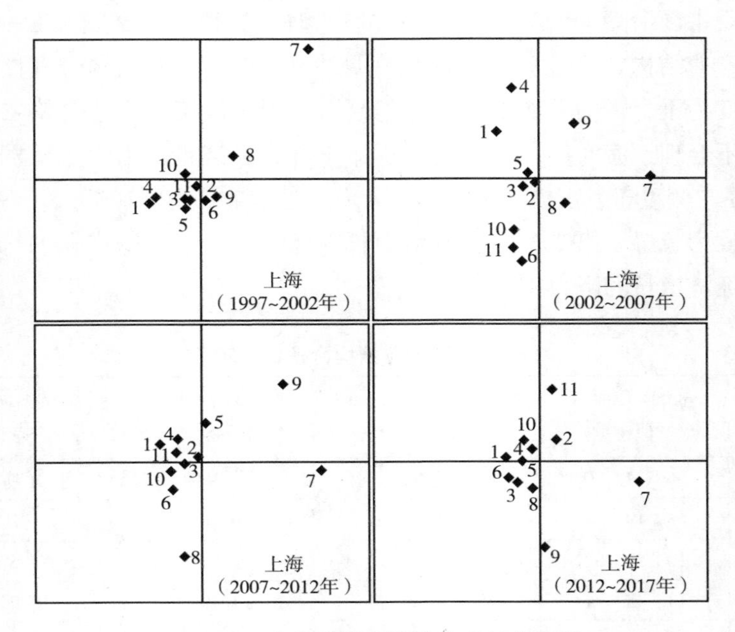

图 4.47　上海海洋产业结构成长态模型

表 4.34　上海海洋产业变迁统计

时段	发展产业	成长产业	成熟产业	衰退产业
1997 ~ 2002 年	海洋环境保护	海洋交通运输业、滨海旅游业	海洋化工业、海洋科学技术及海洋教育	海洋渔业、海洋油气业、海洋矿业、海洋盐业、海洋船舶工业、海洋行政管理及公益服务
2002 ~ 2007 年	海洋渔业、海洋盐业、海洋船舶工业	海洋科学技术及海洋教育	海洋交通运输业、滨海旅游业	海洋油气业、海洋矿业、海洋化工业、海洋环境保护、海洋行政管理及公益服务
2007 ~ 2012 年	海洋渔业、海洋油气业、海洋盐业、海洋行政管理及公益服务	海洋船舶工业、海洋科学技术及海洋教育	海洋交通运输业	海洋矿业、海洋化工业、滨海旅游业、海洋环境保护
2012 ~ 2017 年	海洋渔业、海洋盐业、海洋环境保护	海洋油气业、海洋行政管理及公益服务	海洋交通运输业、海洋科学技术及海洋教育	海洋矿业、海洋船舶工业、海洋化工业、滨海旅游业

长产业的过程。该地区滨海旅游业则是从成长产业转变为成熟产业最终发展成为衰退产业，而海洋科学技术及海洋教育以及海洋环境保护则是分别经历了成熟产业、成长产业以及发展产业、衰退产业的相互更替变更的过程。

上海海洋产业结构合理性 1997 ~ 2017 年均在较为合理及合理的范围（见表 4.35），产业结构最合理的时期同样为 2002 ~ 2007 年，观察海洋三次产业产值比重，由 2020 年的 2 : 12 : 85 转变为了 0 : 48 : 52，显然海洋第二产业比重增加带动了区域生产总值的大幅度增加，成为区域经济增长的关键点，其原因在于海洋化工业、海洋盐业以及海洋船舶工业均发生了产业结构的升级，由成熟产业过渡到衰退产业后，又重新成长为发展产业。

表 4.35　　上海海洋产业结构合理性判定

时间	海洋三次产业产值比重	成长态模型测定海洋产业增长率（%）	国内生产总值增长率（%）	海洋产业结构合理性
1997	5 : 20 : 75	—（基期）	—（基期）	—（基期）
2002	3 : 12 : 85	0.86	0.71	1.21
2007	0 : 48 : 52	5.38	1.09	4.94
2012	0 : 39 : 61	0.41	0.85	0.48
2017	0 : 35 : 65	0.33	0.47	0.70

随着区域海洋产业结构的不断变化，2007 ~ 2017 年，上海区域海洋第二产业比重逐渐向第三产业转移，使得海洋产业增长率以及上海生产总值的增长率逐年下降，且海洋产业增长率均小于上海生产总值增长率，成为区域经济发展中的阻力因素，可见上海海洋第二产业是经济增长的重要核心力量。

4.4.2.5　江苏

江苏 21 年来海洋产业未发生产业类型变化的仅有一类（见图 4.48 和表 4.36），即海洋盐业一直都为该区域的成熟产业类型。江苏同样存在产业发展变化跃迁的现象，存在于海洋化工业、滨海旅游业、海洋环境保护以及海洋行政管理及公益服务业 4 类中，且具体共同的特征，均为跨越成熟产业发生跃迁，反映为从成长产业直接变迁为衰退产业或由衰退产业直接变化为成长产业的过程。

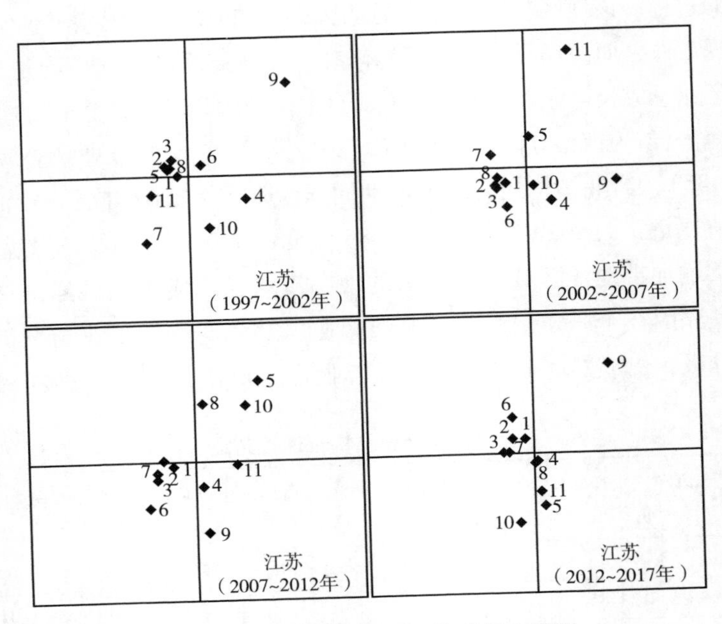

图 4.48　江苏海洋产业结构成长态模型

表 4.36　江苏海洋产业变迁统计

时段	发展产业	成长产业	成熟产业	衰退产业
1997~2002年	海洋渔业、海洋油气业、海洋矿业、海洋船舶工业、滨海旅游业	海洋化工业、海洋科学技术及海洋教育	海洋盐业、海洋环境保护	海洋交通运输业、海洋行政管理及公益服务
2002~2007年	海洋交通运输业	海洋船舶工业、海洋行政管理及公益服务	海洋盐业、海洋科学技术及海洋教育、海洋环境保护	海洋渔业、海洋油气业、海洋矿业、海洋化工业、滨海旅游业
2007~2012年	—	海洋船舶工业、滨海旅游业、海洋环境保护	海洋盐业、海洋科学技术及海洋教育、海洋行政管理及公益服务	海洋渔业、海洋油气业、海洋矿业、海洋化工业、海洋交通运输业
2012~2017年	海洋渔业、海洋油气业、海洋矿业、海洋化工业、海洋交通运输业	海洋科学技术及海洋教育	海洋盐业、海洋船舶工业、滨海旅游业、海洋行政管理及公益服务	海洋环境保护

该省域范围内不存在仅发生1次产业发展类型变化的情况，大都发生了2次或3次产业发展类型转变。产生两次产业发展类型变化的行业为海洋渔业、海洋油气业、海洋矿业、海洋船舶工业以及海洋科学技术及海洋教育5类。其中海洋渔业、海洋油气业以及海洋矿业发生了完全相同的产业变化情况，均为由发展产业复苏成为衰退产业以及又回到发展产业的过程。海洋船舶工业以及海洋科学技术及海洋教育均存在成长产业与成熟产业之间的相互发展变化。

同时，海洋交通运输业发生了3次产业发展变化过程，在衰退产业以及发展产业中相互转化，转换往复次数多达3次。

江苏海洋产业结构较为合理的阶段同样为2002～2007阶段（见表4.37），海洋三次产业产值比重由73：22：5变为了5：43：52，海洋第一产业迅速被海洋第二、第三产业所取代，成为了区域经济发展的动力来源，其中起主要作用的二级海洋产业分别为海洋油气业、海洋矿业、海洋船舶工业、滨海旅游业、海洋化工业、海洋科学技术及海洋教育、海洋交通运输业、海洋行政管理及公益服务业8类。2007～2017年江苏海洋产业结构合理性呈指数型下降，由5.10转变为了0.95，海洋产业发展可能因为海洋环境的问题遭遇瓶颈期。

表4.37 江苏海洋产业结构合理性判定

时间	海洋三次产业产值比重	成长态模型测定海洋产业增长率（%）	国内生产总值增长率（%）	海洋产业结构合理性
1997	71：11：18	—（基期）	—（基期）	—（基期）
2002	73：22：5	0.38	0.58	0.66
2007	5：43：52	6.48	1.27	5.10
2012	3：54：43	2.30	1.27	1.81
2017	6：50：44	0.55	0.58	0.95

4.4.2.6 浙江

在1997～2017年中，浙江各类海洋产业存在较为多样的产业发展变化（见图4.49和表4.38），海洋化工业以及滨海旅游业未发生产业发展变化，一直属于衰退产业以及滨海旅游业。发生产业跃级的海洋产业类型仅为海洋矿业，从衰退产业发展成为成长产业在最后一个阶段转变为成熟产业。发生了 1 次产业发展变化的海洋产业为海洋渔业、海洋船舶工业以及海洋科学技术及海洋教育 3 类；发生了 2 次产业发展变化的海洋产业类型为上述未提的其余 5 类。

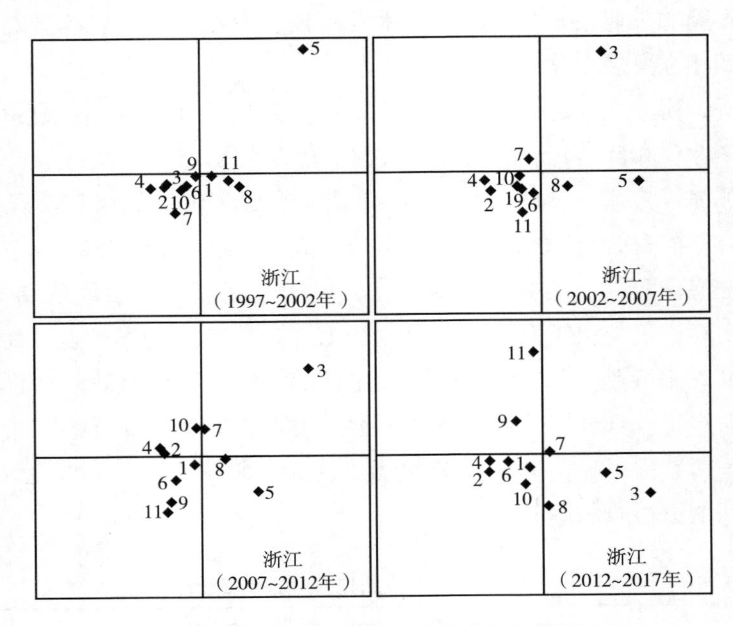

图 4.49　浙江海洋产业结构成长态模型

表 4.38　浙江海洋产业变迁统计

时段	发展产业	成长产业	成熟产业	衰退产业
1997～2002 年	—	海洋船舶工业	海洋渔业、滨海旅游业、海洋行政管理及公益服务	海洋油气业、海洋矿业、海洋盐业、海洋化工业、海洋交通运输业、海洋科学技术及海洋教育、海洋环境保护
2002～2007 年	海洋交通运输业	海洋矿业	海洋船舶工业、滨海旅游业	海洋渔业、海洋油气业、海洋盐业、海洋化工业、海洋科学技术及海洋教育、海洋环境保护、海洋行政管理及公益服务

续表

时段	发展产业	成长产业	成熟产业	衰退产业
2007～2012年	海洋油气业、海洋盐业、海洋环境保护	海洋矿业、海洋交通运输业	海洋船舶工业、滨海旅游业	海洋渔业、海洋化工业、海洋科学技术及海洋教育、海洋行政管理及公益服务
2012～2017年	海洋科学技术及海洋教育、海洋行政管理及公益服务	海洋交通运输业	海洋矿业、海洋船舶工业、滨海旅游业	海洋渔业、海洋油气业、海洋盐业、海洋化工业、海洋环境保护

浙江与其他沿海省市存在同样的产业结构变化特征以及海洋产业结构合理性数值变化（见表4.39），在2002～2007年，海洋产业结构合理性达到研究期内最值2.54，对比海洋三次产业结构由72：11：17转变为了7：40：53，第一产业比例的迅速下降带动了海洋产业以及区域经济的大幅增加，海洋第二、三产业是区域经济发展的动力来源。11类海洋产业中促进区域经济增长的产业类型有海洋船舶工业、海洋矿业、海洋交通运输业以及海洋行政管理及公益服务业。在2007～2017年的产业结构演变过程中，海洋产业结构合理性数值由2.54降低为0.98，由区域经济发展动力转变为阻力，观察三次产业产值比重发现，该现象的产生源于海洋第二产业产值比重的减少。

表4.39　浙江海洋产业结构合理性判定

年份	海洋三次产业产值比重	成长态模型测定海洋产业增长率（%）	国内生产总值增长率（%）	海洋产业结构合理性
1997	83：1：16	—（基期）	—（基期）	—（基期）
2002	72：11：17	0.47	0.63	0.75
2007	7：40：53	3.38	1.33	2.54
2012	8：44：48	1.44	1.05	1.37
2017	8：34：58	0.45	0.46	0.98

4.4.2.7　福建

福建与浙江海洋产业的发展变迁较为类似，变迁类型较为多样（见图4.50和表4.40）。存在未发生产业发展变迁的是海洋科学技术及海洋教育。

存在发生跃级的产业类型为海洋矿业、海洋船舶工业以及海洋科学技术及海洋教育，发生的跃级关系都为跨越成熟产业，即为成长产业转变为衰退产业或衰退产业转变为成长产业。同时，仅发生了1次产业变迁的产业类型为海洋行政管理及公益服务，该产业类型从成长产业发展成为了成熟产业。其余6类产业均发生了2次产业发展变化，其中海洋油气业、海洋盐业、海洋化工业、海洋交通运输业以及滨海旅游业5类海洋产业均是在发展产业与衰退产业间转化，只有海洋渔业是在成长产业与成熟产业间进行转化。

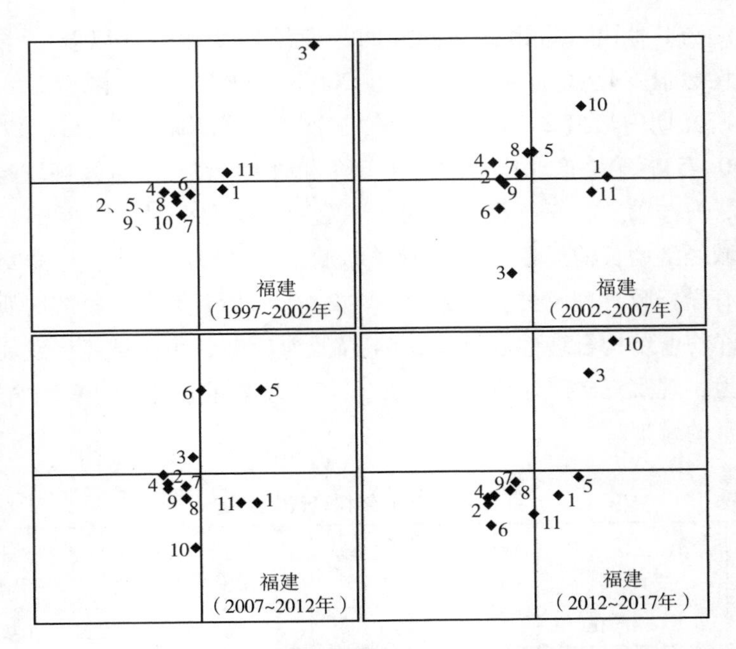

图 4.50　福建海洋产业结构成长态模型

表 4.40　福建海洋产业变迁统计

时段	发展产业	成长产业	成熟产业	衰退产业
1997 ~ 2002 年	—	海洋矿业、海洋行政管理及公益服务	海洋渔业	海洋油气业、海洋盐业、海洋船舶工业、海洋化工业、海洋交通运输业、滨海旅游业、海洋科学技术及海洋教育、海洋环境保护

续表

时段	发展产业	成长产业	成熟产业	衰退产业
2002 ~ 2007 年	海洋油气业、海洋盐业、海洋交通运输业、滨海旅游业	海洋渔业、海洋船舶工业、海洋环境保护	海洋行政管理及公益服务	海洋矿业、海洋化工业、海洋科学技术及海洋教育
2007 ~ 2012 年	海洋矿业、海洋化工业	海洋船舶工业	海洋渔业、海洋行政管理及公益服务	海洋油气业、海洋盐业、海洋交通运输业、滨海旅游业、海洋科学技术及海洋教育、海洋环境保护
2012 ~ 2017 年	—	海洋矿业、海洋环境保护	海洋渔业、海洋船舶工业、海洋行政管理及公益服务	海洋油气业、海洋盐业、海洋化工业、海洋交通运输业、滨海旅游业、海洋科学技术及海洋教育

研究期内福建海洋产业结构较为合理（见表 4.41），海洋产业结构合理性数值均大于 1，说明无论在哪一个研究阶段福建海洋产业经济增长均高于区域生产总值增长幅度，成为区域经济增长的动力引擎。福建也具有同其他省际相同的特点：2002 ~2007 阶段出现产业结构合理性最值 2.96，同样源于海洋产业中第二、第三产业的飞速发展，经济产生巨大增量，主要由除海洋化工业、海洋科学技术及海洋教育业以外的 9 类海洋产业共同作用结果导致。在 2007 ~2017 的发展阶段中，福建海洋产业结构进行了局部微调，使其产业结构变化趋于稳定，同时合理性略有上升。

表 4.41　福建海洋产业结构合理性判定

年份	海洋三次产业产值比重	成长态模型测定海洋产业增长率（%）	国内生产总值增长率（%）	海洋产业结构合理性
1997	77 : 4 : 19	—（基期）	—（基期）	—（基期）
2002	72 : 9 : 19	0.96	0.63	1.52
2007	10 : 40 : 50	2.34	0.79	2.96
2012	8 : 44 : 48	1.46	1.31	1.11
2017	7 : 36 : 57	0.87	0.64	1.36

4.4.2.8 山东

山东地区1997～2017年海洋渔业未发生产业类型转移的变化（见图4.51和表4.42），一直都为该地区发展相对成熟的产业类型，同时也存在跃级的现象，海洋化工业从衰退产业直接变化为了成长产业，可能没有经历发展产业的过渡，其余9类海洋产业都经历了产业发展类型的转变。发生了1次产业发展类型转变的产业有海洋油气业、海洋盐业、海洋交通运输业以及海洋行政管理及公益服务；发生了2次产业发展类型转变的产业有海洋矿业、海洋船舶工业、海洋科学技术及海洋教育以及海洋环境保护；发生了3次产业发展类型转变的产业是滨海旅游业。

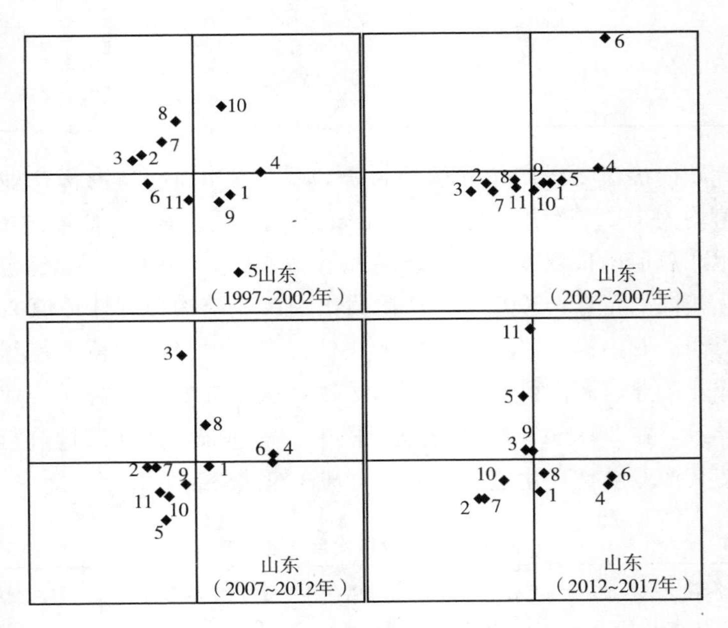

图4.51 山东海洋产业结构成长态模型

表4.42 山东海洋产业变迁统计

时段	发展产业	成长产业	成熟产业	衰退产业
1997～2002年	海洋油气业、海洋矿业、海洋交通运输业、滨海旅游业	海洋盐业、海洋环境保护	海洋渔业、海洋船舶工业、海洋科学技术及海洋教育	海洋化工业、海洋行政管理及公益服务

续表

时段	发展产业	成长产业	成熟产业	衰退产业
2002～2007年	—	海洋盐业、海洋化工业	海洋渔业、海洋船舶工业、海洋科学技术及海洋教育、海洋环境保护	海洋油气业、海洋矿业、海洋交通运输业、滨海旅游业、海洋行政管理及公益服务
2007～2012年	海洋矿业	海洋盐业、海洋化工业、滨海旅游业	海洋渔业	海洋油气业、海洋船舶工业、海洋交通运输业、海洋科学技术及海洋教育、海洋环境保护、海洋行政管理及公益服务
2012～2017年	海洋矿业、海洋船舶工业、海洋科学技术及海洋教育、海洋行政管理及公益服务	—	海洋渔业、海洋盐业、海洋化工业、滨海旅游业	海洋油气业、海洋交通运输业、海洋环境保护

山东海洋产业结构同福建极为相似（见表4.43），1997～2017年的四个阶段中，海洋产业经济增长率均大于同期内区域生产总值增长率，即海洋产业结构合理性数值均大于1，海洋产业结构较为合理并趋于稳定。海洋产业结构合理性峰值期，起主要作用的二级海洋产业分别为：海洋化工业、海洋油气业、海洋矿业、海洋交通运输业、滨海旅游业以及海洋环境保护业6类。比较2007～2012年、2012～2017年两个时间段，三次海洋产业产值比重中第二产业下降、第三产业上升，对应于产业结构合理性而言，逐渐朝着更为合理的方向发展，同时也说明区域经济增长的核心动力来源于海洋第三产业的发展。

表4.43　山东海洋产业结构合理性判定

时间	海洋三次产业产值比重	成长态模型测定海洋产业增长率（%）	国内生产总值增长率（%）	海洋产业结构合理性
1997	82：9：9	—（基期）	—（基期）	—（基期）
2002	66：22：12	0.63	0.58	1.09
2007	8：49：43	3.38	1.34	2.52
2012	7：49：44	1.18	1.05	1.12
2017	6：43：51	0.65	0.50	1.30

4.4.2.9 广东

1997 ~ 2017 年广东区域产业发展类型从始末期对比来看（见图 4.52、表 4.44），未发生变化的有海洋矿业以及滨海旅游业 2 类，发生较小情况变化（始末期发生邻近象限产业类型变化）的有海洋油气业、海洋盐业、海洋船舶工业、海洋化工业、海洋交通运输业、海洋科学技术及海洋教育以及海洋环境保护 7 类，发生较大情况变化（始末期发生对角象限产业类型变化）的有海洋渔业以及海洋行政管理及公益服务 2 类。

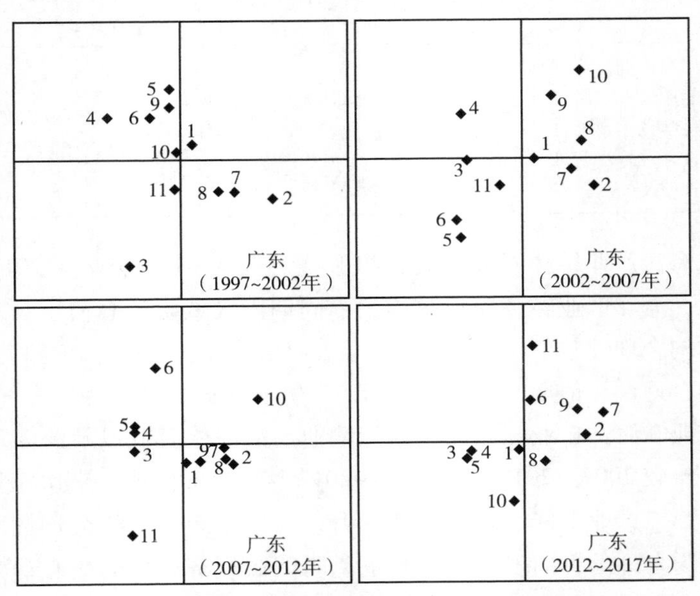

图 4.52　广东海洋产业结构成长态模型

表 4.44　广东海洋产业变迁统计

时段	发展产业	成长产业	成熟产业	衰退产业
1997 ~ 2002 年	海洋盐业、海洋船舶工业、海洋化工业、海洋科学技术及海洋教育、海洋环境保护	海洋渔业	海洋油气业、海洋交通运输业、滨海旅游业	海洋矿业、海洋行政管理及公益服务
2002 ~ 2007 年	海洋盐业	海洋渔业、滨海旅游业、海洋科学技术及海洋教育、海洋环境保护	海洋油气业、海洋交通运输业	海洋矿业、海洋船舶工业、海洋化工业、海洋行政管理及公益服务

续表

时段	发展产业	成长产业	成熟产业	衰退产业
2007~2012年	海洋盐业、海洋船舶工业、海洋化工业	海洋环境保护	海洋渔业、海洋油气业、海洋交通运输业、滨海旅游业、海洋科学技术及海洋教育	海洋矿业、海洋行政管理及公益服务
2012~2017年	—	海洋油气业、海洋化工业、海洋交通运输业、海洋科学技术及海洋教育、海洋行政管理及公益服务	滨海旅游业	海洋渔业、海洋矿业、海洋盐业、海洋船舶工业、海洋环境保护

广东海洋产业结构合理性呈现出了区域的特殊性，与中部以及北部沿海省市海洋产业结构有明显的差异（见表4.45）。虽然海洋产业结构合理性数值计算均大于1，但海洋产业结构最为合理期出现在1997~2002年，三次产业产值比重为26：40：24。随着经济发展力水平的逐渐提升，产业结构逐渐由第一产业向第二第三产业转移，但产业结构合理性却逐渐降低，说明该区域海洋产业结构虽较为合理，但仍未向更合理的方向发展，使得海洋产业经济增长率逐年降低。

表4.45　广东海洋产业结构合理性判定

年份	海洋三次产业产值比重	成长态模型测定海洋产业增长率（%）	国内生产总值增长率（%）	海洋产业结构合理性
1997	30：26：44	—（基期）	—（基期）	—（基期）
2002	26：40：24	0.95	0.62	1.53
2007	4：40：56	1.67	1.48	1.13
2012	2：47：51	1.23	1.03	1.19
2017	2：40：58	0.74	0.52	1.42

4.4.2.10　广西

观察1997~2017年广西地区海洋产业结构成长态模型（见图4.53和表4.46），该区域海洋产业成长类型变迁较为明显。发生了对角象限产业类型变化的产业比重为27.27%，即为海洋船舶工业、海洋化工业以及海洋行政管理及公益服务3类。发生了1次产业类型转变的比重为36.36%，即为海洋渔业、海洋盐业、海洋交通运输业以及滨海旅游业4类。发生了2次产业类型转变的产业类型数量与发生了1次产业类型转变的数量相同，即为海洋油气业、海洋矿业、海洋科学技术及海洋教育以及海洋环境保护业4类。

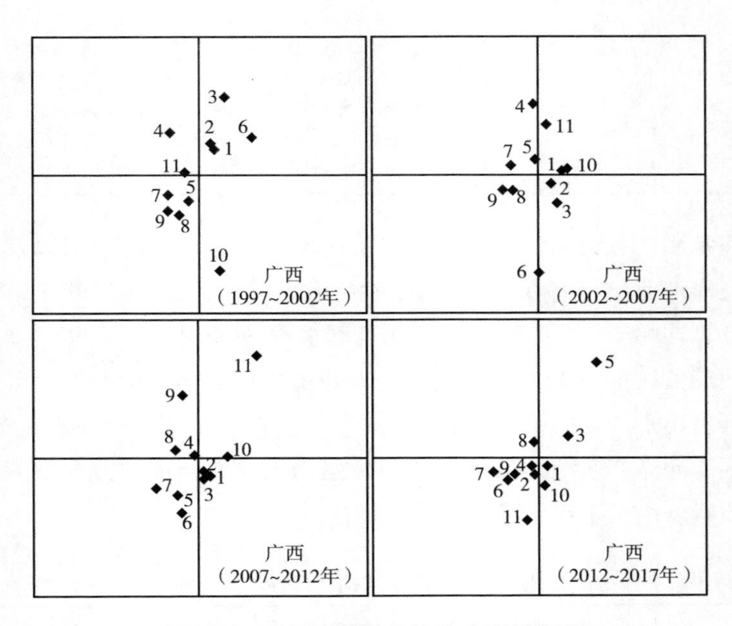

图4.53 广西海洋产业结构成长态模型

表4.46 广西海洋产业变迁统计

时段	发展产业	成长产业	成熟产业	衰退产业
1997~2002年	海洋盐业、海洋行政管理及公益服务	海洋渔业、海洋油气业、海洋矿业、海洋化工业	海洋环境保护	海洋船舶工业、海洋交通运输业、滨海旅游业、海洋科学技术及海洋教育
2002~2007年	海洋盐业、海洋船舶工业、海洋交通运输业	海洋渔业、海洋环境保护、海洋行政管理及公益服务	海洋油气业、海洋矿业	海洋化工业、滨海旅游业、海洋科学技术及海洋教育

续表

时段	发展产业	成长产业	成熟产业	衰退产业
2007～2012年	海洋盐业、滨海旅游业、海洋科学技术及海洋教育	海洋环境保护、海洋行政管理及公益服务	海洋渔业、海洋油气业、海洋矿业	海洋船舶工业、海洋化工业、海洋交通运输业
2012～2017年	滨海旅游业	海洋矿业、海洋船舶工业	海洋渔业、海洋环境保护	海洋油气业、海洋盐业、海洋化工业、海洋交通运输业、海洋科学技术及海洋教育、海洋行政管理及公益服务

广西与广东海洋产业结构合理性较为相似（见表4.47），测算出的合理性极值存在于1997～2002年阶段为2.37，对应于海洋产业产值比重为95∶0∶5，虽然对区域生产总值的提高具有正向的刺激作用，但产业结构比例其实是显现出极为不合理的产业发展现状。随后广西对海洋产业结构进行了调整，调整后产值比重为15∶43∶42，具体发生变化的产业类型有海洋油气业、海洋矿业、海洋化工业、海洋船舶工业、海洋交通运输业、海洋环境保护、海洋行政管理及公益服务业7类。随着生产力的提升以及区域社会经济的发展，广西海洋产业结构逐步进行微调，直至2012～2017年阶段，区域海洋产业结构合理性达到了次峰值，为区域经济发展增添了活力与动力。

表4.47 广西海洋产业结构合理性判定

年份	海洋三次产业产值比重	成长态模型测定海洋产业增长率（%）	国内生产总值增长率（%）	海洋产业结构合理性
1997	74∶0∶26	—（基期）	—（基期）	—（基期）
2002	95∶0∶5	0.45	0.19	2.37
2007	15∶43∶42	1.73	1.16	1.49
2012	20∶38∶42	1.04	1.43	0.73
2017	16∶35∶49	1.04	0.56	1.86

4.4.2.11 海南

对海南地区进行产业结构成长态模型分析（见图4.54和表4.48）。该地区未发生产业结构变化的产业类型是海洋交通运输业自始至终都为衰退产业；发生了1次变动的产业类型为海洋渔业以及海洋盐业，发生了2次产业类型变化的是海洋船舶工业、海洋科学技术及海洋教育以及海洋环境保护业3类，发生了3次产业类型变化的是海洋油气业、海洋矿业、海洋化工业、滨海旅游业以及海洋行政管理及公益服务5类，其中发生了2次及3次产业类型变化的行业中存在产业变迁跃级现象，发生该现象的产业类型有海洋油气业、海洋化工业、滨海旅游业、海洋环境保护以及海洋行政管理及公益服务5类。

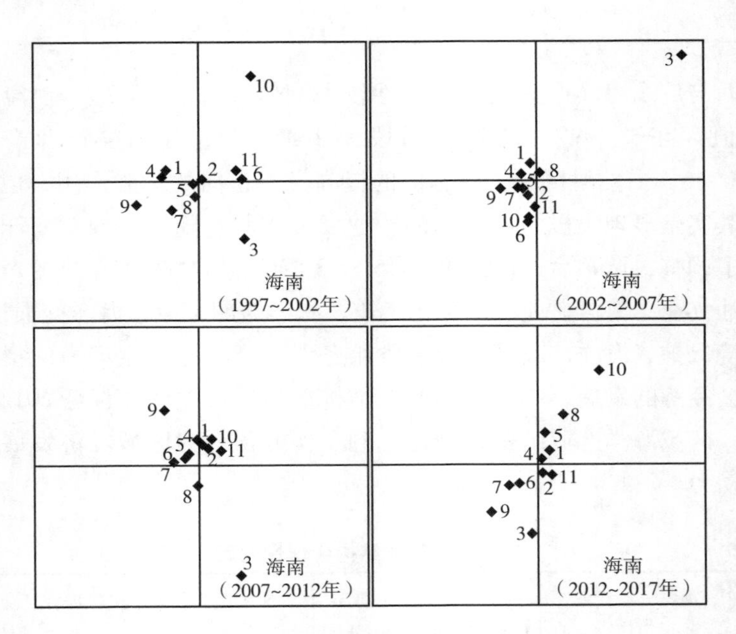

图4.54　海南海洋产业结构成长态模型

表4.48　海南海洋产业变迁统计

时段	发展产业	成长产业	成熟产业	衰退产业
1997～2002年	海洋渔业、海洋盐业	海洋油气业、海洋化工业、海洋环境保护、海洋行政管理及公益服务	海洋矿业	海洋船舶工业、海洋交通运输业、滨海旅游业、海洋科学技术及海洋教育

续表

时段	发展产业	成长产业	成熟产业	衰退产业
2002~2007年	海洋渔业、海洋盐业	滨海旅游业、海洋矿业	—	海洋油气业、海洋船舶工业、海洋化工业、海洋交通运输业、海洋科学技术及海洋教育、海洋环境保护、海洋行政管理及公益服务
2007~2012年	海洋盐业、海洋船舶工业、海洋化工业、海洋科学技术及海洋教育	海洋渔业、海洋油气业、海洋环境保护、海洋行政管理及公益服务	海洋矿业	海洋交通运输业、滨海旅游业
2012~2017年	—	海洋渔业、海洋盐业、海洋船舶工业、滨海旅游业、海洋环境保护	海洋油气业、海洋行政管理及公益服务	海洋矿业、海洋化工业、海洋交通运输业、海洋科学技术及海洋教育

海南海洋产业结构合理性数值变化与广西更为相似（见表4.49），峰值存在于1997~2002年阶段，该阶段海洋三次产业产值比重为84∶3∶13，海洋第一产业——海洋渔业占据了产业发展的主导地位，带动了区域经济的发展。随着产业结构的演变，海洋第二、第三产业比重逐渐上升，使区域海洋产业结构合理性呈现出了合理及稳定。在这个演变发展过程中，仅存在2007~2012年海洋产业增长率小于区域生产总值增长率，使其成为该阶段经济发展的微小阻力。

表4.49　　海南海洋产业结构合理性判定

年份	海洋三次产业产值比重	成长态模型测定海洋产业增长率（%）	国内生产总值增长率（%）	海洋产业结构合理性
1997	64∶1∶33	—（基期）	—（基期）	—（基期）
2002	84∶3∶13	1.24	0.45	2.76
2007	18∶29∶53	2.24	0.86	2.60
2012	20∶20∶60	1.10	1.40	0.79
2017	23∶19∶58	0.76	0.61	1.25

4.4.3 沿海三角洲海洋产业结构成长态甄别

4.4.3.1 渤海湾区域

利用成长态模型对渤海湾地区 11 类海洋产业进行成长态模型分析（见图 4.55 和表 4.50）。从 1997 ~2017 年的发展过程中，除海洋矿业、海洋盐业以及海洋行政管理及公益服务 3 类产业以外其他 8 类产业的始末期海洋产业类型都发生了改变。综合 4 个发展阶段来看，该区域多类产业发生了产业类型的跃级现象，发生跃级的产业类型数量占全部海洋产业类型的 54.55%，达到了半数以上，主要为成长产业直接转变为衰退产业或衰退产业转变为成长产业的过程。

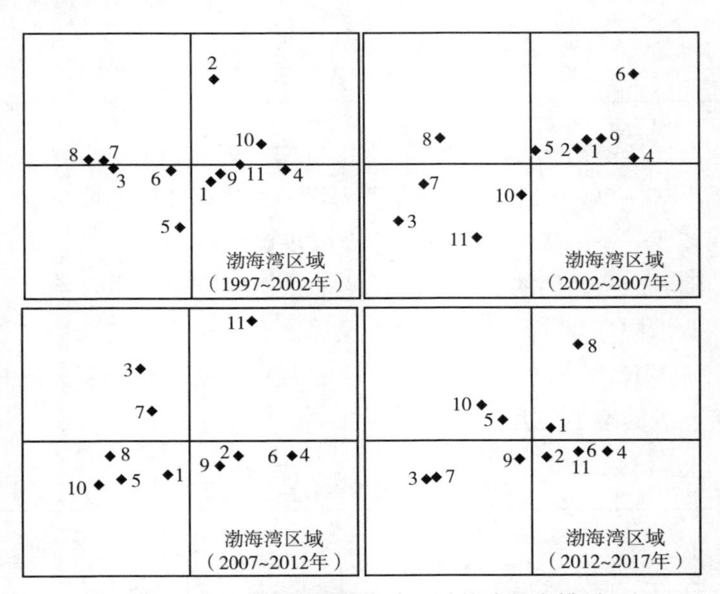

图 4.55　渤海湾区域海洋产业结构成长态模型

表 4.50　渤海湾区域海洋产业变迁情况统计

时段	发展产业	成长产业	成熟产业	衰退产业
1997 ~ 2002 年	海洋交通运输业、滨海旅游业	海洋油气业、海洋环境保护	海洋渔业、海洋盐业、海洋科学技术及海洋教育、海洋行政管理及公益服务	海洋矿业、海洋船舶工业、海洋化工业

续表

时段	发展产业	成长产业	成熟产业	衰退产业
2002～2007年	滨海旅游业	海洋渔业、海洋油气业、海洋盐业、海洋船舶工业、海洋化工业、海洋科学技术及海洋教育	—	海洋矿业、海洋交通运输业、海洋环境保护、海洋行政管理及公益服务
2007～2012年	海洋矿业、海洋交通运输业	海洋行政管理及公益服务	海洋油气业、海洋盐业、海洋化工业、海洋科学技术及海洋教育	海洋渔业、海洋船舶工业、滨海旅游业、海洋环境保护
2012～2017年	海洋船舶工业、海洋环境保护	海洋渔业、滨海旅游业	海洋油气业、海洋盐业、海洋化工业、海洋行政管理及公益服务	海洋矿业、海洋交通运输业、海洋科学技术及海洋教育

与前一阶段相比产业类型发生了变化，则记为一次变化，以此类推逐次累加。发生了1次产业类型转变的海洋产业为海洋油气业，具体变化表现为成长产业转变为成熟产业。发生了2次产业类型转变的海洋产业有海洋矿业以及海洋盐业，海洋矿业是在衰退产业与发展产业之间转变了2次，海洋盐业是在成长产业以及成熟产业之间转变了2次。发生了3次产业类型转变的海洋产业有海洋交通运输业以及海洋科学技术及海洋教育两类，每一阶段都与前一阶段处于不同的产业类型。

渤海湾区域海洋产业结构合理性判定中（见表4.51），2002～2007年产业结构合理性达到峰值3.32，该时间段由于第一产业的迅速缩减以及第二产业、第三产业的迅猛增加，使得区域海洋产业增长率远高于区域生产总值增长率，该时间点海洋三次产业构成为6∶53∶41。随着时间的推移，区域三次产业产值比重没有发生改变，但海洋产业增长率低于区域生产总值增长率，其合理性开始下降，随即产业结构开始发生调整最终为6∶42∶52。

表4.51　渤海湾区域海洋产业结构合理性判定

年份	海洋三次产业产值比重	成长态模型测定海洋产业增长率（%）	国内生产总值增长率（%）	海洋产业结构合理性
1997	64∶17∶19	—（基期）	—（基期）	—（基期）
2002	56∶28∶16	0.71	0.56	1.27

续表

年份	海洋三次产业产值比重	成长态模型测定海洋产业增长率（%）	国内生产总值增长率（%）	海洋产业结构合理性
2007	6：53：41	4.02	1.21	3.32
2012	6：53：41	1.15	1.18	0.97
2017	6：42：52	0.39	0.36	1.08

4.4.3.2 长江三角洲区域

长江三角洲区域海洋产业类型变迁形式也较为丰富（见图 4.56 和表 4.52），11 类海洋产业中始末期发生了产业类型变化的数量达到了 10 类。1997～2017 年长江三角洲区域跃级产业类型数量达到了 5 类，即海洋交通运输业、滨海旅游业、海洋科学技术及海洋教育、海洋环境保护以及海洋行政管理及公益服务业。

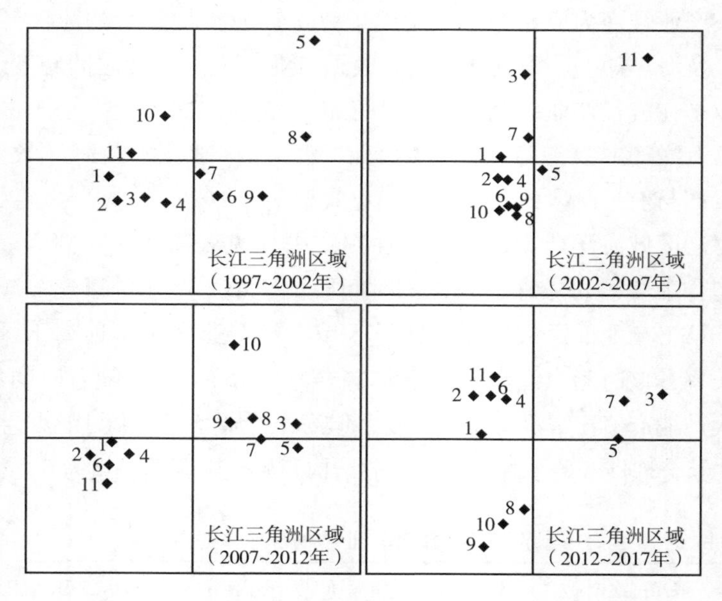

图 4.56　长江三角洲区域海洋产业结构成长态模型

表 4.52 长江三角洲区域海洋产业变迁统计

时段	发展产业	成长产业	成熟产业	衰退产业
1997 ~ 2002 年	海洋环境保护、海洋行政管理及公益服务	海洋船舶工业、滨海旅游业	海洋化工业、海洋交通运输业、海洋科学技术及海洋教育	海洋渔业、海洋油气业、海洋矿业、海洋盐业
2002 ~ 2007 年	海洋渔业、海洋矿业、海洋交通运输业	海洋行政管理及公益服务	海洋船舶工业	海洋油气业、海洋盐业、海洋化工业、滨海旅游业、海洋科学技术及海洋教育、海洋环境保护
2007 ~ 2012 年	—	海洋矿业、滨海旅游业、海洋科学技术及海洋教育、海洋环境保护	海洋船舶工业、海洋交通运输业	海洋渔业、海洋油气业、海洋盐业、海洋化工业、海洋行政管理及公益服务
2012 ~ 2017 年	海洋渔业、海洋油气业、海洋盐业、海洋化工业、海洋行政管理及公益服务	海洋矿业、海洋交通运输业	海洋船舶工业	滨海旅游业、海洋科学技术及海洋教育、海洋环境保护

发生了 1 次产业类型改变的有 3 类分别是海洋油气业、海洋盐业以及海洋船舶工业，转变方式为衰退产业转变为发展产业以及成长产业转变为成熟产业。发生了 2 次产业类型转变的有海洋矿业以及海洋化工业，转变方式分别为衰退产业—发展产业—成长产业以及成熟产业—衰退产业—发展产业。发生了 3 次产业类型转变的只有海洋渔业，该类产业在发展产业与衰退产业间频繁转换。

长江三角洲区域海洋产业结构合理性变化趋势为先增后减（见表 4.53），与渤海湾区域存在相似点，合理性的峰值在 2002 ~ 2007 年出现，后期产业结构合理性值均小于 1，成为区域经济发展的小阻力。观察发现，阻力产生的原因来自于区域第二产业产值比重下降和第三产业比重的增加，这样的产业结构比例不能大幅度促进区域经济的发展。

表 4.53　长江三角洲区域海洋产业结构合理性判定

年份	海洋三次产业产值比重	成长态模型测定海洋产业增长率（%）	国内生产总值增长率（%）	海洋产业结构合理性
1997	46：11：43	—（基期）	—（基期）	—（基期）
2002	36：14：50	0.63	0.63	1.00
2007	3：45：52	4.84	1.25	3.87
2012	3：45：52	1.02	1.11	0.92
2017	5：39：56	0.43	0.52	0.83

4.4.3.3　珠江三角洲区域

对珠江三角洲区域进行海洋产业结构成长态模型分析（见图 4.57 和表 4.54），对比渤海湾地区以及长江三角洲地区而言，该区域产业类型转变频次较高，不存在只转变一次的情况，共发生 4 类产业跃级、2 类产业类型转变了两次以及 5 类产业类型转变了三次的情况。其中发生产业类型跃级的是海洋交通运输业、海洋科学技术及海洋教育、海洋环境保护以及海洋行政管理及公益服务。产生 2 次产业类型变化的行业具体是海洋油气业以及

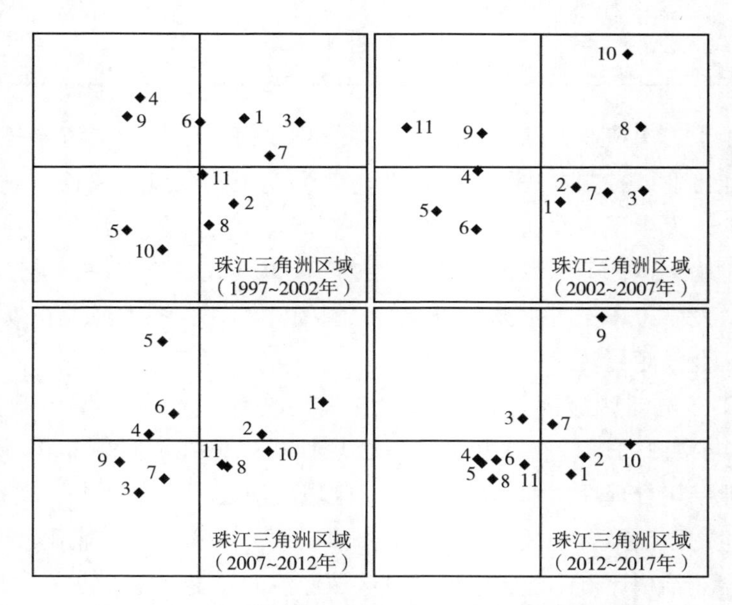

图 4.57　珠江三角洲区域海洋产业结构成长态模型

海洋船舶工业。发生了3次产业类型转变的是海洋渔业、海洋矿业、海洋盐业、海洋化工业以及滨海旅游业，其中海洋盐业以及海洋化工业发生的3次产业变化相同，均是在发展产业与衰退产业间转化。

表4.54 珠江三角洲区域海洋产业变迁统计

时段	发展产业	成长产业	成熟产业	衰退产业
1997～2002年	海洋盐业、海洋化工业、海洋科学技术及海洋教育	海洋渔业、海洋矿业、海洋交通运输业	海洋油气业、滨海旅游业、海洋行政管理及公益服务	海洋船舶工业、海洋环境保护
2002～2007年	海洋科学技术及海洋教育、海洋行政管理及公益服务	滨海旅游业、海洋环境保护	海洋渔业、海洋油气业、海洋矿业、海洋交通运输业	海洋盐业、海洋船舶工业、海洋化工业
2007～2012年	海洋盐业、海洋船舶工业、海洋化工业	海洋渔业、海洋油气业	滨海旅游业、海洋环境保护、海洋行政管理及公益服务	海洋矿业、海洋交通运输业、海洋科学技术及海洋教育
2012～2017年	海洋矿业	海洋交通运输业、海洋科学技术及海洋教育	海洋渔业、海洋油气业、海洋环境保护	海洋盐业、海洋船舶工业、海洋化工业、滨海旅游业、海洋行政管理及公益服务

珠江三角洲区域海洋产业结构变化最为合理（见表4.55），1997～2017年区域海洋产业增长率均超过区域生产总值增长率，为区域经济发展提供了动力与发展方向。

表4.55 珠江三角洲区域海洋产业结构合理性判定

年份	海洋三次产业产值比重	成长态模型测定海洋产业增长率（%）	国内生产总值增长率（%）	海洋产业结构合理性
1997	45 : 18 : 37	—（基期）	—（基期）	—（基期）
2002	42 : 29 : 29	0.93	0.55	1.69
2007	7 : 40 : 53	1.85	1.25	1.48
2012	6 : 44 : 50	1.28	1.14	1.12
2017	5 : 38 : 57	0.79	0.55	1.44

4.5　本章小结

本章采用耦合协调度模型、产业结构多元化系数以及产业结构成长态模型三种计量方法，定量解析中国沿海三角洲际与省际海洋产业结构变化过程。研究发现：

（1）三级研究层面海洋产业综合竞争力均呈现出波动下降趋势，不同研究区域波动下降曲线拥有各自特点；从三次海洋产业来看：除上海（海洋产业综合竞争力排序“312”）以外，其余研究区域三次海洋产业综合竞争力大小排序均是“321”；从11类海洋产业来看：研究区域中产业综合竞争力较强的大都是海洋科学技术及海洋教育业，竞争力排名较为靠后的则是对区域自然资源依赖性较强的海洋油气业、海洋矿业、海洋化工业等海洋第二产业。

（2）海洋产业耦合协调度呈现出以下特征：

其一，全国层面。研究期内三次海洋产业M值大都处于磨合耦合度，少数年份出现了高度耦合度，D值则逐渐由严重失调转变为轻度失调；M、D时间曲线变化特征为：M值波动下降，D值波动增长；M、D值体现出全国层面海洋产业发展水平较低，产业间发展不协调情况较为严重。11类海洋产业中M、D值曲线从无到有数值发生突增，均呈现出波动式增长情况（M值波动起伏较大，D值平稳波动），M值以磨合耦合度为主，高度耦合度为辅，D值以严重失调为主，轻度失调为辅。

其二，三角洲际研究层面。研究期内3区域拥有与全国层面较为相似的M、D值变化情况，除珠江三角洲区域M、D值在起始研究期出现“0”值，出现了极端情况——低耦合度严重失调。11类海洋产业系数测算中，除珠江三角洲以外，其余两地与全国层面范围M、D值变化较为类似。珠江三角洲M、D值曲线存在大震荡，多次出现零值区，曲线变化较大增幅较明显。

其三，省际研究层面。三次海洋产业M值曲线图中大都呈现出先增后减的变化趋势，M值增减变化明显，波动幅度较小但变化频率较高。其中存在3个区域拥有自己独特的趋势线特点——上海、福建、海南，上海以

"0"结束，福建、海南以"0"开始，区域 M 值波动幅度较大。D 值曲线图中大部分区域发展趋势为波动上升，发生了由严重失调转变为轻度失调的过程，发展趋势逐渐向好。与 M 值曲线存在相同特点：上海以"0"结束，福建、海南以"0"开始，3 区域 D 值波动幅度较大。在 11 类海洋产业 M、D 值计算中，只有山东与广东出现了非零 M、D 值，山东变化趋势与全国 M、D 曲线变化趋势较为相似，广东 M、D 值曲线则呈现出"山丘"型，M、D 值从无到有，又从有到无，产业发展耦合协调性跌宕起伏。其余 9 地研究期内 M、D 值均为零，表现出 11 类海洋产业间的低度耦合度与严重失调程度。

（3）产业结构多元化系数计量发现：

第一，中国沿海省份层面分析发现，海洋产业结构转变逐渐加强，表现出小波动的持续增长态势，增速最明显的变化时间段为 2006 ~ 2007 年，产业结构多元化系数变化了近 5.86 倍，当然该阶段产生明显变化的原因可能是海洋产业统计口径的变动。

第二，沿海三角洲区域海洋产业 MESD 值拥有与全国相似的增长变化趋势，研究期内该项指数长江三角洲区域排名始终第一，其次是珠江三角洲地区，再次为渤海湾区域。

第三，沿海 11 省域海洋产业结构多元化系数与全国海洋产业 MESD 值表现出相类似的变化曲线，同时，不同的省域在拥有全国共性的前提下，也存在区域自身的个性发展情况。

（4）海洋产业结构成长态模型诠释了区域海洋产业的变迁情况，同时运用"结构效果法"对中国沿海海洋产业结构合理性进行判定发现：

第一，中国沿海 11 类海洋产业，在产业结构成长态模型中大都发生了产业变迁跃级的现象，在对区域产业结构合理性判定时发现，随着海洋第一产业比重的降低，海洋第二、第三产比重不断升高的过程中，海洋产业结构逐渐趋于合理。

第二，沿海三角洲海洋产业结构变迁过程与全国沿海地区较为类似。对海洋产业结构合理性进行具体判定的过程中，珠江三角洲区域海洋产业结构最为合理，其次是渤海湾区域，而长江三角洲区域海洋产业结构则是最不合理的代表。

第三，沿海 11 省域海洋产业结构成长态模型中同样存在变迁跃级现象，但产业变迁演化过程略有差别。在海洋产业结构合理性判定中，存在6地产业结构较为合理——河北、福建、山东、广东、广西、海南。同时，也存在产业结构合理性逐渐下降，由合理变为不合理的区域——天津、辽宁、上海、江苏以及浙江，其中极为不合理的区域有天津以及上海，在海洋产业结构变迁的过程中第二、第三产业占比过大，导致海洋产业结构日益畸形。

已有海洋产业结构演化研究成果中也得到此类观点，海洋产业同构化与低度化问题严重（于会娟，2015），产业结构不合理（王泽宇，2006）制约了海洋产业体系的演进，导致海洋经济增速下滑（黄盛，2013）。以上研究大都采用“三轴图”分析法、SWOT分析法、主成分分析法、层次分析法等定性类分析方法诠释问题。而本章在分析该类问题的时候，则采用了更多的定量分析方法，运用多种产业结构系数，对其进行定量计算分析，使研究结果更为客观理性。

5 海洋产业演进的海洋经济增长关联效应

5.1 海洋产业前后向关联系数解析

5.1.1 沿海省域海洋产业前后向关联系数解析

5.1.1.1 天津

笔者对天津11类海洋产业进行了前后向关联系数测算（见表5.1），并形成11类海洋产业前后向关联产业关系对照图（见图5.1）。

表5.1 天津海洋产业前后向关联系数

产业类型	前向关联系数				后向关联系数			
	2002年	2007年	2012年	2017年	2002年	2007年	2012年	2017年
1	0.5721	0.7034	0.7296	0.7724	0.4201	0.4145	0.4150	0.4058
2	1.1032	1.2299	1.2769	1.2086	0.6960	0.7336	0.7345	0.6700
3	0.9708	1.0319	1.0629	1.0586	0.7275	0.7756	0.7861	0.7389
4	0.4230	0.5309	0.5498	0.5105	0.6891	0.7566	0.7651	0.7637
5	0.7057	0.5847	0.5093	0.5471	0.7449	0.8165	0.8149	0.7910
6	0.9751	0.9931	0.9706	0.9706	0.7285	0.7972	0.8090	0.7682
7	0.7594	0.7719	0.7873	0.7696	0.5166	0.5387	0.6299	0.5475
8	0.4313	0.5665	0.5212	0.6482	0.5826	0.6547	1.1301	1.2791

续表

产业类型	前向关联系数				后向关联系数			
	2002 年	2007 年	2012 年	2017 年	2002 年	2007 年	2012 年	2017 年
9	0. 1449	0. 2219	0. 3603	0. 2987	0. 4388	0. 5091	0. 2057	0. 2156
10	0. 9053	0. 4231	0. 3509	0. 3479	0. 4346	0. 1454	0. 1078	0. 1026
11	0. 0000	0. 0085	0. 0369	0. 0420	0. 4915	0. 4540	0. 4056	0. 3911

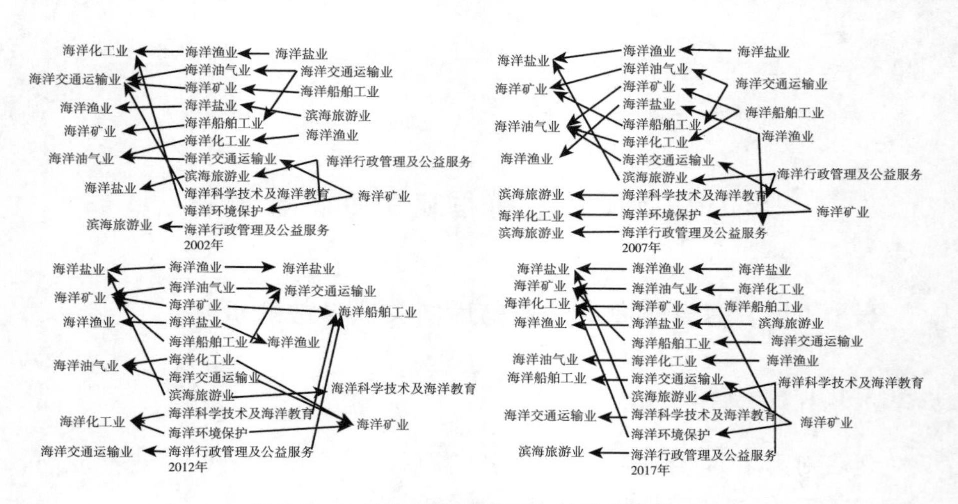

图 5.1　天津海洋产业前后向关联产业关系

观察产业关联关系图中的前向关联发现：11 类海洋产业中有 6 类在研究期内发生了前向关联产业类型变化。海洋油气业、滨海旅游业、海洋科学技术及海洋教育三类产业发生了一次前向产业变更，即：海洋交通运输业转变为海洋化工业，海洋行政管理及公益服务转变为海洋科学技术及海洋教育，海洋行政管理及公益服务变更为海洋船舶工业；海洋盐业发生了两次前向产业类型变化，由滨海旅游业转变为海洋渔业又转变为滨海旅游业；也存在发生了 3 次海洋前向产业变更的产业类型——海洋化工业，变化过程为海洋渔业—海洋船舶工业—海洋矿业—海洋渔业；天津海洋产业前向关联系数中存在一个特殊的产业类型——海洋行政管理及公益服务业，此类海洋产业在 2002 年无前向关联产业，在整个海洋产业系统中相对独立。

对比海洋产业前向关联系数，海洋船舶工业、海洋环境保护业以及海洋化工业与其前向关联系数值逐年降低，其余 8 类海洋产业均呈现出增长的发展趋势。其中前向关联系数增长率最大的产业类型是海洋行政管理及公益服务，它将滨海旅游业以及海洋交通运输业进行了紧密的关联，使二者间的联系也逐渐加强。

分析天津海洋产业的后向关联产业发现：11 类海洋产业中同样存在 6 类发生了后向关联产业变化。海洋渔业、海洋油气业、海洋交通运输业发生了一次后向产业变化，分别由海洋化工业转化为海洋盐业、海洋交通运输业转变为海洋矿业、海洋油气业转变为海洋船舶工业；海洋行政管理及公益服务业发生了两次后向产业变更，由滨海旅游业转化为海洋交通运输业最后又转变为了滨海旅游业；海洋矿业以及海洋科学技术及海洋教育业发生了三次后向产业变更，依次是海洋交通运输业—海洋油气业—海洋矿业—海洋化工业、海洋交通运输业—滨海旅游业—海洋化工业—海洋交通运输业。

计算区域海洋产业后向关联系数值发现，近一半海洋产业后向关联系数降低，它们是海洋渔业、海洋油气业、海洋科学技术及海洋教育、海洋环境保护、海洋行政管理及公益服务，其中系数值降低幅度最大的产业为海洋环境保护业，降低了 0. 332，降低比率达 76. 39%。除以上 5 类海洋产业以外，其余 6 类海洋产业后向关联系数均发生了增长，其中滨海旅游业增长最强，增长率达到了 119. 55%。

根据前后向关联系数值，将区域海洋产业进行产业群类型归纳（见表 5. 2）。研究期内，11 类海洋产业大都属于中间产品型产业以及最终需求型基础产业，少数产业属于中间产品型基础产业以及最终需求型产业。随着研究时间的推移，中间产品型基础产业主要以海洋渔业以及海洋油气业为主；中间产品型产业逐渐由海洋第一、第二产业转化为第二、第三产业为主；最终需求型产业则始终以海洋第三产业为主；最终需求型基础产业逐渐由海洋第三产业转变为海洋第二产业。

表 5. 2　　天津海洋产业群的划分

产业群类型	2002 年	2007 年	2012 年	2017 年
Ⅰ中间产品型基础产业	2、10	2	1、2	1、2、3
Ⅱ中间产品型产业	1、3、6、7	1、3、6、7、10	3、6、7、9、10	6、7、9、10
Ⅲ最终需求型产业	11	11	5、8、11	8、11
Ⅳ最终需求型基础产业	4、5、8、9	4、5、8、9	4	4、5

5.1.1.2 河北

笔者对河北 11 类海洋产业进行了前后向关联系数测算（见表 5.3），并形成 11 类海洋产业前后向关联产业关系对照图（见图 5.2）。

表 5.3 河北海洋产业前后向关联系数

产业类型	前向关联系数				后向关联系数			
	2002 年	2007 年	2012 年	2017 年	2002 年	2007 年	2012 年	2017 年
1	0.5717	0.7030	0.7295	0.7300	0.4197	0.4149	0.4142	0.4146
2	1.1029	1.2308	1.2750	1.2748	0.6956	0.7333	0.7349	0.7348
3	0.9707	1.0319	1.0631	1.0631	0.7269	0.7757	0.7855	0.7857
4	0.4235	0.5283	0.5491	0.5503	0.6894	0.7564	0.7648	0.7648
5	0.7056	0.5845	0.5092	0.5098	0.7447	0.8165	0.8150	0.8155
6	0.9750	0.9930	0.9707	0.9706	0.7278	0.7968	0.8088	0.8086
7	0.7597	0.7717	0.7891	0.7882	0.5157	0.5388	0.6309	0.6300
8	0.4331	0.5768	0.5202	0.5129	0.5804	0.6650	1.1286	1.1214
9	0.1460	0.2219	0.3728	0.3834	0.4352	0.5015	0.2160	0.2119
10	0.9479	0.4380	0.3172	0.3280	0.5665	0.1493	0.1026	0.1037
11	0.0000	0.0084	0.0368	0.0370	0.4827	0.4490	0.4029	0.4060

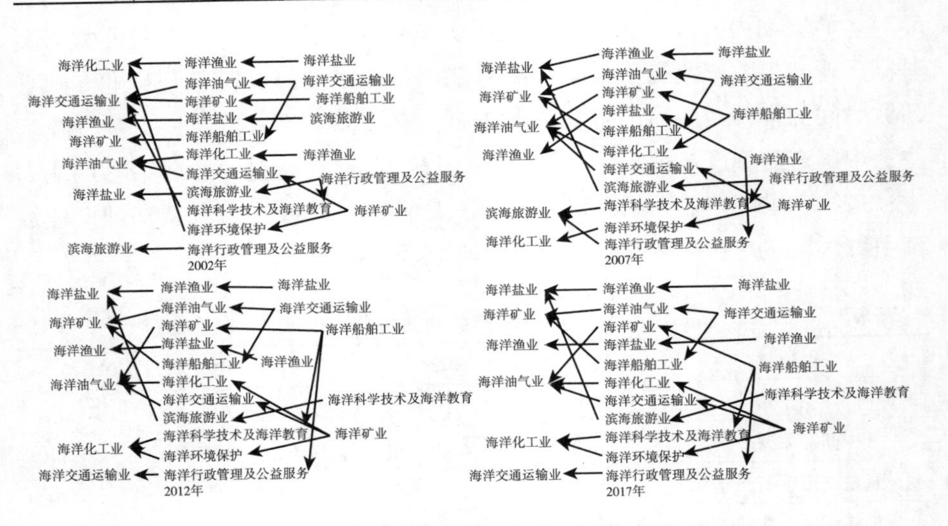

图 5.2 河北海洋产业前后向关联产业关系

河北 11 类海洋产业研究期内，有 5 类海洋产业的前向关联产业发生了变化。海洋盐业、滨海旅游业、海洋科学技术及海洋教育、海洋行政管理及公益服务业 4 类产业依次发生了以下的变换过程：海洋旅游业—海洋渔业、海洋行政管理及公益服务业—海洋科学技术及海洋教育、海洋行政管理及公益服务—海洋船舶工业、海洋渔业—海洋船舶工业；仅存在一类海洋产业——海洋化工业，发生了两次前向关联产业变化，转变过程为海洋渔业—海洋船舶工业—海洋矿业。其他 6 类海洋产业发展变化较为稳定，不存在前向关联产业变化的情况。

观察前向关联系数值，有 3 类海洋产业该项系数呈波动式减小变化趋势，分别是海洋船舶工业、海洋化工业、海洋环境保护业，其中降低最多的海洋产业类型为海洋环境保护业，降低了 65.40%。其余 8 类海洋产业均为增长模式，其中海洋科学技术及海洋教育业变动最大，增长率高达 162.60%，最低增长率仅有 3.75%，区域前向关联系数变化比例不平衡现象较为严重。

在河北海洋产业后向关联产业变化图中，发现 11 类海洋产业中 6 类产业后向关联产业较为稳定，其余 5 类海洋产业发生了后向关联产业变更。海洋渔业、海洋油气业、海洋矿业以及海洋行政管理及公益服务业均发生了一次产业变更现象，依次为海洋化工业—海洋盐业、海洋交通运输业—海洋矿业、海洋交通运输业—海洋油气业、滨海旅游业—海洋交通运输业；海洋科学技术及海洋教育业发生了两次后向关联产业变更，由海洋交通运输业变为滨海旅游业最后转变为了海洋化工业。

在具体的海洋产业后向关联系数值中，海洋渔业、海洋科学技术及海洋教育、海洋环境保护以及海洋行政管理及公益服务业 4 类产业的系数测算中发生了波动式下降的情况，其中下降比例最大的产业为海洋环境保护业，下降了 81.69%，以上 4 类海洋产业均属于海洋第一、第三产业，未涉及海洋第二产业。其余 7 类海洋产业均为波动式增长模式，其中滨海旅游业增长了 93.21%，海洋油气业仅增长了 5.64%，增长比例差距明显，波动幅度较大。

将以上 11 类海洋产业进行产业群划分（见表 5.4），11 类海洋产业大都存在于中间产品型产业以及最终需求型基础产业类别中。将河北海洋产业群与天津进行对比，2002 年、2007 年、2012 年 3 时间段产业群相似度100%。2017年相似度略低，其中海洋矿业以及海洋船舶工业所属类型不同。

表5.4　　河北海洋产业群的划分

产业群类型	2002年	2007年	2012年	2017年
Ⅰ中间产品型基础产业	2、10	2	1、2	1、2
Ⅱ中间产品型产业	1、3、6、7	1、3、6、7、10	3、6、7、9、10	3、6、7、9、10
Ⅲ最终需求型产业	11	11	5、8、11	5、8、11
Ⅳ最终需求型基础产业	4、5、8、9	4、5、8、9	4	4

5.1.1.3　辽宁

笔者对辽宁11类海洋产业进行了前后向关联系数测算（见表5.5），并形成11类海洋产业前后向关联产业关系对照图（见图5.3）。

表5.5　　辽宁海洋产业前后向关联系数

产业类型	前向关联系数				后向关联系数			
	2002年	2007年	2012年	2017年	2002年	2007年	2012年	2017年
1	0.5725	0.7034	0.7292	0.7722	0.4200	0.4148	0.4144	0.4056
2	1.1039	1.2317	1.2707	1.2090	0.6949	0.7332	0.7355	0.6698
3	0.9707	1.0318	1.0630	1.0587	0.7271	0.7758	0.7858	0.7389
4	0.4236	0.5286	0.5507	0.5112	0.6886	0.7562	0.7657	0.7636
5	0.7058	0.5836	0.5099	0.5473	0.7450	0.8152	0.8152	0.7913
6	0.9751	0.9931	0.9706	0.9706	0.7282	0.7973	0.8084	0.7683
7	0.7596	0.7719	0.7867	0.7692	0.5168	0.5403	0.6266	0.5470
8	0.4288	0.5719	0.5197	0.6458	0.5785	0.6622	1.1271	1.2763
9	0.1444	0.2246	0.3624	0.3035	0.4329	0.5168	0.2112	0.2045
10	0.9570	0.4213	0.3243	0.3783	0.6089	0.1447	0.1043	0.1072
11	0.0000	0.0086	0.0370	0.0418	0.4901	0.4548	0.4057	0.3883

辽宁有7类海洋产业的前向关联产业发生了变化，将辽宁与天津进行对比，二者间存在较高的相似程度，唯一的差别在于天津海洋环境保护业不存在产业变更情况，而辽宁该类海洋产业经历了由海洋矿业转变为海洋

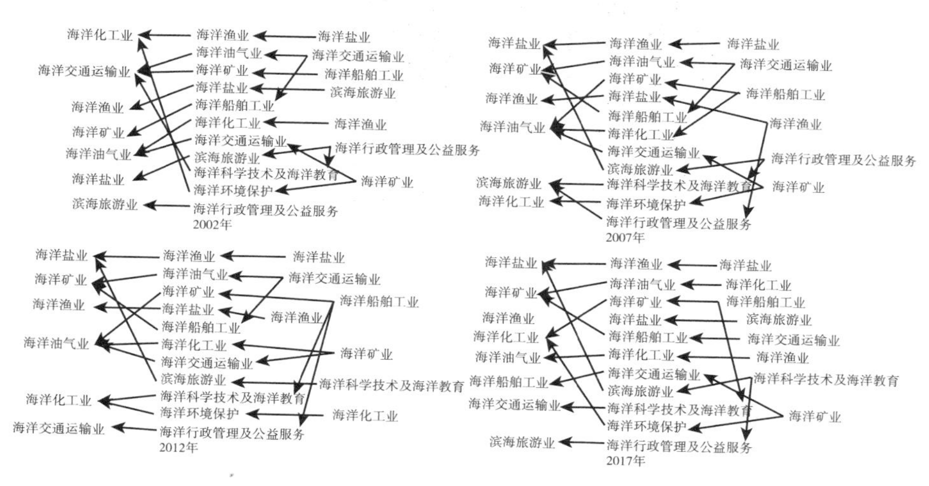

图 5.3 辽宁海洋产业前后向关联产业关系

化工业最后又变更为海洋矿业的过程。具体观察前向关联系数，有 3 类海洋产业系数值波动式下降——海洋船舶工业、海洋化工业、海洋环境保护，其中海洋环境保护业数值下降最大，始末期相比下降了 0.5787，海洋化工业仅发生了微弱的下降，下降数值仅有 0.0045。其余 8 类海洋产业均呈现出持续增长或波动式增长的发展趋势，其中滨海旅游业增加值最大，为 0.2170，海洋交通运输业增加值最小，仅有 0.0096。

同样也将辽宁海洋产业后向关联情况与天津进行对比，在后向关联产业的变化中，仅存在海洋矿业的变化情况不同。天津海洋矿业后向产业变迁过程是海洋交通运输业—海洋油气业—海洋矿业—海洋化工业，而辽宁该类海洋产业变化的过程则是海洋交通运输业—海洋油气业—海洋化工业。分析区域后向关联系数值，有 5 类产业后向关联系数呈现出波动下降的情况——海洋渔业、海洋油气业、海洋科学技术及海洋教育、海洋环境保护、海洋行政管理及公益服务，其中海洋环境保护业下降比重最大，下降了 82.39%，海洋渔业下降比例最小，仅有 3.43%。其余 6 类海洋产业均是波动式增长的发展状况，滨海旅游业后向产业关联度系数增幅最大，增长了 120.62%，增幅最小的为海洋矿业仅有 1.62%。

对以上 11 类海洋产业进行产业群归纳划分（见表 5.6），对比天津海洋产业群的划分结果，辽宁与天津相似度高达 100%，具有相同的特征与特点。

表 5.6 辽宁海洋产业群的划分

产业群类型	2002 年	2007 年	2012 年	2017 年
Ⅰ中间产品型基础产业	2、10	2	1、2	1、2、3
Ⅱ中间产品型产业	1、3、6、7	1、3、6、7、10	3、6、7、9、10	6、7、9、10
Ⅲ最终需求型产业	11	11	5、8、11	8、11
Ⅳ最终需求型基础产业	4、5、8、9	4、5、8、9	4	4、5

5.1.1.4 上海

笔者对上海 11 类海洋产业进行了前后向关联系数测算（见表 5.7），并形成 11 类海洋产业前后向关联产业关系对照图（见图 5.4）。

表 5.7 上海海洋产业前后向关联系数

产业类型	前向关联系数				后向关联系数			
	2002 年	2007 年	2012 年	2017 年	2002 年	2007 年	2012 年	2017 年
1	0.5723	0.7037	0.7304	0.7725	0.4199	0.4151	0.4161	0.4058
2	1.1045	1.2316	1.2744	1.2128	0.6946	0.7333	0.7350	0.6687
3	0.9707	1.0318	1.0631	1.0586	0.7276	0.7764	0.7859	0.7394
4	0.4265	0.5352	0.5474	0.5119	0.6900	0.7577	0.7642	0.7636
5	0.7060	0.5863	0.5093	0.5476	0.7450	0.8164	0.8153	0.7912
6	0.9751	0.9931	0.9706	0.9707	0.7287	0.7983	0.8088	0.7689
7	0.7594	0.7711	0.7873	0.7696	0.5178	0.5383	0.6284	0.5485
8	0.4237	0.5690	0.5326	0.6470	0.5729	0.6463	1.1410	1.2748
9	0.1448	0.2117	0.3457	0.3102	0.4361	0.5015	0.2091	0.2056
10	0.9300	0.3987	0.3402	0.3752	0.4996	0.1400	0.1073	0.1062
11	0.0000	0.0080	0.0368	0.0413	0.4941	0.4450	0.4030	0.3781

将上海与天津的海洋前向产业变化情况进行对比，与天津差异较大的产业类型是海洋盐业，天津海洋盐业前向关联产业变化过程为滨海旅游业—海洋渔业—海洋渔业—滨海旅游业，上海海洋盐业前向关联产业变化虽与其类似但发生了时间错位，其过程为滨海旅游业—海洋渔业—滨海旅

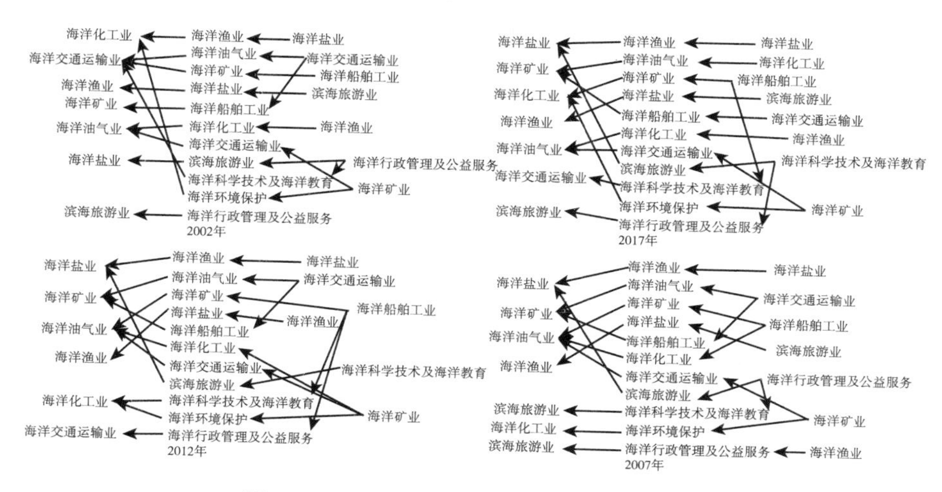

图 5.4　上海海洋产业前后向关联产业关系

游业，天津滨海旅游业转换为海洋渔业的时间为 2002 ~ 2007 年，上海发生此类转换的时间为 2007 ~ 2012 年。分析海洋前向关联系数具体值，11 类海洋产业中有 3 类系数值波动式降低，其余 8 类产业均为持续增长或波动式增长发展过程。前向关联系数降低的 3 类海洋产业中，海洋环境保护业数值降低了 0.5548，降低数值最少的海洋化工业仅有 0.0044，变化较为稳定。前向关联系数增大的海洋产业中，滨海旅游业增加较多，增加了 0.2233，涨幅最小的海洋交通运输业仅有 0.0102。

将上海海洋产业后向产业变更情况与辽宁进行对比，辽宁存在 6 类后向产业变更的海洋产业，而上海仅存在 5 类。上海海洋交通运输业后向产业类型中海洋油气业未发生变更，其余变更产业以及每一阶段变化过程均与辽宁相同。观察后向关联系数变化情况，后向关联系数减少的产业类型大都为海洋第一产业以及第三产业，海洋第二产业中仅有海洋油气业后向关联系数发生了波动式降低。其余 6 类海洋产业后向关联系数中，滨海旅游业增长率最高达 122.52%，变化率最低的海洋矿业仅增长了 1.62%。

对以上 11 类海洋产业进行产业群归纳划分（见表 5.8），对比天津及辽宁海洋产业群的划分结果，上海与以上两地相似度高达 100%，具有相同的特征与特点。

表 5.8 上海海洋产业群的划分

产业群类型	2002 年	2007 年	2012 年	2017 年
Ⅰ中间产品型基础产业	2、10	2	1、2	1、2、3
Ⅱ中间产品型产业	1、3、6、7	1、3、6、7、10	3、6、7、9、10	6、7、9、10
Ⅲ最终需求型产业	11	11	5、8、11	8、11
Ⅳ最终需求型基础产业	4、5、8、9	4、5、8、9	4	4、5

5.1.1.5 江苏

笔者对江苏 11 类海洋产业进行了前后向关联系数测算（见表 5.9），并形成 11 类海洋产业前后向关联产业关系对照图（见图 5.5）。

表 5.9 江苏海洋产业前后向关联系数

产业类型	前向关联系数				后向关联系数			
	2002 年	2007 年	2012 年	2017 年	2002 年	2007 年	2012 年	2017 年
1	0.5716	0.7032	0.7307	0.7718	0.4197	0.4145	0.4149	0.4058
2	1.1029	1.2286	1.2711	1.2072	0.6957	0.7338	0.7354	0.6704
3	0.9707	1.0318	1.0629	1.0587	0.7269	0.7755	0.7860	0.7392
4	0.4240	0.5282	0.5521	0.5124	0.6897	0.7561	0.7652	0.7641
5	0.7053	0.5842	0.5106	0.5480	0.7445	0.8157	0.8151	0.7917
6	0.9751	0.9931	0.9708	0.9706	0.7278	0.7971	0.8088	0.7684
7	0.7596	0.7715	0.7868	0.7673	0.5159	0.5370	0.6268	0.5439
8	0.4305	0.5772	0.5115	0.6457	0.5799	0.6641	1.1166	1.2760
9	0.1442	0.2218	0.3723	0.2897	0.4327	0.5032	0.2234	0.1931
10	0.9458	0.4307	0.2835	0.4188	0.5576	0.1474	0.0985	0.1144
11	0.0000	0.0083	0.0370	0.0419	0.4900	0.4452	0.4079	0.3909

江苏海洋前向产业变化与辽宁较为相似，无论是发生变化的海洋产业类型还是具体的变更方向均较为相似。仅存在一项海洋产业具有差别，辽宁海洋环境保护业前向关联产业变化过程为海洋矿业—海洋化工业—海洋矿业，而江苏海洋环境保护业不存在前向产业变化的情况。具体分析区域

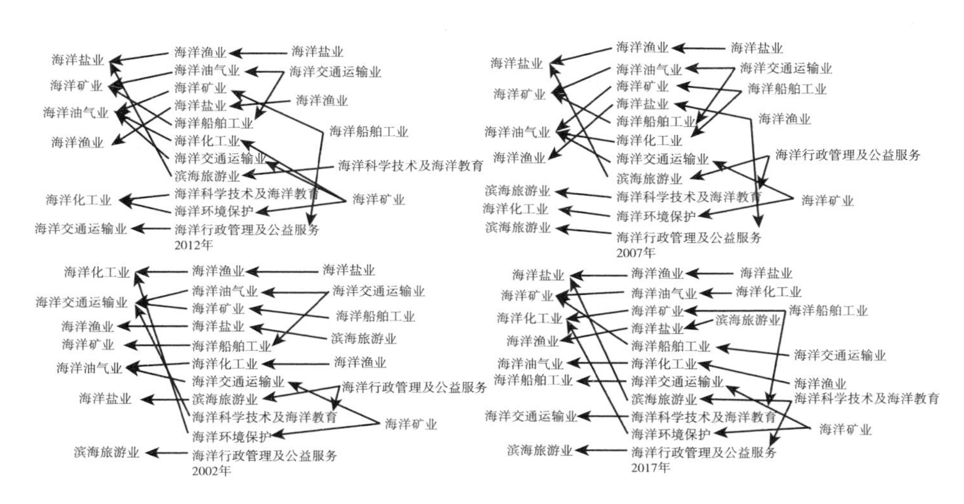

图 5.5　江苏海洋产业前后向关联产业关系

11 类海洋产业前向关联系数值，有 3 类该项系数值降低，分别是海洋船舶工业、海洋化工业以及海洋环境保护业，其中降幅最大的仍为海洋环境保护业。剩余 8 类海洋产业中，滨海旅游业的前向关联系数值增加最多，增加了 0.2152，增加量最小的为海洋交通运输业，仅有 0.0077。

将江苏与上海、辽宁海洋后向产业变化情况进行对比，辽宁与江苏发生的产业变化时间以及变化结果相似度达 100%，与上海区域变化仅存在一处不同，上海海洋交通运输业后向关联产业未发生变化，江苏该类海洋产业表现为由海洋油气业变更为海洋船舶工业的特征。观察江苏海洋产业后向关联系数测算值，江苏与以上除河北以外的其他 3 个地区具有相似的特征，后向关联系数降低与升高的产业类型完全相同，降低比重最大的产业类型仍为海洋环境保护业，降低了 55.37%，降低比重最小的产业类型为海洋渔业，仅有 3.31%。其余 6 类产业后向关联系数中，滨海旅游业增加百分比最高，为 120.04%，最低的海洋矿业增加比重仅有 1.69%。

对以上 11 类海洋产业进行产业群归纳划分（见表 5.10），对比上海海洋产业群的划分结果，上海与江苏产业群划分结果较为类似，仅有海洋环境保护业划分存在差异，上海海洋环境保护业属于中间产品型产业，江苏则属于中间产品型基础产业。

表 5.10　　江苏海洋产业群的划分

产业群类型	2002 年	2007 年	2012 年	2017 年
Ⅰ中间产品型基础产业	2、10	2	1、2	1、2、3、10
Ⅱ中间产品型产业	1、3、6、7	1、3、6、7、10	3、6、7、9、10	6、7、9
Ⅲ最终需求型产业	11	11	5、8、11	8、11
Ⅳ最终需求型基础产业	4、5、8、9	4、5、8、9	4	4、5

5.1.1.6　浙江

笔者对浙江 11 类海洋产业进行前后向关联系数测算（见表 5.11），并形成 11 类海洋产业前后向关联产业关系对照图（见图 5.6）。

表 5.11　　浙江海洋产业前后向关联系数

产业类型	前向关联系数				后向关联系数			
	2002 年	2007 年	2012 年	2017 年	2002 年	2007 年	2012 年	2017 年
1	0.5719	0.7024	0.7298	0.7723	0.4196	0.4145	0.4148	0.4059
2	1.1028	1.2279	1.2710	1.2074	0.6960	0.7339	0.7354	0.6703
3	0.9709	1.0319	1.0631	1.0586	0.7273	0.7754	0.7859	0.7392
4	0.4235	0.5308	0.5511	0.5124	0.6891	0.7576	0.7655	0.7642
5	0.7037	0.5843	0.5108	0.5478	0.7420	0.8161	0.8158	0.7914
6	0.9751	0.9930	0.9707	0.9707	0.7282	0.7967	0.8087	0.7683
7	0.7598	0.7712	0.7860	0.7684	0.5169	0.5366	0.6255	0.5456
8	0.4301	0.5727	0.5193	0.6442	0.5805	0.6595	1.1241	1.2755
9	0.1437	0.2203	0.3662	0.2931	0.4336	0.5050	0.2176	0.2091
10	0.9267	0.4253	0.3029	0.3550	0.4902	0.1463	0.1013	0.1041
11	0.0000	0.0085	0.0362	0.0421	0.4924	0.4532	0.3996	0.3960

将浙江海洋前向产业与相邻省域江苏进行对比，浙江 11 类海洋产业中有 6 类海洋产业前向关联产业发生了变更，比较其异同点，仅存在海洋盐业前向产业变更情况不同，其余产业类型变更情况均相同。浙江海洋盐业前向关联产业由海洋渔业变更为滨海旅游业，而江苏则是经历了滨海旅

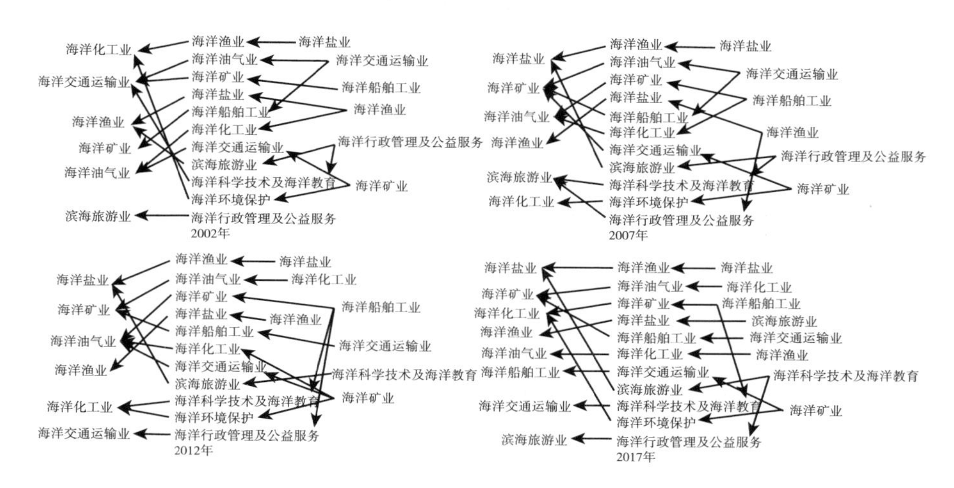

图 5.6 浙江海洋产业前后向关联产业关系

游业—海洋渔业—滨海旅游业的变更过程。浙江海洋产业前向关联系数具体计算结果中，系数增加与降低的产业类型与相邻省域相同，增加与减少的最值产业类型也相同，海洋环境保护业减少了 0.5717，海洋化工业仅减少了 0.0044，滨海旅游业增加了 0.2141，海洋交通运输业仅增加了 0.0086。

将浙江后向具体关联产业与相邻区域进行对比对照，关联产业以及产业变化情况大都类似，但浙江比邻近区域多一类海洋产业发生了后向关联产业变化，浙江滨海旅游业后向关联产业在 2002 ~2007 年发生了由海洋渔业转变为海洋盐业的过程，这个变化特征在天津、河北、辽宁、上海、江苏等地均不存在。对区域具体后向关联系数进行比较分析，浙江该项系数与邻近省域特点一致，存在 5 类海洋产业系数减小，6 类海洋产业系数增大。5 类系数减小的海洋产业中，海洋环境保护业变化率最大为 78.76%，变化率最小的则是海洋渔业 3.27%。6 类系数增大的海洋产业中，滨海旅游业增长率最大，为 119.72%，海洋矿业的增长率最小，仅有 1.64%。

对以上 11 类海洋产业进行产业群归纳划分（见表 5.12），对比浙江与上海海洋产业群的划分结果，两地相似度高达 100%，具有相同的变化特征。

表 5.12　　浙江海洋产业群的划分

产业群类型	2002 年	2007 年	2012 年	2017 年
Ⅰ中间产品型基础产业	2、10	2	1、2	1、2、3
Ⅱ中间产品型产业	1、3、6、7	1、3、6、7、10	3、6、7、9、10	6、7、9、10
Ⅲ最终需求型产业	11	11	5、8、11	8、11
Ⅳ最终需求型基础产业	4、5、8、9	4、5、8、9	4	4、5

5.1.1.7　福建

笔者对福建 11 类海洋产业进行了前后向关联系数测算（见表 5.13），并形成 11 类海洋产业前后向关联产业关系对照图（见图 5.7）。

表 5.13　　福建海洋产业前后向关联系数

产业类型	前向关联系数				后向关联系数			
	2002 年	2007 年	2012 年	2017 年	2002 年	2007 年	2012 年	2017 年
1	0.5745	0.7020	0.7301	0.7721	0.4207	0.4140	0.4152	0.4058
2	1.1027	1.2286	1.2717	1.2068	0.6958	0.7338	0.7354	0.6705
3	0.9708	1.0319	1.0630	1.0587	0.7269	0.7755	0.7859	0.7390
4	0.4202	0.5314	0.5504	0.5137	0.6853	0.7580	0.7649	0.7647
5	0.7054	0.5847	0.5097	0.5482	0.7440	0.8162	0.8152	0.7915
6	0.9751	0.9931	0.9706	0.9708	0.7281	0.7972	0.8085	0.7687
7	0.7596	0.7712	0.7873	0.7679	0.5151	0.5371	0.6276	0.5447
8	0.4316	0.5718	0.5184	0.6440	0.5825	0.6580	1.1251	1.2742
9	0.1408	0.2221	0.3580	0.2935	0.4245	0.5194	0.2041	0.2106
10	0.9700	0.4078	0.3483	0.3486	0.6839	0.1416	0.1080	0.1030
11	0.0000	0.0084	0.0369	0.0419	0.4907	0.4509	0.4052	0.3928

观察福建海洋产业前向关联产业类型变化，对比相邻省域海洋前向产业变更情况，浙江与福建两地发生的前向关联产业变更类型相同，但存在两类海洋产业变更情况不同。浙江海洋盐业前向关联产业仅经历了由海洋渔业变更为滨海旅游业，而福建经历了滨海旅游业—海洋盐业—海洋渔

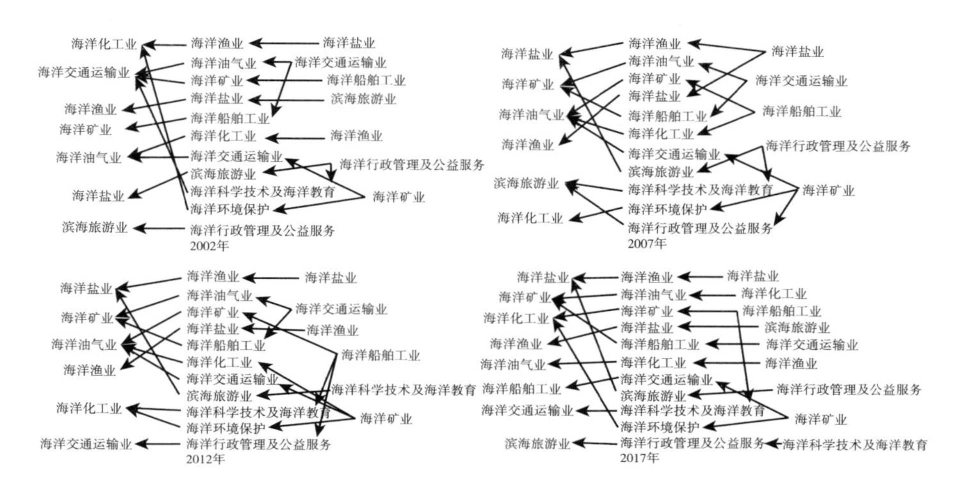

图 5.7 福建海洋产业前后向关联产业关系

业—滨海旅游业的产业转变过程，除海洋盐业外还有滨海旅游业前向关联产业变更存在区域特点。福建滨海旅游业的前向关联产业经历了海洋行政管理及公益服务—海洋科学技术及海洋教育—海洋行政管理及公益服务的变化过程，最终以海洋行政管理及公益服务业作为最后一研究时间段的结果，与所有沿海省域研究区情况均不相同。查看具体前向关联系数值，与其他沿海地区结果相似，3 类海洋产业前向关联系数值波动式下降，其中海洋环境保护业下降比例最大，为 0.6214，海洋化工业下降最少，为 0.0043。8 类系数上升的产业中，滨海旅游业增幅最大，海洋交通运输业增幅最小。

福建海洋产业后向关联产业类型与转换方式与上海区域相似度达 100%，区域个性特征不明显。其后向关联系数变化趋势中，同样存在 5 类海洋产业呈现出数值下降的变化趋势，其中海洋环境保护业下降区域最为明显，降低了 84.94%，海洋渔业降低比例最小，仅有 3.54%。6 类数值增长的海洋产业中，滨海旅游业增长幅度最大，为 118.75%，增幅最小的产业为海洋矿业，仅有 1.66%。

对福建的 11 类海洋产业进行产业群归纳划分（见表 5.14），对比浙江海洋产业群的划分结果，两地在 2002 年产业群划分中存在不同，其余 3 个时间剖面产业群划分结果一致，福建海洋产业群与其他沿海省域不同之处在于海洋渔业以及海洋环境保护业的归属类型不同。

表 5.14　　福建海洋产业群的划分

产业群类型	2002 年	2007 年	2012 年	2017 年
Ⅰ中间产品型基础产业	1、2	2	1、2	1、2、3
Ⅱ中间产品型产业	3、6、7、10	1、3、6、7、10	3、6、7、9、10	6、7、9、10
Ⅲ最终需求型产业	11	11	5、8、11	8、11
Ⅳ最终需求型基础产业	4、5、8、9	4、5、8、9	4	4、5

5.1.1.8　山东

笔者对山东 11 类海洋产业进行了前后向关联系数测算（见表 5.15），并形成 11 类海洋产业前后向关联产业关系对照图（见图 5.8）。

表 5.15　　山东海洋产业前后向关联系数

产业类型	前向关联系数				后向关联系数			
	2002 年	2007 年	2012 年	2017 年	2002 年	2007 年	2012 年	2017 年
1	0.5725	0.7066	0.7325	0.7733	0.4203	0.4178	0.4165	0.4062
2	1.1048	1.2314	1.2762	1.2088	0.6943	0.7334	0.7347	0.6699
3	0.9707	1.0318	1.0633	1.0586	0.7279	0.7764	0.7858	0.7393
4	0.4249	0.5274	0.5486	0.5170	0.6893	0.7540	0.7627	0.7642
5	0.7079	0.5855	0.5109	0.5484	0.7472	0.8162	0.8171	0.7916
6	0.9751	0.9931	0.9707	0.9708	0.7291	0.7974	0.8095	0.7687
7	0.7572	0.7721	0.7880	0.7709	0.5155	0.5399	0.6292	0.5481
8	0.4246	0.5754	0.5172	0.6331	0.5769	0.6629	1.1207	1.2615
9	0.1423	0.2155	0.3609	0.3085	0.4322	0.5334	0.2013	0.2032
10	0.9258	0.3825	0.3612	0.3570	0.4863	0.1356	0.1096	0.1040
11	0.0000	0.0086	0.0359	0.0417	0.5010	0.4572	0.3974	0.3899

对比其他沿海省域海洋产业前向关联产业类型及相应变更情况，发现山东与邻近省域辽宁 11 类海洋产业各时间段前向关联产业均一致，无自身明显变化特征。前向关联系数值中，海洋渔业、海洋行政管理及公益服务 2 类持续稳定增长，海洋油气业、海洋矿业、海洋盐业、海洋交通运输业、滨海旅游业、海洋环境保护业 6 类波动式增长，海洋船舶工业、海洋化工

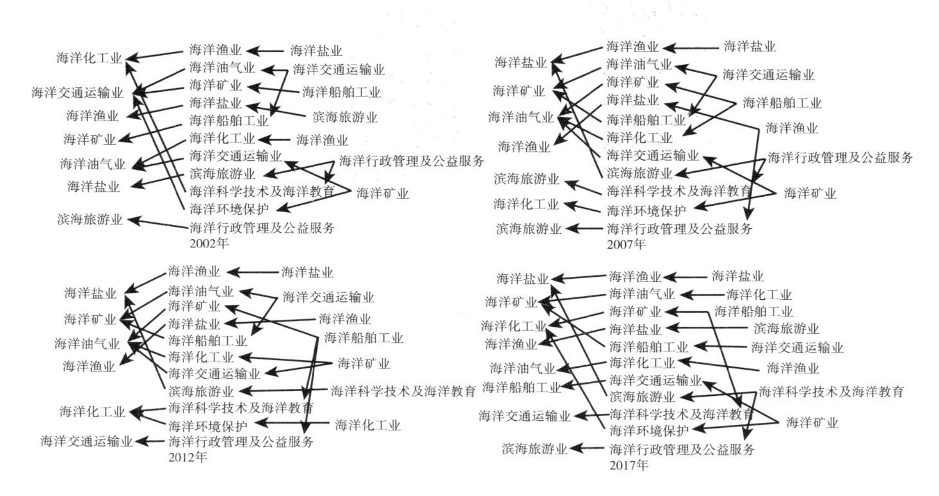

图 5.8 山东海洋产业前后向关联产业关系

业 2 类波动式下降，仅有海洋环境保护业呈线性逐年下降。

山东海洋产业后向关联产业类型与转变方式与辽宁及江苏相一致。在 11 类海洋产业后向关联系数变化中，海洋渔业、海洋环境保护、海洋行政管理及公益服务 3 类持续减小，海洋油气业、海洋科学技术及海洋教育 2 类波动式减少，海洋矿业、海洋船舶工业、海洋化工业、海洋交通运输业 4 类波动式增加，海洋盐业、滨海旅游业 2 类持续稳定增长。系数值减少的产业类型以海洋环境保护业变化率最大，系数值增大的产业以滨海旅游业最甚。

对以上 11 类海洋产业进行产业群归纳划分（见表 5.16），对比发现山东与天津、辽宁、上海等地海洋产业群划分结果相似度较高，其中仅有 2007 年海洋科学技术及海洋教育划分结果不同。

表 5.16 山东海洋产业群的划分

产业群类型	2002 年	2007 年	2012 年	2017 年
Ⅰ中间产品型基础产业	2、10	2	1、2	1、2、3
Ⅱ中间产品型产业	1、3、6、7	1、3、6、7、10	3、6、7、9、10	6、7、9、10
Ⅲ最终需求型产业	11	9、11	5、8、11	8、11
Ⅳ最终需求型基础产业	4、5、8、9	4、5、8	4	4、5

5.1.1.9 广东

笔者对广东11类海洋产业进行了前后向关联系数测算（见表5.17），并形成11类海洋产业前后向关联产业关系对照图（见图5.9）。

表5.17　　广东海洋产业前后向关联系数

产业类型	前向关联系数				后向关联系数			
	2002年	2007年	2012年	2017年	2002年	2007年	2012年	2017年
1	0.5706	0.7043	0.7287	0.7736	0.4197	0.4160	0.4140	0.4099
2	1.1039	1.2316	1.2720	1.2130	0.6958	0.7333	0.7353	0.6685
3	0.9713	1.0323	1.0631	1.0583	0.7285	0.7757	0.7852	0.7418
4	0.4253	0.5312	0.5476	0.5188	0.6914	0.7566	0.7647	0.7649
5	0.6996	0.5907	0.5078	0.5501	0.7359	0.8222	0.8148	0.7926
6	0.9754	0.9931	0.9705	0.9705	0.7294	0.7982	0.8075	0.7684
7	0.7587	0.7721	0.7885	0.7672	0.5202	0.5378	0.6300	0.5455
8	0.4286	0.5774	0.5208	0.6397	0.5816	0.6571	1.1346	1.2705
9	0.1412	0.2095	0.3840	0.2704	0.4328	0.5210	0.1887	0.1938
10	0.9087	0.3794	0.6949	0.3732	0.4428	0.1351	0.1380	0.1094
11	0.0000	0.0082	0.0372	0.0420	0.5101	0.4482	0.4055	0.3967

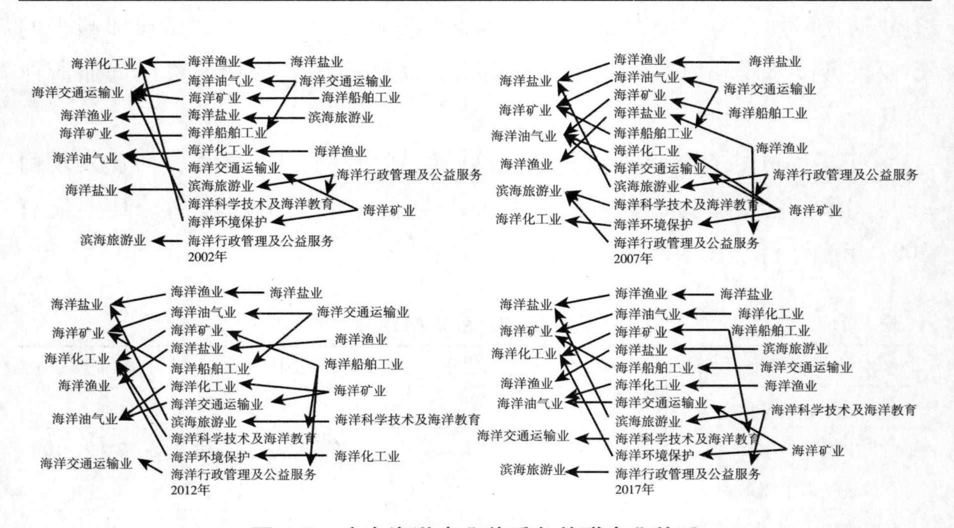

图5.9　广东海洋产业前后向关联产业关系

观察广东海洋产业前向关联产业变化情况，其与山东、辽宁变化更替现象较为相似，仅有一类海洋产业发展更替变化存在差异——海洋化工业。山东、辽宁等地海洋化工业变化模式为海洋渔业—海洋船舶工业—海洋矿业—海洋渔业，广东则跳过了海洋船舶工业这一变化过程，仅经历了海洋渔业—海洋矿业—海洋渔业的过程，跨越式地完成了前向关联产业变化。广东前向关联系数的具体测算中同样存在 3 类产业系数值减小——海洋船舶工业、海洋化工业以及海洋环境保护业，其余 8 类海洋产业均处于系数增长情况。其中降幅最大的海洋环境保护业降低了 58.93%，增幅最大的海洋科学技术及海洋教育增加了 91.50%。

将广东海洋后向关联产业与福建相对比，二者相似度较高，仅有海洋矿业变化方式存在差异。福建海洋矿业的后向关联产业变化历程为海洋交通运输业—海洋油气业—海洋油气业—海洋化工业，广东从表面上看历程也为海洋交通运输业—海洋油气业—海洋化工业，但其变化过程存在时间错位情况。观察广东后向关联系数发现其与滨海其他省域具有相类似的特征，单从数值比较，滨海旅游业为增幅较大的产业类型，增加了 0.6889，降幅最大的产业类型为海洋环境保护业，减少了 0.3334。

对以上 11 类海洋产业进行产业群归纳划分（见表 5.18），对比发现广东与山东海洋产业群划分结果相似度较高，其中仅有 2012 年海洋环境保护业划分结果不同。

表 5.18　广东海洋产业群的划分

产业群类型	2002 年	2007 年	2012 年	2017 年
Ⅰ中间产品型基础产业	2、10	2	1、2、10	1、2、3
Ⅱ中间产品型产业	1、3、6、7	1、3、6、7、10	3、6、7、9	6、7、9、10
Ⅲ最终需求型产业	11	9、11	5、8、11	8、11
Ⅳ最终需求型基础产业	4、5、8、9	4、5、8	4	4、5

5.1.1.10　广西

笔者对广西 11 类海洋产业进行了前后向关联系数测算（见表 5.19），并形成 11 类海洋产业前后向关联产业关系对照图（见图 5.10）。

表 5.19　　广西海洋产业前后向关联系数

产业类型	前向关联系数				后向关联系数			
	2002 年	2007 年	2012 年	2017 年	2002 年	2007 年	2012 年	2017 年
1	0.5716	0.7025	0.7298	0.7724	0.4196	0.4139	0.4146	0.4057
2	1.1030	1.2296	1.2730	1.2077	0.6957	0.7335	0.7351	0.6702
3	0.9707	1.0319	1.0631	1.0586	0.7269	0.7752	0.7855	0.7389
4	0.4238	0.5281	0.5489	0.5121	0.6896	0.7565	0.7647	0.7637
5	0.7054	0.5839	0.5095	0.5471	0.7448	0.8163	0.8153	0.7907
6	0.9751	0.9930	0.9706	0.9707	0.7279	0.7969	0.8084	0.7683
7	0.7596	0.7720	0.7883	0.7690	0.5159	0.5385	0.6292	0.5467
8	0.4298	0.5744	0.5206	0.6417	0.5804	0.6648	1.1291	1.2738
9	0.1443	0.2249	0.3746	0.3026	0.4337	0.5029	0.2152	0.2030
10	0.9390	0.4483	0.3228	0.3771	0.5313	0.1515	0.1033	0.1072
11	0.0000	0.0086	0.0368	0.0421	0.4918	0.4511	0.4025	0.3953

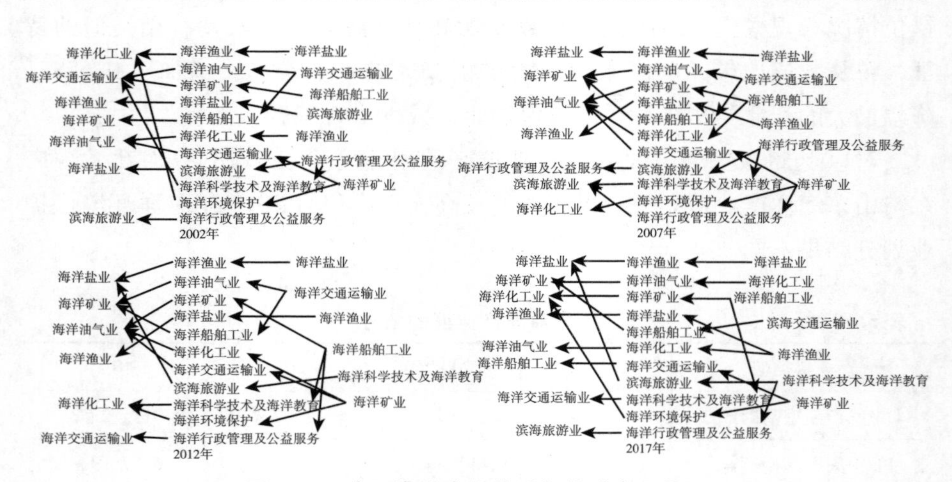

图 5.10　广西海洋产业前后向关联产业关系

将广西与其邻近省域广东海洋产业前向关联产业类型进行比较，相邻两地有较大的不同之处。广东海洋盐业的产业变化过程为滨海旅游业—海洋渔业—滨海旅游业，而广西仅经历了滨海旅游业转变为海洋渔业的过程；对于海洋化工业而言，广东前向产业变化经历了海洋渔业—海洋矿业—海洋渔业的 2 次变换，而广西的变化历程为海洋渔业—海洋船舶工业—海洋矿业—海洋渔业的过程，经历了 3 次产业变换；最后一类是海洋环境保护业，广东有产业变化过程，广西不存在产业变换更替。广西前向产业关联系数值变化过程与沿海省域研究区域较为类似，区域特征不明显。

广西海洋后向关联产业变化过程与山东相似度较高，但其中也存在差异，地域性特征明显。广西与沿海省域相比较而言，滨海旅游业存在2次产业类型变更的情况，经历了海洋盐业—海洋行政管理—海洋盐业的过程。沿海11个省域研究范围内，除广西自身外，仅有浙江滨海旅游业存在产业类型变更，但只存在海洋渔业转变为海洋盐业这一过程。分析广西海洋产业后向关联系数，该区域无自身明显特征，与沿海省域发展变化存在高相似度。

对以上11类海洋产业进行产业群归纳划分（见表5.20），对比发现广西与浙江海洋产业群划分结果一致，区域特征表现不明显。

表5.20　广西海洋产业群的划分

产业群类型	2002年	2007年	2012年	2017年
Ⅰ中间产品型基础产业	2、10	2	1、2	1、2、3
Ⅱ中间产品型产业	1、3、6、7	1、3、6、7、10	3、6、7、9、10	6、7、9、10
Ⅲ最终需求型产业	11	11	5、8、11	8、11
Ⅳ最终需求型基础产业	4、5、8、9	4、5、8、9	4	4、5

5.1.1.11　海南

笔者对海南11类海洋产业进行了前后向关联系数测算（见表5.21），同时形成11类海洋产业前后向关联产业关系对照图（见图5.11）。

表5.21　海南海洋产业前后向关联系数

产业类型	前向关联系数				后向关联系数			
	2002年	2007年	2012年	2017年	2002年	2007年	2012年	2017年
1	0.5717	0.7024	0.7298	0.7724	0.4198	0.4139	0.4146	0.4060
2	1.1029	1.2295	1.2732	1.2076	0.6959	0.7335	0.7351	0.6703
3	0.9708	1.0320	1.0630	1.0586	0.7271	0.7750	0.7856	0.7390
4	0.4237	0.5282	0.5488	0.5118	0.6896	0.7565	0.7648	0.7636

续表

产业类型	前向关联系数				后向关联系数			
	2002 年	2007 年	2012 年	2017 年	2002 年	2007 年	2012 年	2017 年
5	0. 7052	0. 5840	0. 5095	0. 5471	0. 7444	0. 8166	0. 8152	0. 7911
6	0. 9751	0. 9930	0. 9706	0. 9706	0. 7281	0. 7970	0. 8083	0. 7678
7	0. 7596	0. 7722	0. 7884	0. 7693	0. 5164	0. 5384	0. 6295	0. 5468
8	0. 4302	0. 5745	0. 5213	0. 6428	0. 5810	0. 6646	1. 1298	1. 2750
9	0. 1452	0. 2236	0. 3746	0. 3017	0. 4377	0. 4944	0. 2217	0. 2011
10	0. 9174	0. 4646	0. 3035	0. 3863	0. 4640	0. 1558	0. 1008	0. 1088
11	0. 0000	0. 0086	0. 0369	0. 0420	0. 4919	0. 4512	0. 4033	0. 3938

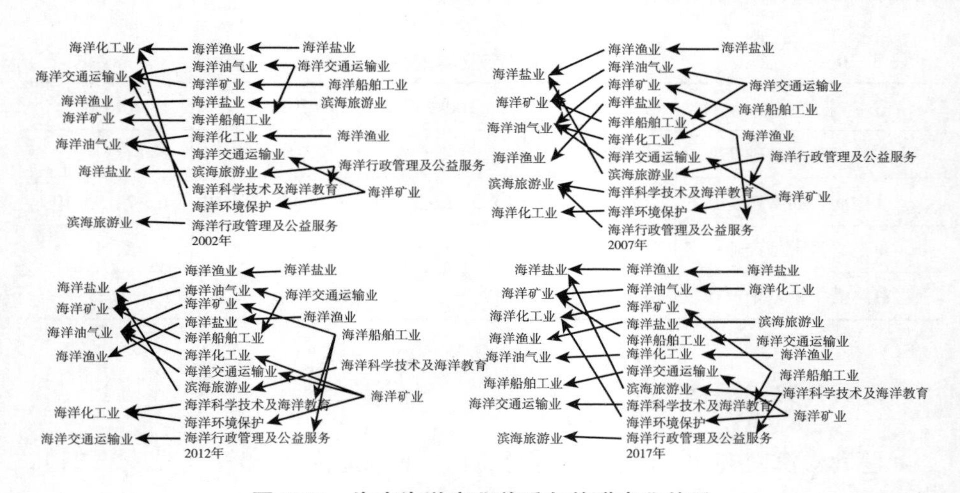

图 5.11　海南海洋产业前后向关联产业关系

将海南海洋前向关联产业与邻近省域广西进行对比，二者间 11 类海洋产业前向海洋产业发生变化的产业类型相同均为海洋油气业、海洋盐业、海洋化工业、滨海旅游业、海洋科学技术及海洋教育、海洋行政管理及公益服务 6 类。这 6 类海洋产业前向相关产业的变化中，存在众多异同点。二者相比除海洋盐业前向关联产业变化不同外，其余 5 类海洋产业变化均相同。海南海洋盐业前向关联产业变化过程为滨海旅游业—海洋渔业，海南海洋盐业后向关联产业的变迁过程为滨海旅游业—海洋渔业—滨海旅游业，海南海洋盐业的变迁方式与广西相似。观察海南具体前向关联系数值变化情况，其中海洋船舶工业、海洋化工业以及海洋环境保护业系数值波动下降，其余8类海洋产业均呈现出增长上升的发展趋势。前向关联系数值减小的海洋产业中，海洋环境保护业减少量最多，减少了0.5311，海洋化工业减少值最少，仅有0.0045。8类关联系数增长的海洋产业中，滨海旅游业增长值最大，为0.2126，增加值最小的是海洋交通运输业，为0.0097。

将海南海洋后向关联产业变化情况同样与广西相比，两区域间相似度较高，仅存在一类海洋产业变化存在差异——滨海旅游业。广西滨海旅游业后向产业发生了海洋盐业—海洋行政管理及公益服务—海洋盐业的变化过程，海南滨海旅游业的后向关联产业变迁中，始终未发生变迁，后向关联产业始终为海洋盐业。观察海南海洋产业后向关联系数具体值，海洋渔业、海洋油气业、海洋科学技术及海洋教育、海洋环境保护、海洋行政管理及公益服务业5类发生了后向产业关联度下降的情况，其中海洋环境保护业下降得最多，为76.55%，海洋渔业下降得最少，为3.29%。其余6类海洋产业中，滨海旅游业增幅较大，增长了119.45%。

对以上11类海洋产业进行产业群归纳划分（见表5.22），对比发现广西与海南海洋产业群划分结果相似度较高，仅有2007年海洋环境保护业所属产业群不同，其余时间点各类海洋产业归属均一致。

表5.22 海南海洋产业群的划分

产业群类型	2002年	2007年	2012年	2017年
Ⅰ中间产品型基础产业	2、10	2、10	1、2	1、2、3
Ⅱ中间产品型产业	1、3、6、7	1、3、6、7	3、6、7、9、10	6、7、9、10
Ⅲ最终需求型产业	11	11	5、8、11	8、11
Ⅳ最终需求型基础产业	4、5、8、9	4、5、8、9	4	4、5

5.1.2 沿海三角洲海洋产业前后向关联系数解析

5.1.2.1 渤海湾区域

笔者对渤海湾区域11类海洋产业进行了前后向关联系数测算（见表5.23），并形成11类海洋产业前后向关联产业关系对照图（见图5.12）。

表 5.23　　渤海湾区域海洋产业前后向关联系数

产业类型	前向关联系数				后向关联系数			
	2002 年	2007 年	2012 年	2017 年	2002 年	2007 年	2012 年	2017 年
1	0.5722	0.7041	0.7302	0.7637	0.4200	0.4155	0.4151	0.4078
2	1.1037	1.2310	1.2747	1.2265	0.6952	0.7334	0.7349	0.6872
3	0.9707	1.0318	1.0631	1.0597	0.7273	0.7759	0.7858	0.7501
4	0.4238	0.5288	0.5495	0.5201	0.6891	0.7558	0.7646	0.7640
5	0.7062	0.5846	0.5098	0.5399	0.7454	0.8161	0.8155	0.7965
6	0.9751	0.9931	0.9707	0.9707	0.7284	0.7972	0.8089	0.7771
7	0.7590	0.7719	0.7878	0.7733	0.5161	0.5394	0.6291	0.5637
8	0.4294	0.5726	0.5195	0.6197	0.5796	0.6611	1.1265	1.2444
9	0.1444	0.2208	0.3639	0.3169	0.4348	0.5157	0.2083	0.2083
10	0.9266	0.4111	0.3368	0.3545	0.4894	0.1425	0.1059	0.1043
11	0.0000	0.0085	0.0366	0.0413	0.4912	0.4537	0.4028	0.3926

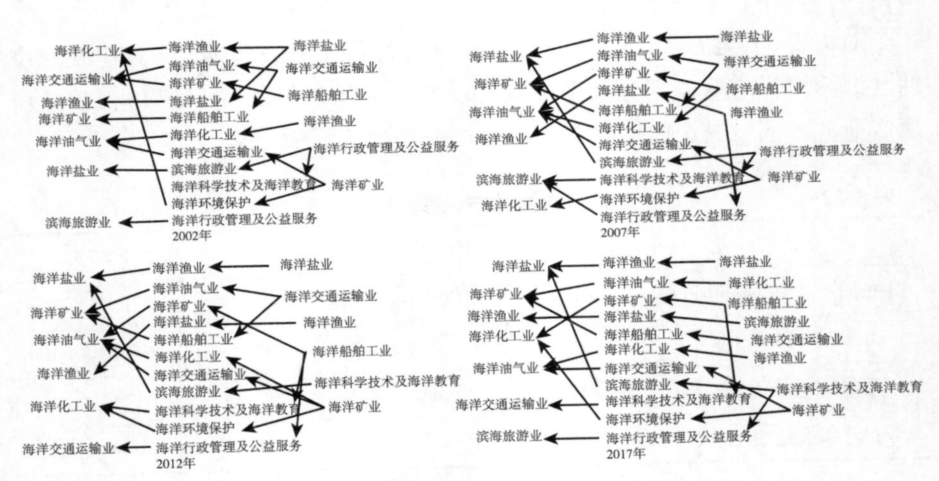

图 5.12　渤海湾区域海洋产业前后向关联产业关系

将渤海湾区域海洋产业前向关联产业变化情况与区域内天津进行对比，渤海湾与天津前向海洋产业变更较为相似，仅有一类海洋产业变化存在差异——海洋盐业。天津海洋盐业前向关联产业变化经历了滨海旅游业—海洋渔业—滨海旅游业的变迁过程，而渤海湾区域该类海洋盐业的前向关联产业具体变化情况为海洋盐业—海洋渔业—滨海旅游业。观察渤海湾区域海洋产业前向关联系数值，渤海湾区域与其区域内的其他省域研究区系数值变化拥有共同的特点，11 类海洋产业中有 3 类系数值下降，8 类系数值上升。系数值下降的 3 类海洋产业分别是海洋船舶工业、海洋化工业以及海洋环境保护业，这 3 类海洋产业中海洋环境保护业下降幅度最大，下降了 0.5721，海洋化工业下降值最少，仅有 0.0044。8 类系数值增加的产业中，增幅最大的产业类型为海洋渔业。

渤海湾区域与区域内天津、辽宁以及山东海洋产业后向关联产业变化较为相似，其中仅海洋交通运输业所产生的变化不一致。以上提及的三个区域海洋交通运输业发生了海洋油气业—海洋船舶业的变化过程，但渤海湾区域该类海洋产业中不存在产业类型变化的情况。观察渤海湾区域海洋后向关联系数具体变化值时，与区域内省域范围所产生的特点相一致，系数增减值为区域平均水平。

对以上 11 类海洋产业进行产业群归纳划分（见表 5.24），对比发现渤海湾区域海洋产业群归纳划分结果与区域内省域层面划分结果一致。

表 5.24　渤海湾区域海洋产业群的划分

产业群类型	2002 年	2007 年	2012 年	2017 年
Ⅰ中间产品型基础产业	2、10	2	1、2	1、2、3
Ⅱ中间产品型产业	1、3、6、7	1、3、6、7、10	3、6、7、9、10	6、7、9、10
Ⅲ最终需求型产业	11	11	5、8、11	8、11
Ⅳ最终需求型基础产业	4、5、8、9	4、5、8、9	4	4、5

5.1.2.2　长江三角洲区域

笔者对长江三角洲区域 11 类海洋产业进行了前后向关联系数测算（见表 5.25），并形成 11 类海洋产业前后向关联产业关系对照图（见图 5.13）。

表 5.25　长江三角洲区域海洋产业前后向关联系数

产业类型	前向关联系数				后向关联系数			
	2002 年	2007 年	2012 年	2017 年	2002 年	2007 年	2012 年	2017 年
1	0.5719	0.7031	0.7303	0.7722	0.4197	0.4147	0.4153	0.4058
2	1.1034	1.2294	1.2722	1.2092	0.6954	0.7337	0.7353	0.6698

续表

产业类型	前向关联系数				后向关联系数			
	2002 年	2007 年	2012 年	2017 年	2002 年	2007 年	2012 年	2017 年
3	0.9708	1.0318	1.0630	1.0587	0.7272	0.7758	0.7859	0.7393
4	0.4247	0.5314	0.5502	0.5122	0.6896	0.7571	0.7650	0.7640
5	0.7049	0.5849	0.5103	0.5478	0.7438	0.8161	0.8154	0.7914
6	0.9751	0.9931	0.9707	0.9706	0.7282	0.7974	0.8088	0.7685
7	0.7596	0.7713	0.7867	0.7684	0.5169	0.5373	0.6269	0.5460
8	0.4280	0.5728	0.5206	0.6456	0.5777	0.6563	1.1266	1.2755
9	0.1442	0.2175	0.3612	0.2973	0.4341	0.5031	0.2167	0.2025
10	0.9331	0.4158	0.3051	0.3785	0.5102	0.1440	0.1018	0.1076
11	0.0000	0.0083	0.0367	0.0417	0.4922	0.4476	0.4034	0.3879

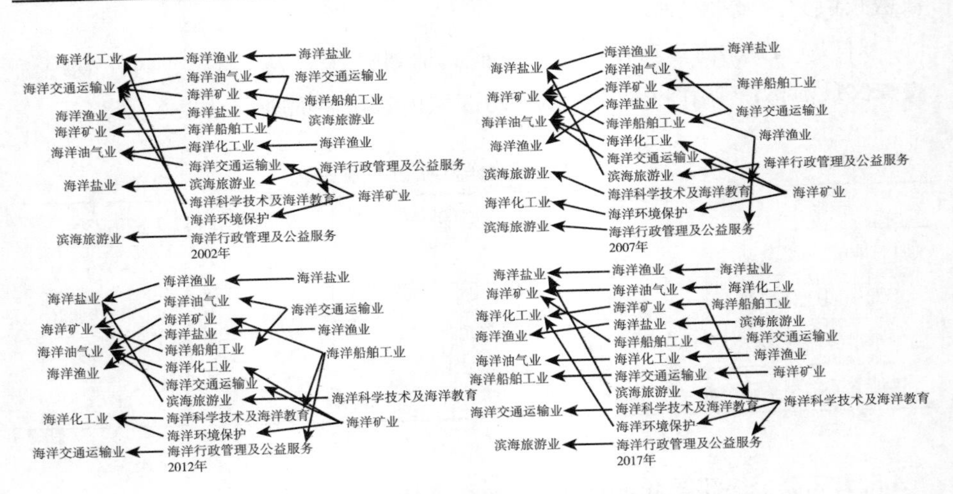

图 5.13　长江三角洲区域海洋产业前后向关联产业关系

将长江三角洲区域海洋前向产业变化与上海、江苏以及浙江进行对比，发现长江三角洲区域前向关联产业具有自身特点。长江三角洲区域海洋环境保护业发生了前向关联产业变更，海洋矿业转变为海洋科学技术及海洋教育业，该变更情况在上海、江苏及浙江不存在。观察长江三角洲区域海洋产业前向关联系数变化情况，其与区域内省域以及渤海湾区域具有相似的特征。

观察长江三角洲区域海洋产业后向关联产业变化情况，将其与上海、江苏、浙江3省域进行对比，长三角地区所表现出的产业变化特征与江苏相似度达到了100%，与上海以及浙江仅有微小差别。对比后向产业关联度系数值，长三角地区与区域内3省域拥有相同的数值变化特征。

对以上11类海洋产业进行产业群归纳划分（见表5.26），对比发现长江三角洲区域海洋产业群划分结果与区域内省域层面划分结果相一致，同时也与渤海湾区域划分结果一致。

表5.26 长江三角洲区域海洋产业群的划分

产业群类型	2002年	2007年	2012年	2017年
Ⅰ中间产品型基础产业	2、10	2	1、2	1、2、3
Ⅱ中间产品型产业	1、3、6、7	1、3、6、7、10	3、6、7、9、10	6、7、9、10
Ⅲ最终需求型产业	11	11	5、8、11	8、11
Ⅳ最终需求型基础产业	4、5、8、9	4、5、8、9	4	4、5

5.1.2.3 珠江三角洲区域

笔者对珠江三角洲区域11类海洋产业进行了前后向关联系数测算（见表5.27），并形成11类海洋产业前后向关联产业关系对照图（见图5.14）。

表5.27 珠江三角洲区域海洋产业前后向关联系数

产业类型	前向关联系数				后向关联系数			
	2002年	2007年	2012年	2017年	2002年	2007年	2012年	2017年
1	0.5721	0.7028	0.7296	0.7726	0.4199	0.4144	0.4146	0.4069
2	1.1031	1.2298	1.2725	1.2089	0.6958	0.7335	0.7352	0.6698
3	0.9709	1.0320	1.0630	1.0586	0.7274	0.7754	0.7856	0.7397
4	0.4232	0.5297	0.5489	0.5141	0.6889	0.7569	0.7648	0.7642
5	0.7037	0.5857	0.5091	0.5481	0.7421	0.8177	0.8151	0.7915
6	0.9752	0.9931	0.9706	0.9706	0.7284	0.7973	0.8082	0.7683
7	0.7594	0.7719	0.7881	0.7683	0.5169	0.5379	0.6291	0.5459
8	0.4300	0.5746	0.5203	0.6420	0.5814	0.6610	1.1295	1.2733
9	0.1428	0.2193	0.3721	0.2902	0.4320	0.5103	0.2077	0.2016
10	0.9259	0.4134	0.3535	0.3696	0.4875	0.1432	0.1074	0.1069
11	0.0000	0.0084	0.0369	0.0420	0.4959	0.4503	0.4041	0.3947

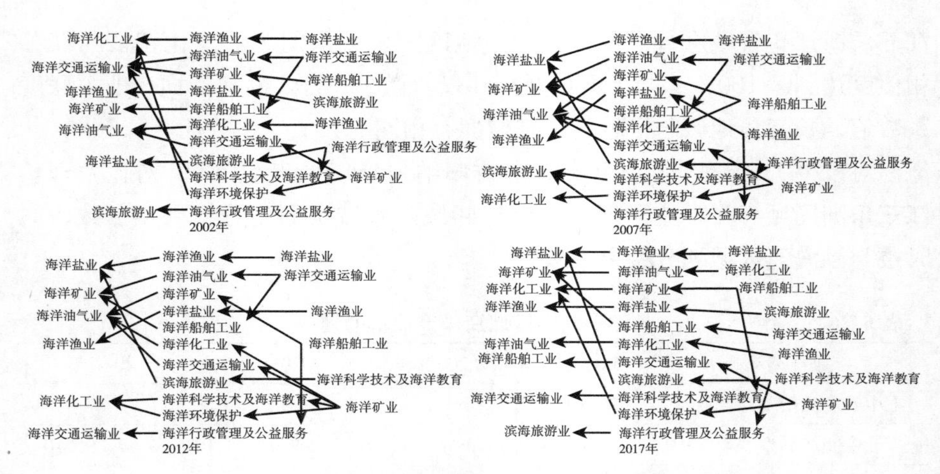

图 5.14　珠江三角洲区域海洋产业前后向关联产业关系

珠江三角洲区域海洋前向关联产业拥有不同于区域省域的产业变化情况出现，该特征表现在海洋科学技术及海洋教育业。区域内省域该项产业变化所涉及的产业变化类型均为海洋行政管理及公益服务转变为海洋船舶工业，三角洲研究层面下，发生了海洋行政管理—海洋矿业—海洋船舶工业 2 次变更，但最终都以海洋船舶工业为结束，具有较明显的区域特征。观察具体海洋产业前向关联系数特征，11 类海洋产业中具有与省域以及其他三角洲共同的数值变化特征。

对比珠江三角洲海洋产业后向关联产业，珠江三角洲区域后向关联产业变化情况与海南相似度达100%，与福建、广东以及广西相似度也较高，仅存在微小差异。对比珠江三角洲区域海洋产业后向关联系数值变化情况，其增减变化趋势与沿海省域以及沿海三角洲区域特征相同，区域自身特征不明显。

对以上 11 类海洋产业进行产业群归纳划分（见表 5.28），对比发现珠江三角洲区域海洋产业群归纳划分结果与区域内省域层面划分结果一致，同时也与渤海湾区域、长江三角洲区域划分结果相一致。

表 5.28　　　　珠江三角洲区域海洋产业群的划分

产业群类型年	2002 年	2007 年	2012 年	2017 年
Ⅰ中间产品型基础产业	2、10	2	1、2	1、2、3
Ⅱ中间产品型产业	1、3、6、7	1、3、6、7、10	3、6、7、9、10	6、7、9、10

续表

产业群类型年	2002年	2007年	2012年	2017年
Ⅲ最终需求型产业	11	11	5、8、11	8、11
Ⅳ最终需求型基础产业	4、5、8、9	4、5、8、9	4	4、5

5.2 海洋产业影响力系数、感应度系数及综合关联系数比较

5.2.1 沿海省域海洋产业影响力系数、感应度系数及综合关联系数比较

5.2.1.1 天津

笔者分4个时间断面测算天津海洋产业影响力系数、感应度系数及综合关联系数（见表5.29）。

表5.29 天津海洋产业影响力系数、感应度系数及综合关联系数比较

产业类型	影响力系数				感应度系数				综合关联系数			
	2002年	2007年	2012年	2017年	2002年	2007年	2012年	2017年	2002年	2007年	2012年	2017年
1	0.7611	0.7057	0.6958	0.7354	1.1234	1.0638	1.0858	1.1914	0.9423	0.8847	0.8908	0.9634
2	1.1819	1.1812	1.1681	1.0830	1.7867	2.2164	2.1514	1.5880	1.4843	1.6988	1.6597	1.3355
3	1.2425	1.2938	1.2967	1.2340	1.7902	2.0155	1.9498	1.7714	1.5163	1.6547	1.6233	1.5027
4	0.9675	0.9457	0.9363	1.0066	0.7872	0.9171	0.9859	1.0807	0.8773	0.9314	0.9611	1.0436
5	1.2885	1.3892	1.3560	1.3486	0.9286	0.8363	0.7282	0.8905	1.1085	1.1128	1.0421	1.1196
6	1.2158	1.2922	1.2719	1.2402	1.7070	1.6200	1.6941	1.6955	1.4614	1.4561	1.4830	1.4679
7	0.9392	0.9348	1.0103	0.9498	1.0122	0.7124	0.8400	0.9729	0.9757	0.8236	0.9252	0.9613
8	0.8998	0.8745	0.8314	0.9614	0.5671	0.4872	0.4119	0.5053	0.7334	0.6808	0.6217	0.7333
9	0.8104	0.8025	0.7715	0.8300	0.4548	0.4255	0.4835	0.5106	0.6326	0.6140	0.6275	0.6703
10	0.8339	0.8120	0.9487	0.8982	0.4734	0.3856	0.3520	0.4167	0.6537	0.5988	0.6503	0.6575
11	0.8594	0.7684	0.7133	0.7128	0.3695	0.3201	0.3174	0.3770	0.6145	0.5442	0.5153	0.5449

影响力系数测算中，天津海洋产业影响力超过社会平均影响水平的海洋产业均属于海洋第二产业，分别是海洋油气业、海洋矿业、海洋船舶工业以及海洋化工业4类。存在两类海洋产业在1值附近徘徊——海洋盐业、海洋交通运输业，存在超过社会平均影响水平的情况，也存在低于社会平均影响水平的情况。其余5类海洋产业包括海洋第一产业——海洋渔业，以及海洋第三产业；大部分在研究期内影响力系数均低于社会平均水平。

感应度系数中，海洋渔业、海洋油气业、海洋矿业以及海洋化工业4类均高于社会平均感应度水平，海洋船舶工业、滨海旅游业、海洋科学技术及海洋教育、海洋环境保护以及海洋行政管理及公益服务5类海洋产业在整个产业系统中感应度较低且均低于社会平均水平，尤以海洋行政管理及公益服务最甚。

将影响力系数与感应度系数综合分析得到综合关联系数，11类海洋产业中海洋油气业、海洋矿业、海洋船舶工业以及海洋化工业4类与整个海洋产业链有较强的关联性，体现了较高的感应度。同时，观察发现影响力系数测算结果与感应度系数具有较强的增减关联性，同强同弱关系明显。从海洋三次产业结构分析来看，对整个海洋产业相互影响作用较大的产业类型为海洋第二产业。

5.2.1.2 河北

河北海洋产业影响力系数、感应度系数及综合关联系数测算中同样存在与天津较为类似的特征（见表5.30）。区域影响力系数高于社会平均影响水平的海洋产业均属于海洋第二产业，分别是海洋油气业、海洋矿业、海洋船舶工业以及海洋化工业4类。海洋第一产业及第三产业影响力系数大都小于1，对海洋产业整体影响力较弱。研究期内海洋第三产业中的海洋交通运输业影响力系数逐渐增大，发生了由低于平均社会水平转变为高于平均社会水平的情况，逐步提高了自身在整个海洋产业中的影响力水平。

表5.30 河北海洋产业影响力系数、感应度系数及综合关联系数比较

产业类型	影响力系数				感应度系数				综合关联系数			
	2002年	2007年	2012年	2017年	2002年	2007年	2012年	2017年	2002年	2007年	2012年	2017年
1	0.7486	0.7048	0.6953	0.6941	1.1145	1.0625	1.0878	1.0852	0.9316	0.8837	0.8916	0.8896
2	1.1640	1.1779	1.1709	1.1676	1.7855	2.2274	2.1345	2.1359	1.4748	1.7027	1.6527	1.6518

续表

产业类型	影响力系数				感应度系数				综合关联系数			
	2002 年	2007 年	2012 年	2017 年	2002 年	2007 年	2012 年	2017 年	2002 年	2007 年	2012 年	2017 年
3	1.2233	1.2914	1.2981	1.2950	1.8251	2.0113	1.9671	1.9632	1.5242	1.6513	1.6326	1.6291
4	0.9523	0.9439	0.9361	0.9340	0.7783	0.9167	0.9894	0.9867	0.8653	0.9303	0.9627	0.9604
5	1.2689	1.3865	1.3590	1.3564	0.9353	0.8354	0.7281	0.7258	1.1021	1.1109	1.0435	1.0411
6	1.1969	1.2891	1.2734	1.2702	1.7411	1.6301	1.6941	1.7013	1.4690	1.4596	1.4838	1.4858
7	0.9241	0.9331	1.0137	1.0092	1.0149	0.7121	0.8341	0.8369	0.9695	0.8226	0.9239	0.9231
8	0.8842	0.8818	0.8323	0.8239	0.5628	0.4794	0.4126	0.4154	0.7235	0.6806	0.6224	0.6197
9	0.7976	0.7995	0.7925	0.8087	0.4512	0.4244	0.4810	0.4815	0.6244	0.6119	0.6368	0.6451
10	1.0022	0.8280	0.9162	0.9273	0.4279	0.3815	0.3537	0.3514	0.7150	0.6047	0.6349	0.6393
11	0.8379	0.7640	0.7126	0.7136	0.3636	0.3192	0.3176	0.3166	0.6007	0.5416	0.5151	0.5151

感应度系数的测算中，高于平均社会水平的有海洋渔业、海洋油气业、海洋矿业以及海洋化工业 4 类，均归属于海洋第一产业以及第二产业，但海洋第二产业中也存在低于平均社会水平的情况，该类产业是海洋盐业以及海洋船舶工业。5 类海洋第三产业感应度系数均低于社会平均水平，与其他海洋产业间存在较大的距离感与疏远性，在整个产业系统中比较独立。

影响力系数以及感应度系数计算出的综合关联系数也以海洋第二产业较高为主，影响力系数与感应度系数间存在较高的同向增减性，影响力系数较低的产业感应度系数也相对较低。综合关联系数中最小值出现在海洋行政管理及公益服务中，该类产业在海洋产业发展变化中与其他产业类型联系较小。

5.2.1.3 辽宁

辽宁的影响力系数、感应度系数及综合关联系数如表 5.31 所示。影响力系数计算结果中，除 2012 年海洋交通运输业以及 2002 年海洋环境保护业以外，其余数值大于 1 的产业类型全部为海洋第二产业——海洋油气业、海洋矿业、海洋盐业、海洋船舶工业以及海洋化工业。其中海洋盐业前三个时间剖面影响力系数均低于社会平均水平，但在 2017 年出现了高于社会平均水平的情况，影响力逐渐上升。

表 5.31　辽宁海洋产业影响力系数、感应度系数及综合关联系数比较

产业类型	影响力系数				感应度系数				综合关联系数			
	2002 年	2007 年	2012 年	2017 年	2002 年	2007 年	2012 年	2017 年	2002 年	2007 年	2012 年	2017 年
1	0.7449	0.7050	0.6971	0.7329	1.1092	1.0622	1.0882	1.1928	0.9270	0.8836	0.8926	0.9629
2	1.1564	1.1784	1.1747	1.0791	1.8002	2.2299	2.1102	1.5909	1.4783	1.7042	1.6425	1.3350
3	1.2172	1.2923	1.3000	1.2300	1.8279	2.0090	1.9619	1.7721	1.5226	1.6507	1.6309	1.5010
4	0.9466	0.9441	0.9391	1.0032	0.7764	0.9177	0.9862	1.0796	0.8615	0.9309	0.9627	1.0414
5	1.2627	1.3856	1.3601	1.3448	0.9340	0.8426	0.7290	0.8890	1.0983	1.1141	1.0446	1.1169
6	1.1911	1.2905	1.2747	1.2364	1.7434	1.6186	1.7045	1.6978	1.4673	1.4545	1.4896	1.4671
7	0.9205	0.9356	1.0089	0.9459	1.0137	0.7112	0.8470	0.9746	0.9671	0.8234	0.9279	0.9603
8	0.8778	0.8798	0.8315	0.9549	0.5636	0.4821	0.4141	0.5065	0.7207	0.6810	0.6228	0.7307
9	0.7910	0.8073	0.7767	0.8349	0.4510	0.4227	0.4856	0.5104	0.6210	0.6150	0.6312	0.6726
10	1.0519	0.8109	0.9225	0.9301	0.4190	0.3847	0.3549	0.4103	0.7354	0.5978	0.6387	0.6702
11	0.8400	0.7706	0.7146	0.7077	0.3615	0.3194	0.3184	0.3761	0.6008	0.5450	0.5165	0.5419

感应度系数则主要以海洋第一产业及第二产业为主，包含海洋渔业、海洋油气业、海洋矿业以及海洋化工业，海洋第三产业与其他研究区类似，影响力系数与感应度系数均较为落后。对比两类系数，除海洋渔业与海洋船舶工业存在不对称外，其余产业类型两类系数均同小于 1 或同大于 1，具有同向性特征。感应度系数中数值较大的产业类型是海洋油气业以及海洋矿业等海洋资源型产业，数值较小的产业类型是海洋环境保护业以及海洋行政管理及公益服务业。

计算出的综合关联系数与影响力系数特征较为类似，大于 1 的产业类型均存在于海洋第二产业中，构成了海洋第一产业与海洋第三产业间的关系桥梁，是海洋产业间的关系纽带。其中，与海洋其他产业联系关联度最小的海洋产业仍然是海洋行政管理及公益服务业。

5.2.1.4　上海

在上海海洋产业影响力系数、感应度系数及综合关联系数（见表 5.32）的比较中发现：三次海洋产业结构中仍以海洋第二产业影响力最大，但并不是全部海洋第二产业影响力均超过平均社会水平，存在海洋盐业这一特例，这与区域具有的海洋资源紧密相连，上海海洋盐业由于资源限制

以及区域产业发展定位导致该项产业发展较为落后，成为海洋第二产业中唯一一个影响力系数低于平均社会水平的产业类型。

表 5.32 上海海洋产业影响力系数、感应度系数及综合关联系数比较

产业类型	影响力系数				感应度系数				综合关联系数			
	2002 年	2007 年	2012 年	2017 年	2002 年	2007 年	2012 年	2017 年	2002 年	2007 年	2012 年	2017 年
1	0.7550	0.7118	0.6991	0.7339	1.1173	1.0614	1.0869	1.1895	0.9361	0.8866	0.8930	0.9617
2	1.1708	1.1887	1.1728	1.0767	1.8123	2.2339	2.1319	1.6166	1.4915	1.7113	1.6524	1.3466
3	1.2338	1.3038	1.2997	1.2314	1.7992	1.9952	1.9560	1.7632	1.5165	1.6495	1.6278	1.4973
4	0.9606	0.9546	0.9393	1.0042	0.7801	0.9120	0.9937	1.0769	0.8703	0.9333	0.9665	1.0406
5	1.2794	1.3985	1.3596	1.3459	0.9283	0.8343	0.7271	0.8875	1.1038	1.1164	1.0433	1.1167
6	1.2075	1.3026	1.2749	1.2379	1.7154	1.5982	1.6973	1.6891	1.4615	1.4504	1.4861	1.4635
7	0.9336	0.9402	1.0118	0.9477	1.0121	0.7164	0.8422	0.9726	0.9728	0.8283	0.9270	0.9602
8	0.8843	0.8740	0.8445	0.9530	0.5714	0.4908	0.4080	0.5067	0.7278	0.6824	0.6263	0.7298
9	0.8030	0.7816	0.7485	0.8451	0.4530	0.4369	0.4836	0.5101	0.6280	0.6093	0.6160	0.6776
10	0.9188	0.7852	0.9373	0.9266	0.4445	0.3978	0.3547	0.4107	0.6816	0.5915	0.6460	0.6687
11	0.8534	0.7591	0.7125	0.6976	0.3665	0.3232	0.3185	0.3771	0.6099	0.5411	0.5155	0.5373

感应度系数的测算中，上海与沿海其他省域研究区域也较为相似。海洋第一产业与第二产业大部分感应度系数高于平均社会水平，海洋第三产业的感应度系数均低于区域平均社会水平，仅 2002 年海洋交通运输业略高于平均社会水平。对比影响力系数与感应度系数，存在不对称现象，海洋渔业与海洋船舶工业存在系数错位现象，影响力系数中海洋渔业低于平均社会水平，海洋船舶工业高于平均社会水平，感应度系数呈现出了相反的情况。

上海综合关联系数高于平均社会水平的产业类型有海洋油气业、海洋矿业、海洋船舶工业以及海洋化工业 4 类，均属于海洋第二产业。比较综合关联系数，研究期内综合关联系数较好的产业类型是海洋油气业和海洋矿业，关联系数较小的产业类型是海洋行政管理及公益服务业，此类产业与整个海洋产业的关联度较小，具有较强的独立性。

5.2.1.5 江苏

江苏区域 11 类海洋产业的影响力系数、感应度系数及综合关联系数计

算结果如表5.33所示。三项系数对比综合来看，海洋第二产业大都高于平均社会水平，而海洋第三产业均小于平均社会水平，海洋第一产业处于这二者中间，在平均社会水平线上下波动。

表5.33 江苏海洋产业影响力系数、感应度系数及综合关联系数比较

产业类型	影响力系数				感应度系数				综合关联系数			
	2002年	2007年	2012年	2017年	2002年	2007年	2012年	2017年	2002年	2007年	2012年	2017年
1	0.7492	0.7054	0.7000	0.7324	1.1152	1.0649	1.0841	1.1955	0.9322	0.8852	0.8920	0.9640
2	1.1650	1.1815	1.1782	1.0793	1.7849	2.2070	2.1146	1.5813	1.4750	1.6943	1.6464	1.3303
3	1.2243	1.2934	1.3043	1.2287	1.8224	2.0196	1.9580	1.7684	1.5233	1.6565	1.6312	1.4986
4	0.9532	0.9449	0.9423	1.0028	0.7783	0.9195	0.9872	1.0771	0.8657	0.9322	0.9647	1.0399
5	1.2694	1.3877	1.3644	1.3430	0.9362	0.8415	0.7293	0.8878	1.1028	1.1146	1.0468	1.1154
6	1.1979	1.2917	1.2793	1.2348	1.7384	1.6222	1.6916	1.7012	1.4681	1.4570	1.4855	1.4680
7	0.9251	0.9329	1.0118	0.9403	1.0144	0.7147	0.8474	0.9850	0.9698	0.8238	0.9296	0.9626
8	0.8844	0.8824	0.8260	0.9520	0.5641	0.4807	0.4195	0.5069	0.7243	0.6816	0.6227	0.7294
9	0.7952	0.7987	0.7956	0.8098	0.4525	0.4258	0.4892	0.5138	0.6238	0.6122	0.6424	0.6618
10	0.9909	0.8203	0.8798	0.9691	0.4298	0.3840	0.3597	0.4070	0.7103	0.6021	0.6198	0.6881
11	0.8453	0.7610	0.7182	0.7078	0.3638	0.3201	0.3194	0.3759	0.6046	0.5405	0.5188	0.5419

对于影响力系数而言，研究期内高于平均社会水平的产业类型有海洋油气业、海洋矿业、海洋船舶工业以及海洋化工业4类，海洋第二产业中仅有2002～2012年的海洋盐业低于社会平均水平，这与当地海洋自然资源关系密切。随着时间的推移，海洋盐业影响力系数也逐渐开始提高，出现了高于平均社会水平的情况。影响力系数低于社会平均水平的产业类型均为海洋第一产业（海洋渔业）、海洋第三产业（海洋交通运输业、滨海旅游业、海洋科学技术及海洋教育、海洋环境保护以及海洋行政管理及公益服务业），其中海洋交通运输业2012年出现了高于平均社会水平的偶然性。

观察感应度系数，江苏海洋产业感应度系数较高的产业类型有海洋渔业、海洋油气业、海洋矿业以及海洋化工业，属于海洋第一产业或第二产业。海洋第三产业的感应度系数均低于社会平均水平，尤其以滨海旅游业、海洋科学技术及海洋教育、海洋环境保护业以及海洋行政管理及公益服务最甚。同样影响力系数与感应度系数间存在发展错位现象，在海洋渔业以及海洋船舶工业之中表现得极为明显。

综合关联系数中，海洋渔业、海洋盐业、海洋交通运输业、滨海旅游业、海洋科学技术及海洋教育、海洋环境保护以及海洋行政管理及公益服务业7类研究期内低于区域平均社会水平，其余4类高于社会平均水平。高于社会平均水平的海洋产业均是海洋第二产业，无海洋第一产业与第三产业。

5.2.1.6 浙江

浙江区域海洋产业相关系数的测算结果如表5.34所示，区域影响力系数、感应度系数以及综合关联系数与其他地区大体特征较为类似。影响力系数中，海洋渔业影响力系数值最小，海洋矿业系数值最大。从海洋三次产业结构来看，海洋第二产业对整个海洋产业增长发展变化的影响力最大，其次是海洋第三产业，最后是海洋第一产业。

表5.34 浙江海洋产业影响力系数、感应度系数及综合关联系数比较

产业类型	影响力系数				感应度系数				综合关联系数			
	2002年	2007年	2012年	2017年	2002年	2007年	2012年	2017年	2002年	2007年	2012年	2017年
1	0.7554	0.7059	0.6993	0.7362	1.1209	1.0631	1.0863	1.1912	0.9381	0.8845	0.8928	0.9637
2	1.1753	1.1820	1.1773	1.0846	1.7794	2.2023	2.1163	1.5822	1.4774	1.6922	1.6468	1.3334
3	1.2349	1.2933	1.3032	1.2349	1.8032	2.0220	1.9593	1.7684	1.5191	1.6577	1.6312	1.5017
4	0.9607	0.9467	0.9417	1.0079	0.7840	0.9130	0.9869	1.0781	0.8723	0.9299	0.9643	1.0430
5	1.2763	1.3883	1.3643	1.3495	0.9451	0.8400	0.7261	0.8891	1.1107	1.1141	1.0452	1.1193
6	1.2082	1.2916	1.2782	1.2410	1.7190	1.6294	1.6957	1.6938	1.4636	1.4605	1.4870	1.4674
7	0.9341	0.9325	1.0094	0.9473	1.0127	0.7152	0.8505	0.9795	0.9734	0.8238	0.9299	0.9634
8	0.8921	0.8787	0.8316	0.9568	0.5666	0.4832	0.4155	0.5089	0.7293	0.6810	0.6235	0.7329
9	0.8016	0.7983	0.7846	0.8202	0.4544	0.4265	0.4864	0.5147	0.6280	0.6124	0.6355	0.6674
10	0.9068	0.8146	0.9008	0.9048	0.4477	0.3853	0.3575	0.4167	0.6773	0.5999	0.6291	0.6608
11	0.8547	0.7680	0.7097	0.7168	0.3670	0.3200	0.3195	0.3773	0.6108	0.5440	0.5146	0.5470

感应度系数的计算结果中，海洋行政管理及公益服务排名最后，海洋油气业排名第一，说明海洋油气业对经济增长变化较为敏感，当海洋产业部门均增加一个单位最终使用时，海洋油气业由此而受到的需求感应程度较大，对区域产业变化感知度较强。海洋第一产业以及部分海洋第二产业感应度系数高于社会平均水平，海洋第三产业的全部以及海洋第二产业的小部分感应度系数低于社会平均水平。比较影响力系数与感应度系数，有

两类海洋产业存在错位现象，分别是海洋渔业以及海洋船舶工业。

影响力系数以及感应度系数计算形成的综合关联系数体现了产业自身与海洋产业间投入产出的关联关系。综合来看，区域关联度最小的产业类型是海洋行政管理及公益服务业，关联度最大的产业类型在海洋油气业、海洋矿业以及海洋化工业间变更。从海洋三次产业结构角度分析，区域海洋第二产业与整个海洋产业联系最为密切，其次是海洋第一产业，最后是海洋第三产业。

5.2.1.7 福建

福建区域海洋产业影响力系数（见表5.35）相较于其他省域研究区而言，海洋第三产业高于社会平均水平的产业及时间点出现了两处，分别是2012海洋交通运输业以及2002年海洋环境保护业，但都仅为高于平均发展水平的昙花一现，维持时间较短且不稳定。高于社会平均发展水平的海洋产业有海洋油气业、海洋矿业、海洋船舶工业以及海洋化工业4类，均属于海洋第二产业。

表5.35 福建海洋产业影响力系数、感应度系数及综合关联系数比较

产业类型	影响力系数				感应度系数				综合关联系数			
	2002年	2007年	2012年	2017年	2002年	2007年	2012年	2017年	2002年	2007年	2012年	2017年
1	0.7397	0.7064	0.6971	0.7372	1.1028	1.0647	1.0872	1.1899	0.9213	0.8855	0.8921	0.9635
2	1.1494	1.1841	1.1725	1.0868	1.7773	2.2071	2.1147	1.5798	1.4634	1.6956	1.6436	1.3333
3	1.2076	1.2960	1.2981	1.2364	1.8455	2.0200	1.9578	1.7733	1.5265	1.6580	1.6279	1.5049
4	0.9366	0.9483	0.9378	1.0099	0.7793	0.9128	0.9885	1.0751	0.8579	0.9306	0.9631	1.0425
5	1.2515	1.3913	1.3578	1.3514	0.9428	0.8390	0.7288	0.8897	1.0971	1.1151	1.0433	1.1205
6	1.1819	1.2946	1.2728	1.2433	1.7566	1.6191	1.7057	1.6854	1.4692	1.4569	1.4893	1.4644
7	0.9114	0.9348	1.0087	0.9473	1.0170	0.7152	0.8442	0.9832	0.9642	0.8250	0.9264	0.9652
8	0.8745	0.8788	0.8293	0.9553	0.5600	0.4846	0.4144	0.5104	0.7173	0.6817	0.6219	0.7329
9	0.7763	0.8025	0.7682	0.8209	0.4537	0.4262	0.4874	0.5163	0.6150	0.6143	0.6278	0.6686
10	1.1368	0.7963	0.9451	0.8976	0.4060	0.3904	0.3533	0.4188	0.7714	0.5933	0.6492	0.6582
11	0.8343	0.7670	0.7126	0.7139	0.3588	0.3208	0.3180	0.3782	0.5966	0.5439	0.5153	0.5461

区域感应度系数中，高于社会平均水平的产业类型集中于海洋第一产业以及第二产业中，分别是海洋渔业、海洋油气业、海洋矿业以及海洋化

工业4类。同时，海洋第三产业中也存在高于平均社会水平的情况，仅有2002年的海洋交通运输业出现了一次。感应度系数中，排名最后的是海洋行政管理及公益服务业，排名第一的产业类型在海洋油气业以及海洋矿业间变更。

福建形成的产业综合关联系数中，高于社会平均水平的产业类型均属于海洋第二产业，但其中存在海洋盐业这一特例，4个研究时间剖面中，存在3个时间剖面数据低于社会平均水平。但研究期内，海洋盐业的综合关联系数逐年上升，系数值由0.8897上升到1.0425，与其他海洋产业关系逐渐密切。综合关联系数中排名最后的仍然是海洋行政管理及公益服务业，排名靠前的产业类型在海洋油气业以及海洋矿业间不断变化。

5.2.1.8 山东

山东地区海洋产业间影响力系数、感应度系数及综合关联系数如表5.36所示。观察影响力系数值，区域最小值一直为海洋渔业，其他海洋产业对它的需求以及它对其他海洋产业的影响力均较弱。除2012年海洋交通运输业影响力系数略高于平均水平以外，其余高于社会平均水平的产业类型均属于海洋第二产业范畴。

表5.36 山东海洋产业影响力系数、感应度系数及综合关联系数比较

产业类型	影响力系数				感应度系数				综合关联系数			
	2002年	2007年	2012年	2017年	2002年	2007年	2012年	2017年	2002年	2007年	2012年	2017年
1	0.7564	0.7127	0.6976	0.7366	1.1176	1.0585	1.0842	1.1870	0.9370	0.8856	0.8909	0.9618
2	1.1710	1.1850	1.1689	1.0833	1.8232	2.2266	2.1455	1.5900	1.4971	1.7058	1.6572	1.3366
3	1.2352	1.3000	1.2964	1.2348	1.7916	1.9904	1.9594	1.7674	1.5134	1.6452	1.6279	1.5011
4	0.9615	0.9504	0.9358	1.0081	0.7825	0.9255	0.9968	1.0743	0.8720	0.9380	0.9663	1.0412
5	1.2841	1.3943	1.3592	1.3497	0.9169	0.8342	0.7189	0.8873	1.1005	1.1143	1.0391	1.1185
6	1.2093	1.2975	1.2727	1.2415	1.7079	1.6151	1.6839	1.6872	1.4586	1.4563	1.4783	1.4644
7	0.9314	0.9400	1.0092	0.9496	1.0199	0.7120	0.8396	0.9728	0.9757	0.8260	0.9244	0.9612
8	0.8891	0.8864	0.8277	0.9403	0.5698	0.4829	0.4148	0.5196	0.7294	0.6846	0.6213	0.7299
9	0.7993	0.7920	0.7724	0.8422	0.4550	0.4312	0.4870	0.5204	0.6271	0.6116	0.6297	0.6813
10	0.9012	0.7685	0.9561	0.9046	0.4486	0.4020	0.3521	0.4163	0.6749	0.5852	0.6541	0.6604
11	0.8616	0.7733	0.7039	0.7093	0.3670	0.3216	0.3179	0.3777	0.6143	0.5474	0.5109	0.5435

研究期内区域感应度系数最大的为海洋油气业，最小的为海洋行政管理及公益服务业。该项系数中，海洋渔业、海洋科学技术及海洋教育、海洋行政管理及公益服务3类海洋产业波动式增长，海洋油气业、海洋矿业、海洋船舶工业、海洋化工业、海洋交通运输业、滨海旅游业、海洋环境保护7类海洋产业波动式下降，仅有海洋盐业一类海洋产业感应度系数呈持续增长的趋势。

综合关联系数中产业拥有较为明显的划分界限，海洋第二产业中除海洋盐业以外，其余产业类型均高于社会平均水平，海洋第一产业以及海洋第三产业无一例外全部低于社会平均水平，其中综合关联系数最小的产业类型始终为海洋行政管理及公益服务业。

5.2.1.9 广东

广东区域海洋产业影响力系数、感应度系数及综合关联系数（见表5.37）比较中存在较为明显的区域特色，高于平均社会水平的影响力系数中，大多数为海洋第二产业。海洋第三产业中仅存在2012年海洋环境保护业高于社会平均水平，这种情况在其他区域中不存在，从未有过海洋环境保护业高于社会平均水平的情况出现，但区域影响力系数最低的产业类型仍旧为海洋渔业。

表5.37　广东海洋产业影响力系数、感应度系数及综合关联系数比较

产业类型	影响力系数				感应度系数				综合关联系数			
	2002年	2007年	2012年	2017年	2002年	2007年	2012年	2017年	2002年	2007年	2012年	2017年
1	0.7594	0.7130	0.6733	0.7448	1.1206	1.0619	1.0961	1.1796	0.9400	0.8875	0.8847	0.9622
2	1.1795	1.1891	1.1353	1.0839	1.7885	2.2373	2.1112	1.6247	1.4840	1.7132	1.6232	1.3543
3	1.2422	1.3030	1.2578	1.2421	1.7756	2.0127	1.9772	1.7217	1.5089	1.6578	1.6175	1.4819
4	0.9676	0.9547	0.9060	1.0167	0.7801	0.9174	0.9818	1.0664	0.8738	0.9361	0.9439	1.0415
5	1.2725	1.4076	1.3169	1.3547	0.9726	0.8036	0.7338	0.8781	1.1226	1.1056	1.0254	1.1164
6	1.2153	1.3030	1.2334	1.2454	1.6910	1.6002	1.7558	1.7028	1.4531	1.4516	1.4946	1.4741
7	0.9422	0.9398	0.9811	0.9475	1.0124	0.7137	0.8354	0.9854	0.9773	0.8268	0.9083	0.9665
8	0.8977	0.8839	0.8105	0.9483	0.5666	0.4850	0.4039	0.5152	0.7321	0.6844	0.6072	0.7317
9	0.8032	0.7785	0.7867	0.7804	0.4565	0.4379	0.4681	0.5278	0.6299	0.6082	0.6274	0.6541
10	0.8436	0.7643	1.2036	0.9209	0.4676	0.4069	0.3293	0.4189	0.6556	0.5856	0.7665	0.6699
11	0.8769	0.7630	0.6954	0.7152	0.3686	0.3234	0.3074	0.3793	0.6227	0.5432	0.5014	0.5473

感应度系数中以 1 为分界限，产业分割情况较为明显，4 个时间研究剖面中，海洋渔业、海洋油气业、海洋矿业以及海洋化工业均高于社会平均水平，其余产业类型均低于社会平均水平。

观察综合关联系数，高于社会平均水平的海洋产业类型均存在于海洋第二产业。对 11 类海洋产业进行综合关联系数趋势性归纳总结，海洋渔业、海洋化工业、海洋科学技术及海洋教育、海洋环境保护业 4 类波动式增长，海洋油气业、海洋矿业、海洋船舶工业、海洋交通运输业、滨海旅游业、海洋行政管理及公益服务 6 类波动式下降，仅有海洋盐业持续性增长。

5.2.1.10 广西

对广西进行海洋产业影响力系数、感应度系数及综合关联系数（见表 5.38）比较。影响力系数比较中，广西与除广州以外的其他区域具有相似的特征，影响力系数最低值为海洋渔业，高于社会平均水平的海洋产业类型均为海洋第二产业，其中存在特例——海洋盐业，该产业类型影响力系数呈现出波动式增长变化趋势。

表 5.38 广西海洋产业影响力系数、感应度系数及综合关联系数比较

产业类型	影响力系数				感应度系数				综合关联系数			
	2002 年	2007 年	2012 年	2017 年	2002 年	2007 年	2012 年	2017 年	2002 年	2007 年	2012 年	2017 年
1	0.7512	0.7020	0.6953	0.7331	1.1179	1.0652	1.0875	1.1920	0.9346	0.8836	0.8914	0.9626
2	1.1684	1.1767	1.1707	1.0801	1.7855	2.2147	2.1230	1.5821	1.4770	1.6957	1.6468	1.3311
3	1.2279	1.2884	1.2970	1.2300	1.8170	2.0264	1.9668	1.7719	1.5224	1.6574	1.6319	1.5009
4	0.9559	0.9412	0.9356	1.0034	0.7805	0.9174	0.9900	1.0792	0.8682	0.9293	0.9628	1.0413
5	1.2737	1.3837	1.3582	1.3437	0.9335	0.8389	0.7272	0.8930	1.1036	1.1113	1.0427	1.1184
6	1.2014	1.2870	1.2720	1.2364	1.7327	1.6264	1.7047	1.6965	1.4670	1.4567	1.4884	1.4664
7	0.9279	0.9314	1.0104	0.9456	1.0140	0.7116	0.8381	0.9768	0.9710	0.8215	0.9242	0.9612
8	0.8873	0.8795	0.8323	0.9516	0.5651	0.4802	0.4123	0.5094	0.7262	0.6798	0.6223	0.7305
9	0.7983	0.8051	0.7949	0.8334	0.4528	0.4219	0.4802	0.5126	0.6256	0.6135	0.6376	0.6730
10	0.9584	0.8393	0.9222	0.9283	0.4359	0.3787	0.3528	0.4108	0.6972	0.6090	0.6375	0.6695
11	0.8496	0.7658	0.7115	0.7144	0.3650	0.3186	0.3173	0.3757	0.6073	0.5422	0.5144	0.5450

区域感应度系数中，海洋第三产业中的海洋交通运输业于 2002 年高于社会平均水平，其余海洋第三产业均低于社会平均水平。广西与其他研究

区域拥有共同的感应度系数数值特征，高值产业大多数为海洋第一产业以及海洋第二产业。

由影响力系数以及感应度系数计算出的综合关联系数以 1 为分界线，划分较为齐整。高于社会平均水平的产业类型均为海洋第二产业，其中虽有海洋盐业部分年份小于1，但研究期内随着时间的变迁，综合关联系数逐年上升，与海洋产业间的关联性关系逐渐密切。

5.2.1.11 海南

海南海洋产业影响力系数、感应度系数及综合关联系数如表 5.39 所示。在与其他沿海 10 省份的比较中，除广州外，海南与其他 9 省份具有相似的系数变化特征。

表 5.39　海南海洋产业影响力系数、感应度系数及综合关联系数比较

产业类型	影响力系数				感应度系数				综合关联系数			
	2002 年	2007 年	2012 年	2017 年	2002 年	2007 年	2012 年	2017 年	2002 年	2007 年	2012 年	2017 年
1	0.7578	0.7010	0.6965	0.7329	1.1225	1.0648	1.0876	1.1923	0.9402	0.8829	0.8920	0.9626
2	1.1780	1.1752	1.1727	1.0791	1.7839	2.2143	2.1238	1.5817	1.4810	1.6947	1.6482	1.3304
3	1.2378	1.2864	1.2994	1.2290	1.8006	2.0319	1.9643	1.7694	1.5192	1.6591	1.6319	1.4992
4	0.9641	0.9398	0.9373	1.0026	0.7847	0.9167	0.9906	1.0791	0.8744	0.9283	0.9640	1.0408
5	1.2832	1.3821	1.3605	1.3429	0.9326	0.8379	0.7274	0.8906	1.1079	1.1100	1.0439	1.1168
6	1.2112	1.2853	1.2742	1.2347	1.7170	1.6269	1.7032	1.7077	1.4641	1.4561	1.4887	1.4712
7	0.9358	0.9300	1.0126	0.9449	1.0127	0.7112	0.8375	0.9750	0.9743	0.8206	0.9250	0.9600
8	0.8951	0.8781	0.8345	0.9520	0.5670	0.4798	0.4124	0.5081	0.7310	0.6790	0.6235	0.7300
9	0.8076	0.8014	0.7964	0.8313	0.4537	0.4223	0.4803	0.5116	0.6307	0.6119	0.6383	0.6715
10	0.8727	0.8561	0.9024	0.9381	0.4573	0.3761	0.3550	0.4091	0.6650	0.6161	0.6287	0.6736
11	0.8567	0.7646	0.7136	0.7124	0.3680	0.3181	0.3179	0.3753	0.6124	0.5414	0.5157	0.5439

测算出的影响力系数除 2012 年海洋交通运输业以外，其余高于社会平均水平的海洋产业类型均属于海洋第二产业。影响力系数排名第一的海洋产业类型始终为海洋船舶工业，排名最后的海洋产业类型在海洋渔业以及海洋行政管理及公益服务业间交替出现。海洋三次产业中对整个海洋产业体系影响最大的产业类型为海洋第二产业，其次为海洋第三产业，最后为海洋第一产业。

感应度系数的测算中，除 2002 年海洋交通运输业以外，其余高于平均社会水平的海洋产业均属于海洋第一产业以及海洋第二产业。研究期内感应度系数排名最后的产业类型始终为海洋行政管理及公益服务业，排名靠前的产业类型则是在海洋油气业以及海洋矿业间交替。

观察综合关联系数，高于平均社会水平的海洋产业均属于海洋第二产业范畴，其中虽有海洋盐业存在低于平均社会水平的情况，但是随着时间的推移，海洋盐业在整个海洋产业间的综合关联系数逐渐增大，由 2002 年的 0. 8774 逐渐增大为 2017 年的 1. 0408，关联度逐渐增强。观察综合关联系数的变化趋势：海洋渔业、海洋船舶工业、海洋化工业、海洋科学技术及海洋教育、海洋环境保护 6 类波动性增长，海洋油气业、海洋矿业、海洋交通运输业、滨海旅游业、海洋行政管理及公益服务业 5 类波动式下降，仅有海洋盐业持续性增长。

5. 2. 2　沿海三角洲海洋产业影响力系数、感应度系数及综合关联系数比较

5. 2. 2. 1　渤海湾区域

对渤海湾区域海洋产业影响力系数、感应度系数及综合关联系数（见表 5. 40）进行比较发现，除 2012 年海洋交通运输业以外，高于社会平均水平的海洋产业类型均属于海洋第二产业。11 类海洋产业比较中，研究期内影响力系数最低的海洋产业为海洋渔业，影响力系数较高的产业自始至终为海洋船舶工业。

表 5. 40　渤海湾区域海洋产业影响力系数、感应度系数及综合关联系数比较

产业类型	影响力系数				感应度系数				综合关联系数			
	2002 年	2007 年	2012 年	2017 年	2002 年	2007 年	2012 年	2017 年	2002 年	2007 年	2012 年	2017 年
1	0. 7559	0. 7075	0. 6966	0. 7266	1. 1193	1. 0617	1. 0865	1. 1684	0. 9376	0. 8846	0. 8915	0. 9475
2	1. 1732	1. 1813	1. 1708	1. 1067	1. 8000	2. 2250	2. 1355	1. 7066	1. 4866	1. 7032	1. 6532	1. 4067
3	1. 2347	1. 2951	1. 2980	1. 2486	1. 8016	2. 0062	1. 9595	1. 8125	1. 5182	1. 6507	1. 6288	1. 5306
4	0. 9610	0. 9466	0. 9370	0. 9907	0. 7835	0. 9195	0. 9896	1. 0592	0. 8723	0. 9330	0. 9633	1. 0249
5	1. 2814	1. 3897	1. 3588	1. 3498	0. 9272	0. 8369	0. 7260	0. 8509	1. 1043	1. 1133	1. 0424	1. 1004

续表

产业类型	影响力系数				感应度系数				综合关联系数			
	2002 年	2007 年	2012 年	2017 年	2002 年	2007 年	2012 年	2017 年	2002 年	2007 年	2012 年	2017 年
6	1. 2083	1. 2931	1. 2734	1. 2467	1. 7178	1. 6204	1. 6939	1. 6951	1. 4631	1. 4567	1. 4837	1. 4709
7	0. 9327	0. 9364	1. 0107	0. 9595	1. 0150	0. 7120	0. 8401	0. 9440	0. 9738	0. 8242	0. 9254	0. 9518
8	0. 8914	0. 8811	0. 8308	0. 9260	0. 5670	0. 4830	0. 4134	0. 4906	0. 7292	0. 6820	0. 6221	0. 7083
9	0. 8027	0. 8004	0. 7781	0. 8287	0. 4538	0. 4261	0. 4843	0. 5069	0. 6282	0. 6133	0. 6312	0. 6678
10	0. 9058	0. 7994	0. 9346	0. 9096	0. 4478	0. 3888	0. 3532	0. 4014	0. 6768	0. 5941	0. 6439	0. 6555
11	0. 8531	0. 7695	0. 7111	0. 7070	0. 3670	0. 3203	0. 3179	0. 3643	0. 6100	0. 5449	0. 5145	0. 5356

测算出的感应度系数值中，除 2002 年海洋交通运输业以外，其余高于社会平均水平的产业类型均属于海洋第一产业及海洋第二产业。海洋第二产业中也存在特殊情况，其中海洋盐业以及海洋船舶工业感应度系数出现了低于平均社会水平的现象。随着时间的变迁，海洋盐业感应度系数逐渐增强，海洋船舶工业呈现出波动式下降的发展态势。

观察区域综合关联系数，海洋产业综合关联性较强的产业类型均属于海洋第二产业，海洋第二产业中仅有海洋盐业存在低于社会平均水平的情况，但随着时间的推移，综合关联系数逐渐增大，由 0. 8723 逐渐增大到 1. 0249，逐渐由低于社会平均水平转变为了高于社会平均水平的情况。11 类海洋产业中综合关联系数较大的海洋产业类型在海洋油气业以及海洋矿业间不断变换，但综合关联系数最小的产业类型则一直是海洋行政管理及公益服务。综合关联度系数中海洋渔业、海洋矿业、海洋化工业、海洋科学技术及海洋教育业 4 类波动式增长，海洋油气业、海洋船舶工业、海洋交通运输业、滨海旅游业、海洋环境保护、海洋行政管理及公益服务业 6 类波动式下降，仅有海洋盐业存在持续性增长情况。

5. 2. 2. 2 长江三角洲区域

将长三角区域海洋产业影响力系数、感应度系数以及综合关联系数（表 5. 41）与渤海湾区域进行对比，从社会平均水平而言，仅有 2017 年海洋盐业的影响力系数与渤海湾不同，其余情况则较为相似。影响力系数中，2012 年海洋交通运输业出现了略高于社会平均水平的情况，其余高于社会平均水平的产业类型均属于海洋第二产业的范畴。

表 5.41 长江三角洲区域海洋产业影响力系数、感应度系数及综合关联系数比较

产业类型	影响力系数				感应度系数				综合关联系数			
	2002 年	2007 年	2012 年	2017 年	2002 年	2007 年	2012 年	2017 年	2002 年	2007 年	2012 年	2017 年
1	0.7537	0.7080	0.6998	0.7345	1.1182	1.0631	1.0856	1.1919	0.9360	0.8856	0.8927	0.9632
2	1.1711	1.1846	1.1766	1.0807	1.7925	2.2145	2.1210	1.5936	1.4818	1.6995	1.6488	1.3371
3	1.2318	1.2974	1.3029	1.2323	1.8071	2.0119	1.9578	1.7667	1.5194	1.6547	1.6304	1.4995
4	0.9588	0.9492	0.9415	1.0055	0.7812	0.9149	0.9892	1.0775	0.8700	0.9320	0.9654	1.0415
5	1.2759	1.3921	1.3633	1.3468	0.9364	0.8384	0.7275	0.8882	1.1061	1.1153	1.0454	1.1175
6	1.2053	1.2959	1.2780	1.2385	1.7231	1.6161	1.6945	1.6941	1.4642	1.4560	1.4863	1.4663
7	0.9316	0.9356	1.0114	0.9456	1.0130	0.7154	0.8467	0.9789	0.9723	0.8255	0.9290	0.9622
8	0.8875	0.8784	0.8338	0.9544	0.5676	0.4851	0.4145	0.5076	0.7275	0.6818	0.6242	0.7310
9	0.8004	0.7922	0.7763	0.8249	0.4534	0.4300	0.4864	0.5129	0.6269	0.6111	0.6314	0.6689
10	0.9323	0.8039	0.9027	0.9296	0.4416	0.3893	0.3574	0.4118	0.6869	0.5966	0.6301	0.6707
11	0.8517	0.7627	0.7137	0.7073	0.3660	0.3212	0.3193	0.3770	0.6089	0.5420	0.5165	0.5421

将感应度系数与影响力系数进行对比，海洋渔业以及海洋船舶工业存在同向性错位的情况，这两类产业的单项联系度较好，双指标影响力与感应度出现单一良好情况。感应度系数的最大值在海洋油气业以及海洋矿业间更替出现，最小值则始终为海洋行政管理及公益服务业。对比海洋三次产业感应度系数的优劣情况，海洋第二产业最优，其次是海洋第一产业，最后是海洋第三产业。

计算出的区域综合关联系数高于社会平均水平的海洋产业类型均属于海洋第二产业，海洋第一产业以及海洋第三产业均低于社会平均水平，但海洋第二产业中仍然存在海洋盐业部分研究时间内低于社会平均水平的情况，随着时间的推移，区域海洋产业综合关联系数逐渐增长，由 0.87 增加到 1.0415。观察海洋产业综合关联系数发现：海洋渔业、海洋船舶工业、海洋化工业、滨海旅游业、海洋科学技术及海洋教育、海洋环境保护业 6 类波动性增长，海洋油气业、海洋矿业、海洋交通运输业、海洋行政管理及公益服务 4 类波动式下降，仅存在海洋盐业持续性增长。就海洋三次产业而言，海洋第二产业与整个海洋产业系统联系最为密切，其次则是海洋第一产业，最后为海洋第三产业。

5.2.2.3 珠江三角洲区域

以1为数值界限进行划分，对比三个三角洲海洋产业情况。珠江三角洲区域（见表5.42）与长江三角洲区域相似度达100%，与渤海湾区域相似度也高达99.24%。唯一的差别在于2017年海洋盐业的影响力系数，渤海湾地区低于平均社会水平，长三角与珠三角地区在该时间段则是高于社会平均水平。在影响力系数中，从海洋三产角度分析来看，海洋第二产业最优，其次为海洋第三产业，最后为海洋第一产业。

表5.42 珠江三角洲区域海洋产业影响力系数、感应度系数及综合关联系数比较

产业类型	影响力系数				感应度系数				综合关联系数			
	2002年	2007年	2012年	2017年	2002年	2007年	2012年	2017年	2002年	2007年	2012年	2017年
1	0.7559	0.7066	0.6934	0.7374	1.1197	1.0642	1.0886	1.1883	0.9378	0.8854	0.8910	0.9628
2	1.1747	1.1830	1.1677	1.0829	1.7850	2.2182	2.1184	1.5927	1.4799	1.7006	1.6431	1.3378
3	1.2351	1.2953	1.2934	1.2350	1.8009	2.0218	1.9661	1.7585	1.5180	1.6586	1.6298	1.4968
4	0.9609	0.9474	0.9331	1.0087	0.7841	0.9166	0.9890	1.0748	0.8725	0.9320	0.9611	1.0418
5	1.2764	1.3931	1.3540	1.3488	0.9443	0.8293	0.7287	0.8877	1.1103	1.1112	1.0413	1.1183
6	1.2085	1.2943	1.2683	1.2406	1.7157	1.6167	1.7123	1.6976	1.4621	1.4555	1.4903	1.4691
7	0.9340	0.9353	1.0074	0.9467	1.0137	0.7131	0.8387	0.9801	0.9739	0.8242	0.9230	0.9634
8	0.8931	0.8812	0.8301	0.9520	0.5661	0.4827	0.4117	0.5109	0.7296	0.6820	0.6209	0.7315
9	0.8000	0.7965	0.7889	0.8140	0.4550	0.4277	0.4801	0.5172	0.6275	0.6121	0.6345	0.6656
10	0.9030	0.8012	0.9524	0.9197	0.4484	0.3889	0.3500	0.4148	0.6757	0.5951	0.6512	0.6672
11	0.8584	0.7659	0.7112	0.7142	0.3670	0.3207	0.3164	0.3773	0.6127	0.5433	0.5138	0.5458

对区域感应度系数进行比较，感应度系数的高值存在于海洋油气业以及海洋矿业中，低值则始终为海洋行政管理及公益服务业。对比四个时间剖面的感应度系数值，11类产业数值变化较为稳定，仅存在小范围的数值波动增减。从三次海洋产业角度解析，区域海洋第二产业感应度系数最高，其次是海洋第一产业，最后为海洋第三产业。

通过影响力系数以及感应度系数计算出综合关联系数，该系数高于社会平均水平的产业类型均属于海洋第二产业，海洋第二产业成为联系整个海洋产业的纽带与桥梁。综合关联系数中与整个海洋产业联系度较强的产业类型是海洋油气业、海洋矿业以及海洋化工业，与整个产业系统联系较为疏远的产业类型始终为海洋行政管理及公益服务业。

5.3 本章小结

本章对海洋产业演化的海洋经济增长关联性效应从5类系数进行定量分析——前向关联系数、后向关联系数、影响力系数、感应度系数以及综合关联系数。

通过计算发现，以中国沿海三角洲区际与省际层面分析海洋产业演化的海洋经济增长关联性拥有较高的相似度，存在以下共同特征：

（1）前向关联系数中存在“38”特征，3类海洋产业——海洋船舶工业、海洋化工业以及海洋环境保护业均呈现出数值下降，并且海洋环境保护业降幅最大；其余8类海洋产业均呈现出数值增长的情况，大部分以滨海旅游业增幅最强。

（2）后向关联系数中除河北（“47”特征）以外，其余省域以及三角洲层面均存在“56”特征。即研究期内存在5类海洋产业后向关联系数减小——海洋渔业、海洋油气业、海洋科学技术及海洋教育、海洋环境保护、海洋行政管理及公益服务，其余6类海洋产业均呈现出关联值增大的现象。其中数值减少最大的海洋产业类型始终为海洋环境保护业，增长最多的海洋产业类型均为滨海旅游业。

（3）影响力系数值与综合关联系数的具体测算中，高于平均社会水平的产业类型大部分属于海洋第二产业，鲜少涉及海洋第三产业，不存在海洋第一产业。

（4）感应度系数测算中，高于平均社会水平的产业类型有海洋第一产业，海洋第二产业大部分以及鲜少的海洋第三产业。

对比已有相关成果发现：海洋产业结构与海洋经济增长有显著的正相关关系（狄乾斌、刘欣欣、王萌，2014），其中海洋第二产业促进作用最大，产生的影响也最大；海洋第二产业中的海洋油气业、海洋交通运输业、海洋船舶工业是区域海洋产业间的重要连接点，对国民经济的支持作用较大（何佳霖、宋维玲，2013），产业间的关联性与相互间的影响程度也在不断加深（王圣、任肖嫦，2009），海洋经济增长的主要驱动因素是要素投入（Ren，Wang & Ji，2018），与前向关联产业关系较大。以上相关领域研究层面多集中于同一层级空间层面，从未涉及空间层面的升降问题，本章研究补充了研究层面升降情景，丰富了海洋产业关联性研究成果。

6 海洋产业演进的本地经济增长贡献效应

6.1 海洋经济对本地经济贡献测度

6.1.1 沿海省域海洋经济对区域经济贡献的测度

对海洋经济进行区域经济贡献测度计算（见表6.1），分别从时间以及空间维度对其进行解析。从时间维度进行观察发现：首先，1997～2017年，河北、江苏以及广西三省域海洋经济对区域经济的贡献程度均低于全国水平，且与全国水平相差较远。存在三个与之相反的省域——上海、福建以及海南，研究期间海洋经济贡献度均超过全国水平，对区域经济的贡献较大。其次在研究期间内，其余5个省域范围海洋经济区域贡献度高于全国水平以及低于全国水平的情况均存在，以全国水平为衡量标准，区域贡献度在该标准线上下浮动。

表6.1 海洋经济对省域经济发展贡献率 单位：%

年份	天津	河北	辽宁	上海	江苏	浙江	福建	山东	广东	广西	海南	全国
1997	10.11	1.58	6.57	11.61	2.08	6.95	10.24	8.62	12.12	4.07	11.04	7.38
1998	9.32	1.53	7.54	10.51	2.46	6.76	9.65	8.57	11.62	3.76	11.52	7.25
1999	6.91	1.41	7.10	10.42	2.38	6.94	9.80	9.45	9.99	4.88	12.08	7.09
2000	7.14	1.24	6.66	12.87	1.85	6.96	11.07	9.59	10.59	5.10	11.60	7.39
2001	8.46	1.36	6.99	13.21	1.70	6.62	10.69	8.64	11.54	5.39	13.55	7.48

续表

年份	天津	河北	辽宁	上海	江苏	浙江	福建	山东	广东	广西	海南	全国
2002	14.71	2.27	7.20	12.62	1.81	8.94	16.08	8.91	14.61	5.43	18.05	9.03
2003	20.29	2.08	8.42	13.35	2.08	13.89	22.15	9.43	14.39	6.13	18.12	10.39
2004	23.21	2.57	9.05	13.53	3.64	12.54	25.71	11.88	14.21	2.11	21.75	11.15
2005	35.86	3.18	13.56	26.26	3.67	17.13	28.71	12.51	18.55	3.66	28.66	14.53
2006	39.15	3.21	12.98	25.09	4.04	17.11	22.89	13.06	19.17	3.61	28.04	14.55
2007	31.41	9.37	15.99	38.47	5.95	11.79	22.89	16.67	15.70	6.23	29.60	15.74
2008	31.70	8.99	15.96	35.45	7.28	11.95	24.76	17.24	14.58	5.77	30.34	15.66
2009	29.72	8.63	15.41	34.99	6.98	12.46	24.84	17.21	16.32	5.56	29.44	15.78
2010	28.69	5.35	15.00	27.94	7.89	14.76	26.17	17.17	16.87	5.72	28.61	15.56
2011	23.40	4.53	12.36	24.49	6.56	12.24	21.73	14.86	14.48	4.64	22.93	13.12
2012	31.12	5.92	15.05	29.27	8.66	14.04	24.40	17.70	17.27	5.24	25.91	15.74
2013	30.55	6.10	13.65	29.46	8.74	14.27	22.75	17.94	18.41	5.84	26.37	15.84
2014	31.69	6.15	13.82	29.19	8.32	14.00	23.11	17.73	18.15	6.26	28.08	15.78
2015	32.00	6.97	13.68	26.52	8.59	13.54	24.86	18.99	19.51	6.52	25.77	16.27
2016	29.77	7.14	12.31	26.91	8.70	14.03	27.24	19.72	19.84	6.73	27.13	16.57
2017	22.62	6.21	15.01	26.49	8.54	13.96	27.77	19.52	19.75	6.83	28.37	16.40

注：表中的“全国”指中国沿海区域。

从空间维度进行分析比较：中国沿海 11 省份在 1997 ~2017 年的 21 年中，高于全国平均发展水平的省域数量呈现出波动型的发展趋势。选取 5 个时间断面 1997 年、2002 年、2007 年、2012 年以及 2017 年，将区域海洋经济贡献度运用自然断点法进行 5 级分类（见表 6.2）。

表 6.2　　省域层面海洋经济贡献度分级

年份	经济贡献度	省份
1997	超出全国平均水平 20% 以上	无
	超出全国平均水平 10% ~20%	无
	超出全国平均水平 0 ~10%	天津、上海、山东、福建、广东、海南
	低于全国平均水平 0 ~10%	辽宁、河北、江苏、浙江、广西
	低于全国平均水平 10% ~20%	无

续表

年份	经济贡献度	省份
2002	超出全国平均水平20%以上	无
	超出全国平均水平10%～20%	无
	超出全国平均水平0～10%	天津、上海、福建、广东、海南
	低于全国平均水平0～10%	辽宁、河北、江苏、浙江、山东、广西
	低于全国平均水平10%～20%	无
2007	超出全国平均水平20%以上	上海
	超出全国平均水平10%～20%	天津、海南
	超出全国平均水平0～10%	辽宁、福建、山东
	低于全国平均水平0～10%	河北、江苏、浙江、广东、广西
	低于全国平均水平10%～20%	无
2012	超出全国平均水平20%以上	无
	超出全国平均水平10%～20%	天津、上海、海南
	超出全国平均水平0～10%	山东、广东、福建
	低于全国平均水平0～10%	河北、辽宁、江苏、浙江
	低于全国平均水平10%～20%	广西
2017	超出全国平均水平20%以上	无
	超出全国平均水平10%～20%	上海、福建、海南
	超出全国平均水平0～10%	天津、山东、广东
	低于全国平均水平0～10%	辽宁、江苏、浙江、广西
	低于全国平均水平10%～20%	河北

1997年中国沿海地区海洋经济发展贡献率仅存在两种情况：超出全国平均水平0～10%以及低于全国平均水平0～10%，超出全国平均水平10%以内的区域大都集中于中国沿海地区的东部及南部。在20世纪90年代末期，中国海洋产业的发展南方地区略优于北方。

2002年中国沿海地区海洋经济发展贡献率与1997年较为相似，唯一发生了变化的区域为山东，山东由超出全国平均水平0～10%变为了低于全国平均水平0～10%，使得这一阶段中国沿海地区海洋产业发展南方优于北方的分布特征更为明显。

从2002年发展至2007年，中国沿海地区海洋产业产生了飞速的发展与变化，出现了海洋经济区域发展贡献率超过全国平均水平10%～20%的地区——天津、海南，以及海洋经济区域发展贡献率超出全国平均水平20%以上的地区——上海。这三个地区分别代表了渤海湾、长三角以及珠三角，成为了湾区三角洲优先发展起来的佼佼者。

2012～2017年，中国沿海11省份有4个区域海洋产业经济贡献率发生层级变化，分别是天津、福建、河北以及广西。相较于2007年而言，区域海洋经济贡献率存在变化的地区中，天津及河北地区均下降了一个层级，广西及福建则相反，上升了一个层级。中国沿海层面比较来看，转变为了东部以及北部发展较好。

将2017年海洋经济区域贡献率与2012年相比，有5个区域发生变化，其中天津、河北、浙江3个区域均为层级下降区域，广东海洋经济贡献率在不同层级跳跃。观察中国沿海11省份1997～2017年区域海洋经济贡献度，中国沿海地区对海洋产业逐渐重视起来，虽有发展的快慢不同，但整体呈现出了积极乐观的发展态势。

6.1.2 沿海三角洲海洋经济对区域经济贡献的测度

对三角洲际海洋经济进行区域经济贡献测度计算（见表6.3），分别从时间以及空间维度对其进行分析解析。从时间维度进行观察发现：其一，1997～2017年，长江三角洲区域海洋经济区域贡献率均低于全国平均水平，相反珠江三角洲区域均高于全国平均水平，渤海湾区域则是在全国平均水平线处上下徘徊。其二，在研究期间内，相较而言珠江三角洲区域海洋经济对区域经济发展的贡献率最大，其次为渤海湾区域，而长江三角洲区域则排名最后。

表6.3　海洋经济对三角洲区域经济发展贡献率　单位：%

年份	渤海湾区域	长江三角洲区域	珠江三角洲区域	全国
1997	6.49	5.74	10.33	7.38
1998	6.58	5.66	9.88	7.25
1999	6.64	5.68	9.30	7.09
2000	6.57	6.05	10.00	7.39
2001	6.38	5.98	10.61	7.48

续表

年份	渤海湾区域	长江三角洲区域	珠江三角洲区域	全国
2002	7.42	6.60	13.92	9.03
2003	8.26	8.50	15.33	10.39
2004	9.90	8.81	15.65	11.15
2005	12.33	13.04	19.31	14.53
2006	12.97	13.04	18.26	14.55
2007	16.09	14.93	16.30	15.74
2008	16.27	14.88	15.86	15.66
2009	15.96	14.63	16.94	15.78
2010	15.14	14.23	17.64	15.56
2011	12.82	11.95	14.89	13.12
2012	15.81	14.32	17.34	15.74
2013	15.68	14.34	17.81	15.84
2014	15.86	13.93	17.84	15.78
2015	16.73	13.41	19.03	16.27
2016	16.67	13.67	19.83	16.57
2017	16.16	13.52	19.97	16.40

注：表中“全国”指中国沿海区域。

从空间维度进行分析发现（见表6.4）：第一，1997年3个三角洲对比分析，珠江三角洲地区成为中国沿海区域海洋经济贡献率最高的三角洲，高于全国平均海洋经济区域贡献率的2.95%，是中国海洋产业的优先发展区，为中国海洋产业发展跨出了探索性的一步。第二，至2002年，珠三角区域海洋产业发展更为领先，超过全国平均产业经济贡献率4.88%，而渤海湾区域以及长江三角洲区域均低于全国平均产业经济贡献率的1.61%、2.43%。第三，2007年珠江三角洲区域海洋产业经济贡献率仍高于全国平均贡水平，但相较于前两个时间段而言超出部分较少，仅有0.55%。渤海湾区域以及长江三角洲区域相较于2002年海洋经济区域贡献度上升了一个层级，这两区域海洋产业发展均有大幅度的提升。第四，2007～2017年，渤海湾区域以及长江三角洲区域共同经历了波动式下降的过程，而相反，珠江三角洲经历了波动式上升的过程，成为唯一一个高于全国平均贡献率的区域。

表 6.4　三角洲区域层面海洋经济贡献度分级

年份	经济贡献度	区域
1997	超出全国平均水平4%以上	无
	超出全国平均水平2% ~4%	珠三角
	超出全国平均水平0~2%	无
	低于全国平均水平0~2%	渤海湾、长三角
	低于全国平均水平2% ~4%	无
	低于全国平均水平4%以上	无
2002	超出全国平均水平4%以上	珠三角
	超出全国平均水平2% ~4%	无
	超出全国平均水平0~2%	无
	低于全国平均水平0~2%	渤海湾
	低于全国平均水平2% ~4%	长三角
	低于全国平均水平4%以上	无
2007	超出全国平均水平4%以上	无
	超出全国平均水平2% ~4%	无
	超出全国平均水平0~2%	渤海湾、珠三角
	低于全国平均水平0~2%	长三角
	低于全国平均水平2% ~4%	无
	低于全国平均水平4%	无
2012	超出全国平均水平4%以上	珠三角
	超出全国平均水平2% ~4%	渤海湾
	超出全国平均水平0~2%	长三角
	低于全国平均水平0~2%	无
	低于全国平均水平2% ~4%	无
	低于全国平均水平4%以上	无
2017	超出全国平均水平4%以上	无
	超出全国平均水平2% ~4%	珠三角
	超出全国平均水平0~2%	无
	低于全国平均水平0~2%	渤海湾
	低于全国平均水平2% ~4%	长三角
	低于全国平均水平4%以上	无

6.2 海洋产业对地方经济增长促进作用系数估计

6.2.1 沿海省域海洋产业对地方经济增长促进作用系数估计

用 OLS 回归方程形成区域海洋产业以及海洋三产与地方经济的回归模型（见表 6.5）。

表 6.5 沿海省域海洋产业产值（*X*）与区域经济（*GDP*）回归模型

地区	回归模型	R^2	Adj R^2	F
天津	$y=3.2227x+650.0694$	0.957	0.954	417.811
	$y=1092.8073x-1796.6314$	0.426	0.395	14.072
	$y=4.8899x+1287.4444$	0.886	0.880	147.096
	$y=7.9932x+996.3317$	0.968	0.967	581.699
河北	$y=12.6031x+3951.0455$	0.922	0.918	224.276
	$y=386.2654x-3696.4174$	0.613	0.593	30.089
	$y=24.7032x+4462.4601$	0.884	0.878	145.363
	$y=24.7441x+5085.4294$	0.888	0.883	151.255
辽宁	$y=6.6507x+1598.5826$	0.974	0.973	719.472
	$y=47.5939x-2054.6074$	0.432	0.402	14.453
	$y=15.0493x+3188.4189$	0.878	0.872	137.169
	$y=12.4428x+3704.9532$	0.984	0.983	1141.182
上海	$y=3.1248x+2096.8283$	0.950	0.948	364.424
	$y=-717.8555x+19192.2724$	0.404	0.372	12.864
	$y=7.1109x+3980.5533$	0.845	0.837	103.968
	$y=5.2115x+1430.1580$	0.968	0.967	582.136
江苏	$y=10.3970x+7368.5177$	0.992	0.992	2413.934
	$y=183.8819x-2464.3272$	0.630	0.611	32.369
	$y=19.8880x+8795.1679$	0.988	0.987	1566.334
	$y=23.0155x+8797.1679$	0.982	0.981	1035.005

续表

地区	回归模型	R^2	Adj R^2	F
浙江	$y = 6.7810x + 1966.5677$	0.986	0.985	1328.727
	$y = 28.0743x + 10149.4638$	0.067	0.018	1.368
	$y = 15.6842x + 4343.6687$	0.958	0.955	430.373
	$y = 11.6547x + 5302.0208$	0.989	0.989	1786.853
福建	$y = 3.5917x + 1650.4166$	0.984	0.983	1133.027
	$y = 14.9061x + 5428.8948$	0.084	0.036	1.748
	$y = 8.3777x + 3502.8832$	0.971	0.969	627.198
	$y = 6.2439x + 2930.9634$	0.966	0964	538.924
山东	$y = 4.8727x + 5196.6941$	0.993	0.992	2601.632
	$y = 11.7720x + 21009.9801$	0.019	-0.032	0.377
	$y = 10.0184x + 7537.8278$	0.985	0.984	1219.114
	$y = 9.3974x + 9196.6350$	0.979	0.978	895.181
广东	$y = 4.9588x + 4527.4834$	0.986	0.985	1337.256
	$y = -60.2860x + 51644.2081$	0.176	0.133	4.064
	$y = 10.8578x + 6142.0845$	0.984	0.984	1202.669
	$y = 8.7416x + 7534.4682$	0.977	0.976	813.792
广西	$y = 14.4986x + 1156.6713$	0.979	0.977	864.787
	$y = 102.1198x - 3604.0521$	0.666	0.649	37.909
	$y = 35.5080x + 2164.2606$	0.975	0.974	739.872
	$y = 28.6362x + 2361.9949$	0.962	0.960	481.322
海南	$y = 3.4498x + 173.2093$	0.987	0.986	1454.386
	$y = 16.9216x - 365.7139$	0.829	0.820	91.876
	$y = 15.2333x + 434.3934$	0.932	0.929	262.111
	$y = 5.5053x + 421.6516$	0.968	0.966	566.488

注：各区域的4个模型由上到下依次为区域经济（GDP）与海洋总产值、海洋第一产业产值、海洋第二产业产值及海洋第三产业产值的OLS归回模型，F为回归方程的显著性检验值。

从表6.5中数据模型可知：模型中回归系数a除上海以及广东海洋第一产业与GDP回归后为负值，其余均为正值，表明省域海洋经济与区域经济发展间存在明显的正相关关系。从整体回归效果来看，各区域海洋产业总产值与区域经济回归模型中R^2均大于0.9，说明模型的拟合优度高、误差小，显著性较强。

对于显著性检验 F 值而言，显然 F 越大，意味着模型的效果越佳。同样取显著性水平 $\alpha=0.01$，通过查找 F 分布临界值表，F 服从于自由度 $f_1=1$ 和 $f_2=n-2$ 的 F 分布。$F_{0.01}(1, 19)=8.18$，只有当 $F>F_{0.01}(1, 19)$ 时才为显著，故浙江、福建、山东及广东四地区域经济与海洋第一产业间关系不显著，其余区域产业间模型均较为显著。

三次海洋产业与区域经济回归模型中，海洋第二产业以及第三产业与地方经济具有较高的拟合优度，并且通过了显著性检验。除河北、江苏、广西以及海南以外，其余省域经济增长（GDP）与区域内海洋第一产业关联度较小、显著性较弱，对地方经济增长的促进作用较弱，R^2 与 F 分别为 0.426、14.072（天津），0.432、14.453（辽宁），0.404、12.864（上海），0.067、1.368（浙江），0.084、1.748（福建），0.019、0.377（山东），0.176、4.064（广东）。

回归方程中的回归系数能够明确各省份海洋产业产值每增长 1% 所对应该地 GDP 的增长量，即海洋经济的发展对地方经济增长的促进程度的具体值（见表 6.6）。区域海洋总产值增长 1% 对地方经济的促进作用程度最大的区域为广西，虽然广西平均海洋经济贡献率仅占区域生产总值的 5.21%，但其对区域经济增长的促进作用较大，海洋总产值增长 1% 对应于地方经济增长 0.145 亿元，与地方促进程度最低的上海相差 0.1138 亿元，相比而言，海洋产业对于上海经济发展的带动作用较为微弱。对比两地海洋产业结构，广西 16：35：49、上海 0：35：65，两地的海洋产业结构差异致使区域经济带动作用产生差异，上海海洋产业结构的耦合度以及协调度分别处于低度耦合、严重失调的情况；从产业结构的合理性来判定，广西也优于上海区域。

表 6.6　海洋经济增长对地方经济的促进程度

地区	海洋总产值增长 1% 对地方经济的促进程度（亿元）	海洋第一产业增长 1% 对地方经济的促进程度（亿元）	海洋第二产业增长 1% 对地方经济的促进程度（亿元）	海洋第三产业增长 1% 对地方经济的促进程度（亿元）	海洋三产促进程度比	海洋产业结构（2017 年）
天津	0.0322	—	0.0489	0.0799	0：0.38：0.62	0：46：54
河北	0.1260	3.8627	0.2470	0.2474	0.89：0.06：0.05	4：38：58
辽宁	0.0665	—	0.1505	0.1244	0：0.55：0.45	13：36：51
上海	0.0312	—	0.0711	0.0521	0：0.58：0.42	0：35：65

续表

地区	海洋总产值增长1%对地方经济的促进程度（亿元）	海洋第一产业增长1%对地方经济的促进程度（亿元）	海洋第二产业增长1%对地方经济的促进程度（亿元）	海洋第三产业增长1%对地方经济的促进程度（亿元）	海洋三产促进程度比	海洋产业结构（2017年）
江苏	0.1040	1.8388	0.1989	0.2302	0.81：0.09：0.10	6：50：44
浙江	0.0678	—	0.1568	0.1165	0：0.57：0.43	7：35：58
福建	0.0359	—	0.0838	0.0624	0：0.57：0.43	7：36：57
山东	0.0487	—	0.1002	0.0940	0：0.52：0.48	6：43：51
广东	0.0496	—	0.1086	0.0874	0：0.55：0.45	2：40：58
广西	0.1450	1.0212	0.3551	0.2864	0.61：0.21：0.18	16：35：49
海南	0.0345	0.1692	0.1523	0.0551	0.45：0.40：0.15	24：19：57

注：表格中“—”为回归模型不显著部分，故未计算其经济促进程度。

将海洋产业拆分为海洋三次产业进行具体比较，解析具体海洋产业结构对区域经济增长的带动作用，促进作用不显著的用0来代替。由于回归模型所具有的拟合特点，采用距本次研究最近一年（2017年）的海洋产业结构与其进行对比。

省域海洋产业对地方经济促进作用排名前3的区域分别是广西、河北、江苏，对应于海洋产业结构分别是16：35：49、4：38：58、6：50：44，而排名后3的天津、上海、海南，其海洋产业结构依次是0：46：54、0：35：65、24：19：57。观察发现，对地方经济拥有强促进作用的海洋产业结构无“0”出现，海洋三产分布较为合理，以海洋第一产业占比最少、第二产业或第三产业次之为标志。而对区域经济仅产生微小带动作用的海洋产业结构有出现，且存在第一产业占比高于第二产业的情况，该类海洋产业结构较为不合理，耦合度协调度较差，需适当调整产业结构，以提高区域经济增长带动力。

6.2.2 沿海三角洲海洋产业对地方经济增长促进作用系数估计

用OLS回归方程形成沿海三角洲海洋产业及海洋三次产业与地方经济的回归模型（见表6.7）。

表 6.7　沿海三角洲海洋产业产值（*X*）与区域经济（*GDP*）回归模型

地区	回归模型	R^2	Adj R^2	F
渤海湾	$y=5.6071x+11524.5002$	0.992	0.991	2296.263
	$y=45.3596x+17635.5437$	0.134	0.089	2.945
	$y=11.0648x+15680.0816$	0.970	0.968	615.216
	$y=11.3309x+18687.1892$	0.977	0.976	818.842
长三角	$y=4.6721x+13585.0578$	0.927	0.923	240.265
	$y=4.8165x+36012.1327$	0.511	0.485	19.824
	$y=10.9806x+48556.0179$	0.265	0.225	6.810
	$y=13.9483x+10048.8094$	0.953	0.950	383.658
珠三角	$y=3.5029x+11346.9213$	0.944	0.941	321.660
	$y=3.7600x+29254.2763$	0.528	0.503	21.232
	$y=9.1875x+38642.0603$	0.299	0.262	8.112
	$y=9.7802x+13057.6782$	0.945	0.942	327.006

注：各区域的 4 个模型由上到下依次为区域经济（GDP）与海洋总产值、海洋第一产业产值、海洋第二产业产值及海洋第三产业产值的 OLS 归回模型，F 为回归方程的显著性检验值。

模型中回归系数 a 均为正值，表明三角洲区域海洋经济与区域经济发展间存在明显的正相关关系。从整体回归效果来看，各区域海洋产业总产值与区域经济回归模型中 R^2 均大于 0.9，说明模型的拟合优度高、误差小，显著性较强。

对于显著性检验 F 值而言，显然 F 越大，意味着模型的效果越佳。同样取显著性水平 $\alpha=0.01$，通过查找 F 分布临界值表，F 服从于自由度 $f_1=1$ 和 $f_2=n-2$ 的 F 分布。$F_{0.01}(1, 19)=8.18$，只有当 $F>F_{0.01}(1, 19)$ 时才为显著，故渤海湾区域经济与海洋第一产业间关系不显著，长江三角洲、珠江三角洲区域与海洋第二产业间关系不显著，其余区域相关产业间规模模型较为显著。三次海洋产业与区域经济回归模型中，海洋第三产业与地方经济具有较高的拟合优度，并且通过了显著性检验，可以较好地拟合回归关系。

回归方程中的回归系数能够明确各研究区域海洋产业产值每增长 1% 所对应的该区域 GDP 的增长量，即海洋产业的发展对地方经济增长的促进程度的具体值（见表 6.8）。区域海洋总产值增长 1% 对地方经济的促进作用程度最大的为渤海湾，虽然渤海湾平均海洋经济贡献率仅占区域生产总值的12.23%，达不到珠三角15.06%的贡献率，但其对区域经济增长的促进作用较大。海洋总产值增长1%对应于地方经济增长0.0561亿元，与地方促进程度最低的珠三角区域相差0.0211亿元，相比而言海洋产业对于珠三角经济发展的带动作用较为微弱。对比两区域海洋产业结构，渤海湾6：42：52、珠三角5：38：57，两地的海洋产业结构差异致使区域经济带动作用产生差异，珠三角海洋产业结构的耦合度以及协调度分别处于拮抗耦合度、严重失调的情况，而渤海湾产业结构则比其相关指标高一个等级，从产业结构的合理性来判定渤海湾也优于珠三角区域。

表6.8　海洋经济增长对地方经济的促进程度

地区	海洋总产值增长1%对地方经济的促进程度（亿元）	海洋第一产业增长1%对地方经济的促进程度（亿元）	海洋第二产业增长1%对地方经济的促进程度（亿元）	海洋第三产业增长1%对地方经济的促进程度（亿元）	海洋三产促进程度比	海洋产业结构（2017年）
渤海湾	0.0561	—	0.1106	0.1133	0：0.49：0.51	6：42：52
长三角	0.0467	0.0482	—	0.1395	0.26：0：0.74	5：39：56
珠三角	0.0350	0.0376	—	0.0978	0.28：0：0.72	5：38：57

注：表格中“—”为回归模型不显著部分，故未计算其经济促进程度。

对比三角洲区域相应的海洋产业结构，对地方经济增长促进程度最大的为渤海湾区域海洋产业结构6：42：52，次之为长三角海洋产业结构5：39：56，最后是珠三角的5：38：57。观察海洋产业结构比例可以发现一个共同特征，对区域经济促进程度最大的海洋产业结构中，第二产业与第三产业间比例差值仅10个百分比，其余两区域二三产比例差值达到了17～19个百分比，这说明海洋第二产业的发展更能促进区域经济的发展，相对不合理的海洋产业结构不能使自身经济发展增长良性带动区域经济增长。

6.3　本章小结

本章构建了海洋经济区域贡献度以及OLS回归模型测量海洋演化的地方经济增长贡献效应。研究发现：

（1）沿海11省域中存在以下现象：河北、江苏、广西3地在研究期内海洋产业贡献度无一年高于全国平均贡献度，且远低于全国平均水平，使高速发展的海洋产业受到牵制，区域海洋产业发展两极分化现象较为严重；辽宁、浙江两地海洋产业经济贡献度在1997~2017年的研究期中，辽宁省17年经济贡献度低于全国平均水平，浙江整个研究期的经济贡献度都低于全国平均水平，虽与全国平均水平相差甚小，但仍是中间滞后力量；11省域中其余6地海洋产业发展较好，为区域经济增长提供了一定的引力作用。

（2）沿海3个三角洲区域中，海洋产业对区域经济贡献度最大的地区是珠江三角洲，其次是渤海湾地区，最后是长江三角洲区域。研究期内，长江三角洲区域海洋产业经济贡献度均低于全国平均水平，而珠江三角洲则均高于全国平均水平，渤海湾区域经济贡献度在全国平均水平线上下浮动。

（3）省域海洋产业对地方经济增长促进作用排名前3的区域分别是广西、河北、江苏，这3地海洋产业对区域的经济贡献度虽远低于全国平均水平，但其对当地经济的促进作用较为强劲。对照11省域海洋产业结构观察发现，对地方经济促进作用较强的海洋产业结构无“0”出现（无产业结构缺失），且海洋产业结构以第一产业占比最低，第二、第三产业占比较大且比例结构相差较小为基本特征。

（4）三角洲区域海洋产业对地方经济增长促进作用由大到小依次是渤海湾区域、长江三角洲区域以及珠江三角洲区域。观察相对应的海洋产业结构可以发现：对区域经济促进作用最大的区域海洋产业结构中，第二产业与第三产业间占比差值仅有10个百分比，促进程度较小区域海洋第二产业与第三产业占比差值达到了17~19个百分比，第二产业与第三产业所占比重差值较小更能促进区域经济增长。

综合区域经济贡献度与OLS模型分析结果发现：对地区经济增长贡献度较高的海洋产业反而对地方经济增长促进作用较低。对比现有相关研究结果，海洋经济会对沿海经济增长产生巨大影响（Ma，Hou & Zhang，2019），并且海洋产业结构变动对区域经济增长具有积极影响（Liu，Cao，2019），二者呈正相关关系（Xie，Zhang & Sun，2019）。但已有研究大都没有对具体海洋产业结构特征进行总结，不能为产业结构优化做出指导建议。鉴于此类研究缺失，本章对促进经济发展作用较强的海洋产业结构特征进行分析总结，可为区域海洋产业结构优化提供参照。

7 海洋产业演进的邻域增长溢出效应

7.1 海洋产业发展区际溢出增长效应的测度

7.1.1 沿海省域海洋产业发展区际溢出增长效应的测度

海陆间产业发展并不是两个独立的空间，海陆间经济也存在密不可分的关系。借助卡佩罗模型，定量测算研究区域海洋产业对陆域经济（相邻省域）的影响，同时也对陆域经济给予研究区域的“反作用”经济进行定量核算，以刻画其溢出增长效应。

7.1.1.1 天津

与天津相邻的省域仅有北京与河北两地，测算天津海洋产业对邻近省域的经济促进强度以及邻近省域经济发展对天津的反向影响促进强度（见表7.1）。

表7.1 天津溢出增长效应测度结果

相邻省域	研究区域得到的增长溢出效应强度				研究区域给出的增长溢出效应强度			
	$SR_{rt总}$	SR_{rt1}	SR_{rt2}	SR_{rt3}	$SRG_{rt总}$	SRG_{rt1}	SRG_{rt2}	SRG_{rt3}
北京	0.1907	0.0047	0.0785	0.3900	0.5027	0.0115	0.8657	0.6622
河北	0.0717	0.0652	0.0763	0.0684	0.1536	0.0035	0.2671	0.1944
总计	0.2624	0.0699	0.1548	0.4584	0.6563	0.0150	1.1328	0.8566

北京给予天津的经济增长溢出效应强度相较于河北较为明显，约占总溢出量的72.68%，北京和河北对天津的溢出给予强度相差0.119。将邻近省域三次产业溢出效应强度依次进行计算，河北仅有第一产业增长溢出效应强度大于北京，第二产业以及第三产业均弱于北京，尤其是第三产业北京的溢出强度是河北的5.7倍，为天津经济增长提供了有效的推力。北京之所以能为天津带来较大的经济增长溢出，来源于空间位置的邻近性以及便利的交通条件，空间溢出增长效应受到空间距离与时间距离的影响，北京—天津间公路里程仅136.8千米，而河北—天津间则是该里程的2.3倍；铁路时长北京—天津间仅需0.5小时，而河北—天津间则需1.52小时。

同样天津海洋产业增长也会对邻近省域产生相应的空间溢出效应。天津海洋产业增长变化对北京产生的影响是河北的3.27倍，表现在三次海洋产业中也均是北京优于河北，这与区域空间位置以及区域发展定位存在密切的联系。天津对北京、河北的第二产业以及第三产业影响较为明显。以河北为例，天津对其产生的增长溢出效应强度中第二产业和第三产业分别是第一产业的76.31倍以及55.54倍。

7.1.1.2 河北

河北邻近的省域较多，从北到南依次为北京、天津、辽宁、内蒙古、山西、河南以及山东7省份，分别计算区域间的经济溢出增长效应强度（见表7.2）。河北得到的邻近省域经济增长溢出中35%来源于山东，成为河北经济增长的外部主要动力，动力提供最少的区域是辽宁及内蒙古，仅有5%。河北所获得的外部经济增长溢出效应强度，相比于天津而言除了受空间距离、时间距离的影响以外，更大程度受该区域自身经济发展的影响，山东与天津同样距离河北的公路距离为314.5千米，且天津铁路行程较山东短0.32小时，但溢出效应强度山东则为天津的3.34倍，主要原因在于山东生产总值达68024.49亿元（2017年）而天津仅有17885.39亿元。区域三次产业对河北的增长溢出效应强度均以山东为首，第一、第二产业中河南第二，第三产业中北京第二。

表 7.2　河北溢出增长效应测度结果

相邻省域	研究区域得到的增长溢出效应强度				研究区域给出的增长溢出效应强度			
	$SR_{rt总}$	SR_{rt1}	SR_{rt2}	SR_{rt3}	$SRG_{rt总}$	SRG_{rt1}	SRG_{rt2}	SRG_{rt3}
北京	0.1178	0.0029	0.0485	0.2408	0.2037	0.0362	0.4123	0.2577
天津	0.0877	0.0080	0.0866	0.1013	0.2414	0.0429	0.4887	0.3054
辽宁	0.0403	0.0292	0.0406	0.0452	0.0684	0.0122	0.1384	0.0865
内蒙古	0.0455	0.0337	0.0482	0.0481	0.1092	0.0194	0.2211	0.1382
山西	0.0872	0.0397	0.0952	0.0998	0.2793	0.0497	0.5654	0.3534
河南	0.1646	0.1611	0.1787	0.1504	0.1936	0.0344	0.3919	0.2449
山东	0.2933	0.1721	0.3193	0.3025	0.1995	0.0355	0.4039	0.2524
总计	0.8364	0.4467	0.8171	0.9881	1.2951	0.2303	2.6217	1.6385

河北海洋产业对邻近省域同样会产生经济增长溢出效应，河北海洋产业对山西溢出效应最强为 0.2793，占总溢出效应的 21.57%，接受到的效应最低的区域为辽宁，仅占总溢出量的 5.28%。分海洋产业类型对其进行更为细化的溢出拆分发现，河北三次海洋产业对邻近区域影响最大的区域均为山西，其次为天津、北京。河北对邻近区域溢出效应总强度中，海洋第二产业是主要核心力量，溢出强度 2.6217 为该区域第一产业溢出强度的 11.38 倍，影响力成效显著，其次海洋第三产业的溢出效应强度为 1.6385，是区域第一产业溢出强度的 7.11 倍。

7.1.1.3　辽宁

辽宁邻近省域由北至南依次是吉林、内蒙古以及河北（见表 7.3）。辽宁接受到的溢出效应主要来自于吉林区域，占溢出总量的 64.81%，接受到的总溢出量最少的区域为内蒙古仅占 10.42%。辽宁与吉林同属于东北三省，日常交流经济往来密切，产业类型与产业发展契合度较高，配合默契。同时，吉林距离辽宁的空间距离与时间距离也是最近的，公路里程仅 353.4 千米（辽宁—内蒙古为 1172.8 千米、辽宁—河北为 960.3 千米），铁路行程 1.07 小时（辽宁—内蒙古为 11.05 小时、辽宁—河北为 5.57 小时），由于长春与沈阳间高铁时间最短用时 1.5 小时，各方面的因素综合使得吉林对辽宁经济发展产生了良好的促进效果。

表 7.3　　辽宁溢出增长效应测度结果

相邻省域	研究区域得到的增长溢出效应强度				研究区域给出的增长溢出效应强度			
	$SR_{rt总}$	SR_{rt1}	SR_{rt2}	SR_{rt3}	$SRG_{rt总}$	SRG_{rt1}	SRG_{rt2}	SRG_{rt3}
吉林	0.2414	0.2134	0.2491	0.2525	0.9183	1.1988	6.2570	1.1959
内蒙古	0.0388	0.0287	0.0410	0.0410	0.1093	0.1427	0.7449	0.1424
河北	0.0923	0.0839	0.0982	0.0881	0.1472	0.1921	1.0027	0.1916
总计	0.3725	0.326	0.3883	0.3816	1.1748	1.5336	8.0046	1.5299

同样，辽宁海洋产业对吉林的增长溢出效应强度也是最强的，无论是海洋第一、第二产业还是第三产业均大比例占据辽宁的溢出总额。观察辽宁海洋三次产业溢出强度比较，海洋第二产业对于邻近区域经济影响较大，海洋第二产业的溢出总额分别是第一产业、第三产业溢出强度的5.22倍以及5.23倍。

7.1.1.4　上海

上海邻近的省域仅有江苏与浙江两地，具体测算其相互间增长溢出效应强度（见表7.4）。两地相比，浙江对上海的溢出增长效应较强，约占溢出总量的69.11%，区域三产的溢出强度也以浙江为首，江苏次之。上海与浙江、江苏的互通联系大都是公路铁路，浙江—上海公路仅174.6千米，铁路时长也只需0.75小时。上海与江苏之间比上海—浙江的空间距离更小，对经济增长溢出效应强度的阻碍削弱作用较小，使得其可以为上海提供更多的经济增长动力。江苏与浙江的三次产业结构中，对上海溢出效应最强的是第三产业，第一产业最弱，符合上海产业发展方向与定位。

表 7.4　　上海溢出增长效应测度结果

相邻省域	研究区域得到的增长溢出效应强度				研究区域给出的增长溢出效应强度			
	$SR_{rt总}$	SR_{rt1}	SR_{rt2}	SR_{rt3}	$SRG_{rt总}$	SRG_{rt1}	SRG_{rt2}	SRG_{rt3}
江苏	0.1540	0.0643	0.1576	0.1765	0.2816	0.0023	0.7615	0.5223
浙江	0.3446	0.0964	0.3458	0.4180	0.9533	0.0078	2.5778	1.7681
总计	0.4986	0.1607	0.5034	0.5945	1.2349	0.0101	3.3393	2.2904

上海给予江苏、浙江的海洋经济增长溢出效应也以浙江为主，江苏其次；浙江占上海增长溢出效应强度的77.20%，而江苏仅占22.8%。上海

不同类型海洋产业间，也存在不同强度的溢出效应。上海海洋第二产业对江苏以及浙江的溢出效应强度最大，其次是海洋第三产业作用强度，最弱的依旧是海洋第一产业对邻近区域的影响。比较来看，上海海洋第二产业对江苏、浙江的影响分别是第一产业的 331.09 倍以及 330.49 倍。相比于辽宁、河北、天津等地，此影响倍数已达上百倍，上海海洋产业间发展不平衡现象更为突出，海洋产业结构不合理状况也暴露了出来。

7.1.1.5　江苏

江苏区域由北至南邻近省域依次是山东、安徽、上海以及浙江 4 地，定量计算其国民经济与海洋经济间的增长溢出效应强度（见表 7.5）。这 4 区域对江苏经济的总体促进作用从大到小依次是上海、浙江、山东以及安徽。安徽虽与江苏距离最短，空间距离为 175.1 千米，时间距离为 0.93 小时，但由于自身地区生产总值体量较小，对江苏的空间溢出表现较弱。综合比较邻近区域对江苏经济影响的带动作用，周围区域对江苏海洋第三产业影响较大，为区域经济发展提供了外部增长动力。第一产业对空间的依附性较强，表现出的增长溢出效应并不十分明显，仅占第三产业溢出强度的 28.3%。

表 7.5　江苏溢出增长效应测度结果

相邻省域	研究区域得到的增长溢出效应强度				研究区域给出的增长溢出效应强度			
	$SR_{rt总}$	SR_{rt1}	SR_{rt2}	SR_{rt3}	$SRG_{rt总}$	SRG_{rt1}	SRG_{rt2}	SRG_{rt3}
山东	0.1244	0.0730	0.1355	0.1283	0.1324	0.1074	0.2147	0.2273
安徽	0.1006	0.0923	0.1005	0.1091	0.3437	0.2788	0.5573	0.5900
上海	0.2020	0.0049	0.1487	0.3307	0.4934	0.4002	0.8000	0.8470
浙江	0.1481	0.0414	0.1485	0.1796	0.2217	0.1798	0.3594	0.3805
总计	0.5751	0.2116	0.5332	0.7477	1.1912	0.9662	1.9314	2.0448

江苏海洋产业对邻近区域的溢出作用效应最明显的是上海，其次是安徽、浙江，最后是山东；江苏对经济体量差距较大的地区溢出效应较强。江苏三次海洋产业对邻近区域的增长溢出效应差距较小，未出现上百倍溢出效应差距，以海洋第三产业溢出为主，第二产业溢出强度为辅，为邻近区域带来外部经济增长动力。江苏海洋第一产业对山东、安徽以及浙江溢

出效果较为相似，不存在大数值变化，其中对上海的溢出强度达到了0.4002，占海洋第一产业总溢出的41.42%，恰好对上海海洋第一产业的缺失进行了弥补。同时，在较大经济体量的影响下，以及交通通达性的便利情况下，江苏海洋第二产业以及第三产业的空间溢出强度也以上海为首，促进了邻域经济增长发展。

7.1.1.6 浙江

浙江相邻的省域较多，由北至南依次为上海、江苏、安徽、江西以及福建5地，区域间经济空间溢出相互作用较为明显（见表7.6）。从溢出总量来看邻近区域中，江苏对浙江的增长溢出效应最强，便利的交通以及频繁的商贸往来促使其拥有较大的影响力。邻近区域一二三产业对浙江的影响强度也以江苏为首，安徽其次。上海第一产业对浙江的溢出强度最少，仅占第一产业溢出总强度的1.66%，虽然上海是浙江邻近区域中交通通达性最优地区，但上海区域第一产业产值较低，故未能给浙江带来较强的空间溢出强度。

表7.6　浙江溢出增长效应测度结果

相邻省域	研究区域得到的增长溢出效应强度				研究区域给出的增长溢出效应强度			
	$SR_{rt总}$	SR_{rt1}	SR_{rt2}	SR_{rt3}	$SRG_{rt总}$	SRG_{rt1}	SRG_{rt2}	SRG_{rt3}
上海	0.2456	0.0060	0.1808	0.4020	0.8981	0.5374	1.5871	1.0846
江苏	0.5238	0.2187	0.5361	0.6003	0.7763	0.4645	1.3719	0.9375
安徽	0.0772	0.0708	0.0771	0.0837	0.3948	0.2363	0.6978	0.4768
江西	0.0396	0.0362	0.0424	0.0391	0.2588	0.1548	0.4573	0.3125
福建	0.0450	0.0287	0.0479	0.0476	0.1847	0.1105	0.3264	0.2230
总计	0.9312	0.3604	0.8843	1.1727	2.5127	1.5035	4.4405	3.0344

浙江海洋产业对邻近区域的增长溢出效应强度中上海最强，福建最弱。经济影响力随着空间层面的不断扩大呈指数型锐减，杭州距厦门的908.7千米路程以及近3小时的铁路距离，使浙江海洋产业对周围区域的影响力呈“同心圆”式层层递减，最终使得到达福建区域的海洋经济溢出强度仅占总溢出强度的7.35%。浙江海洋三次产业中，海洋第二产业为邻近省域带来的经济增长溢出效应强度最大为4.4405，其次是海洋第三产业3.0344。

7.1.1.7 福建

福建相邻省域较少仅有三个，分别是浙江、江西及广东，空间溢出作用强度差距较大（见表7.7）。浙江与广东两省份对福建经济增长溢出效应强度较为相似，无明显特征，这是时空距离以及区域本身固有的经济体量产业类型发展方向较为类似所致。江西虽然仅距福建559.2千米（福建—浙江908.7千米、福建—广东866.5千米），铁路运行2.93小时（福建—浙江2.83小时、福建—广东6.03小时）即可到达，但其自身的国民经济总量较小，所能供给福建的外部增长动力较少，仅约为浙江和广东的79.39%，江西仅依靠自身较为发达的第一产业为福建提供增长溢出效应。

表7.7 福建溢出增长效应测度结果

相邻省域	研究区域得到的增长溢出效应强度				研究区域给出的增长溢出效应强度			
	$SR_{rt总}$	SR_{rt1}	SR_{rt2}	SR_{rt3}	$SRG_{rt总}$	SRG_{rt1}	SRG_{rt2}	SRG_{rt3}
浙江	0.1635	0.0457	0.1640	0.1982	0.3612	0.2750	1.8948	0.8372
江西	0.1298	0.1186	0.1391	0.1282	0.8361	0.6365	4.3861	1.9380
广东	0.1630	0.0528	0.1576	0.2064	0.2140	0.1629	1.1225	0.4960
总计	0.4563	0.2171	0.4607	0.5328	1.4113	1.0744	7.4034	3.2712

同时，福建海洋产业也为区域经济发展提供了外部增长力，呈现出明显的“差距溢出”特征。福建与浙江以及广东在自然资源、产业发展等方面较为相似，区域产业生产总值差距不大，海洋产业溢出效应存在，但相较于江西而言不明显。江西与福建从发展的软硬实力上表现出了明显的差距，有差距才存在溢出，差距越大溢出效应越强。故福建对江西总增长溢出效应强度占总量的近60%，海洋第一、第二、第三产业对江西的增长溢出效应强度也均达到了近60%的占比。

7.1.1.8 山东

山东地处渤海湾区域，由北向南相邻的省域依次是河北、河南、安徽以及江苏4地，依次计算增长溢出效应强度（见表7.8）。山东得到的溢出效应中42.98%来自于河北、23.49%来自河南、9.08%来自安徽、24.44%

来自江苏。安徽与江苏距山东的时空距离相近，但其溢出强度远弱于江苏，归根结底是由于地方生产总值的差距，2017 年江苏的生产总值是安徽的 3. 17 倍。

表 7. 8　　　　山东溢出增长效应测度结果

相邻省域	研究区域得到的增长溢出效应强度				研究区域给出的增长溢出效应强度			
	$SR_{rt总}$	SR_{rt1}	SR_{rt2}	SR_{rt3}	$SRG_{rt总}$	SRG_{rt1}	SRG_{rt2}	SRG_{rt3}
河北	0. 2717	0. 2468	0. 2890	0. 2592	1. 1839	0. 7175	2. 3139	1. 4572
河南	0. 1485	0. 1453	0. 1611	0. 1357	0. 5602	0. 3395	1. 0950	0. 6896
安徽	0. 0574	0. 0526	0. 0573	0. 0622	0. 4022	0. 2438	0. 7861	0. 4951
江苏	0. 1545	0. 0645	0. 1582	0. 1771	0. 3137	0. 1901	0. 6132	0. 3862
总计	0. 6321	0. 5092	0. 6656	0. 6342	2. 4600	1. 4909	4. 8082	3. 0281

相邻区域同样接收着来自山东海洋产业的增长溢出效应，山东海洋产业对相邻区域影响大都集中于海洋第二产业中，海洋第二产业的溢出强度是海洋第一产业溢出强度的 3. 23 倍，是海洋第三产业溢出强度的 1. 59 倍。山东海洋第二产业的增长溢出对河北的影响较为明显，河北对山东的空间溢出效应也多集中于海洋第二产业中，两区域相互影响共同发展与协作，形成了相互反馈机制，区域经济与区域海洋经济协同高速发展。同时，山东也存在明显的“差距溢出”现象，山东与河北间经济体量差距较大，相互间溢出效应较为明显，山东相较于经济体量相当的江苏而言溢出效应则较弱，甚至在海洋第一产业间存在的增长溢出效应可忽略不计。

7. 1. 1. 9　广东

与广东相邻的省域由北向南依次是福建、江西、湖南、广西以及海南 5 地，它们为广东经济增长提供的外部动力强度总计为 0. 3545（见表 7. 9），其中海南溢出强度最大约占 34. 61%，溢出强度最弱的江西约占溢出总量的 10. 75%，区域溢出强弱差距不大。广东邻近省域经济发展无分级化现象，且时空阻力较为相似，导致溢出效应无明显差别。邻近区域对广东的经济带动作用最大的是第一产业的增长溢出，其次为第三产业，最后为第二产业。

表 7.9　　广东溢出增长效应测度结果

相邻省域	研究区域得到的增长溢出效应强度				研究区域给出的增长溢出效应强度			
	$SR_{rt总}$	SR_{rt1}	SR_{rt2}	SR_{rt3}	$SRG_{rt总}$	SRG_{rt1}	SRG_{rt2}	SRG_{rt3}
福建	0.0749	0.0478	0.0797	0.0793	0.5315	0.1215	0.9609	0.6122
江西	0.0381	0.0348	0.0408	0.0376	0.4304	0.0984	0.7781	0.4957
湖南	0.0752	0.0782	0.0689	0.0863	0.5077	0.1160	0.9178	0.5847
广西	0.0436	0.0624	0.0407	0.0449	0.5315	0.1215	0.9609	0.6122
海南	0.1227	0.2924	0.0658	0.1498	6.5999	1.5084	11.9309	7.6010
总计	0.3545	0.5156	0.2959	0.3979	8.6010	1.9658	15.5486	9.9058

广东三次海洋产业对邻近省域增长溢出效应强度最为明显的是海洋第二产业，总增长溢出强度高达 15.5486，约为海洋第一产业溢出强度的 7.91 倍、海洋第三产业的 1.57 倍，成为影响邻近省域的核心力量。广东海洋产业对海南影响程度最大，除海南以外其余 4 地影响强度无明显差别。广东与相邻 5 省之间，地区生产总值及年增长量差别最大的区域为海南，故无论是从海洋产业总体增长溢出效应来说，还是从海洋三次产业的溢出层面角度来讲，广州对海南的影响强度最大。

7.1.1.10　广西

广西相邻省域包括广东、湖南、贵州、云南以及海南 5 省，分别对其做相应增长溢出效应强度计算（见表 7.10）。广西邻近省域的增长溢出效应与广州有相似之处，海南对广西的溢出强度最大约占总量的 58.02%，虽然海南区域生产总值及年增加量并不突出，但广西—海南间公路里程仅 477.3 千米（广西—广东为 562.8 千米、广西—湖南为 878.6 千米、广西—贵州为 602.5 千米、广西—云南为 773.7 千米），使得区域经济溢出空间阻力较小，增长溢出效应强度较大。邻近省域三次产业结构中对广西影响较大的产业类型为第一产业，其次为第三产业，最后是第二产业，三次产业间溢出效应强度无明显差别。

表 7.10 广西溢出增长效应测度结果

相邻省域	研究区域得到的增长溢出效应强度				研究区域给出的增长溢出效应强度			
	$SR_{rt总}$	SR_{rt1}	SR_{rt2}	SR_{rt3}	$SRG_{rt总}$	SRG_{rt1}	SRG_{rt2}	SRG_{rt3}
广东	0. 2233	0. 0723	0. 2160	0. 2827	0. 0415	0. 0711	0. 0795	0. 2162
湖南	0. 0554	0. 0576	0. 0507	0. 0635	0. 0301	0. 0516	0. 0577	0. 1571
贵州	0. 0347	0. 0462	0. 0299	0. 0412	0. 0546	0. 0936	0. 1046	0. 2846
云南	0. 2193	0. 3073	0. 3916	0. 1471	0. 0385	0. 0660	0. 0737	0. 2006
海南	0. 7362	1. 7546	0. 3949	0. 8991	3. 1948	5. 4748	6. 1193	16. 6494
总计	1. 2689	2. 2380	1. 0831	1. 4336	3. 3595	5. 7571	6. 4348	17. 5079

相对于广西海洋产业所产生的增长溢出效应来说，其对海南区域的增长效应强度也最强，约占溢出总量的95. 10%，给予了海南较强的外部经济增长动力，对其余4省域的空间溢出差别较小，相比于海南而言无明显溢出表现。广西海洋产业产生的增长溢出效应与福建、广东两地具有明显的差别，广西海洋产业增长溢出主要以第三产业为主，而福建与广州则都是以海洋第二产业为主。广西海洋第三产业空间溢出强度分别是海洋第一产业以及海洋第二产业的3. 04倍以及2. 72倍，成为区域主要溢出产业类型。

7.1.1.11 海南

海南从毗邻省际——广东、广西获得了较为相似的增长溢出效应（见表7. 11）。从溢出总量来看61. 00%来自广东，39. 00%来自广西。从时空阻力来看，海南—广东、海南—广西具有相近的溢出阻力，故溢出差别来自区域生产总值的体量及年增长量，2017年广东生产总值达80854. 91亿元，而广西仅有18317. 64亿元。观察相邻省域对海南的增长溢出效应，邻近区域的第三产业对海南经济增长的外部引力最强，其次是第二产业，最后是空间限制因素较大的第一产业。

表 7.11 海南溢出增长效应测度结果

相邻省域	研究区域得到的增长溢出效应强度				研究区域给出的增长溢出效应强度			
	$SR_{rt总}$	SR_{rt1}	SR_{rt2}	SR_{rt3}	$SRG_{rt总}$	SRG_{rt1}	SRG_{rt2}	SRG_{rt3}
广东	0. 1714	0. 0555	0. 1657	0. 2169	0. 0294	0. 0702	0. 1744	0. 0410
广西	0. 1096	0. 1567	0. 1022	0. 1129	0. 0997	0. 2375	0. 5904	0. 1388
总计	0. 2810	0. 2122	0. 2679	0. 3298	0. 1291	0. 3077	0. 7648	0. 1798

广东及广西所获得的增长溢出效应中，海南给予了广东22.77%，剩余77.23%全部给予了广西。由于海南距广西时空阻力较小（海南—广西公路距离为477.3千米、海南—广东公路距离为587.8千米），海南所能给予的空间溢出则会被放大，而海南给予广东的空间溢出随着时空阻力逐渐减少的同时，广东经济体量远大于海南，使得溢出效应被缩小，以至于海南对广东的影响在实际中显得更加微弱。海南海洋产业对邻近省域的增长溢出效应中以海洋第二产业为主，海洋第一产业次之，最后为海洋第三产业，海洋第二产业的溢出强度分别为海洋第一、第二产业的2.49倍以及4.25倍。

7.1.2 沿海三角洲海洋产业发展区际溢出增长效应的测度

7.1.2.1 渤海湾地区

渤海湾地区相邻省际共计7个，依次是吉林、内蒙古、北京、山西、河南、安徽以及江苏，他们会受到来自北部海洋经济圈渤海湾地区海洋产业的增长溢出影响，同时也会为渤海湾地区提供外部经济增长驱动力（见表7.12）。渤海湾地区接收到的增长溢出效应强度可分为3个梯级层面。第一梯级区域为吉林，其为渤海湾地区提供了27.30%的外部经济增长动力；第二梯级区域为北京、河南以及江苏，这三地为研究区平均提供了17.20%的增长溢出强度；第三梯级区域为内蒙古、山西以及安徽，它们平均为渤海湾区域提供了7.03%的溢出强度。邻近区域三次产业中，第三产业对研究区产生的增长溢出效应强度较强，分别是第一、第二产业的1.93倍以及1.29倍。

表7.12 渤海湾地区溢出增长效应测度结果

相邻省域	研究区域得到的增长溢出效应强度				研究区域给出的增长溢出效应强度			
	$SR_{rt总}$	SR_{rt1}	SR_{rt2}	SR_{rt3}	$SRG_{rt总}$	SRG_{rt1}	SRG_{rt2}	SRG_{rt3}
吉林	0.2414	0.2134	0.2491	0.2525	5.4036	28.2974	35.0678	6.2143
内蒙古	0.0419	0.0310	0.0443	0.0443	0.6945	3.6372	4.5074	0.7987
北京	0.1456	0.0036	0.0600	0.2978	1.7398	9.1111	11.2911	2.0009
山西	0.0872	0.0397	0.0952	0.0998	1.9299	10.1062	12.5242	2.2194
河南	0.1561	0.1528	0.1695	0.1427	1.2684	6.6426	8.2319	1.4587

续表

相邻省域	研究区域得到的增长溢出效应强度				研究区域给出的增长溢出效应强度			
	$SR_{rt总}$	SR_{rt1}	SR_{rt2}	SR_{rt3}	$SRG_{rt总}$	SRG_{rt1}	SRG_{rt2}	SRG_{rt3}
安徽	0.0574	0.0526	0.0573	0.0622	0.8660	4.5348	5.6198	0.9959
江苏	0.1545	0.0645	0.1582	0.1771	0.6754	3.5372	4.3835	0.7768
总计	0.8841	0.5576	0.8336	1.0764	12.5776	65.8665	81.6257	14.4647

同样，邻近省际也会接收到来自研究区海洋产业带来的外部经济增长动力，渤海湾溢出强度的42.96%给予了吉林，同样吉林也是对渤海湾区域溢出的第一梯级地区，形成了相互溢出的良性循环机制。渤海湾区域溢出强度同样也存在按距离衰减的“同心圆”模式，形成3个梯级溢出：第一梯级（吉林）、第二梯级（北京、山西、河南）、第三梯级（内蒙古、安徽、江苏）。渤海湾区域海洋三次产业的溢出量也有明显的特征，海洋第二产业的溢出效应强度较大，分别是海洋第一产业以及海洋第三产业的1.24倍、5.64倍，成为了海洋产业经济增长溢出效应的主要核心力量，为邻近省域带来了经济增长的外部动力。

7.1.2.2 长江三角洲地区

山东、安徽、江西以及福建是长江三角洲区域的邻近省域。研究区接收到的增长溢出效应大都来自山东，约占总接收量的41.98%；其余3个地区除安徽溢出效应强度略高外，剩余2个区域溢出效应无明显差别。邻近省域三次产业结构中主要以区域第二、第三产业溢出为主，第一产业为辅（见表7.13）。

表7.13　长江三角洲地区溢出增长效应测度结果

相邻省域	研究区域得到的增长溢出效应强度				研究区域给出的增长溢出效应强度			
	$SR_{rt总}$	SR_{rt1}	SR_{rt2}	SR_{rt3}	$SRG_{rt总}$	SRG_{rt1}	SRG_{rt2}	SRG_{rt3}
山东	0.1244	0.0730	0.1355	0.1283	0.7759	8.8861	1.6614	0.7364
安徽	0.0873	0.0801	0.0872	0.0947	1.7485	20.0262	3.7442	1.6596
江西	0.0396	0.0362	0.0424	0.0391	1.0126	11.5971	2.1683	0.9611
福建	0.0450	0.0287	0.0479	0.0476	0.7227	8.2770	1.5475	0.6859
总计	0.2963	0.2180	0.3130	0.3097	4.2597	48.7864	9.1214	4.0430

长江三角洲区域海洋产业对邻近省域经济产生的增长溢出效应中，对安徽的增长溢出强度较强，约占总溢出量的41.05%，其次为江西23.77%，山东和福建分别为18.21%和16.97%。安徽与长三角的时空阻力较小，其得到了长三角最大的溢出量。长三角海洋三次产业对邻近区域增长溢出效应多集中在海洋第一产业，为48.7864，海洋第二产业与第三产业仅有9.1214以及4.0430；海洋第一产业提供的增长溢出效应强度分别是海洋第二产业及第三产业的5.35倍、12.07倍。长三角地区拥有中国最大的渔场——舟山渔场，使得海洋第一产业极为发达，为邻近区域经济增长提供了较强的动力。

7.1.2.3 珠江三角洲地区

珠三角地区是中国最南端的经济圈，毗邻浙江、江西、湖南、贵州以及云南5地，这5地距珠三角距离较为相近，无明显的空间阻力差别，溢出效应强弱大都取决于各地区生产总值及年增加量的大小（见表7.14）。邻近省域对珠三角区域增长溢出效应多集中于邻近省域的第二产业中，约为区域第一、第三产业溢出效应的1.36倍。

表7.14 珠江三角洲地区溢出增长效应测度结果

相邻省域	研究区域得到的增长溢出效应强度				研究区域给出的增长溢出效应强度			
	$SR_{rt总}$	SR_{rt1}	SR_{rt2}	SR_{rt3}	$SRG_{rt总}$	SRG_{rt1}	SRG_{rt2}	SRG_{rt3}
浙江	0.1635	0.0457	0.1640	0.1982	1.5825	6.0666	3.3334	1.3557
江西	0.0589	0.0538	0.0631	0.0582	1.6623	6.3725	3.5014	1.4241
湖南	0.0638	0.0663	0.0584	0.0732	1.0751	4.1213	2.2645	0.9210
贵州	0.0347	0.0462	0.0299	0.0412	1.6907	6.4814	3.5613	1.4484
云南	0.2193	0.3073	0.3916	0.1471	1.1916	4.5682	2.5101	1.0209
总计	0.5402	0.5193	0.7070	0.5179	7.2022	27.6100	15.1707	6.1701

珠江三角洲区域对周围省域增长溢出强度同长江三角洲区域类似，集中于海洋第一产业，其次是海洋第二产业，最后为海洋第三产业。珠江三角洲对邻近省域海洋产业增长溢出效应可分为两类。第一类是浙江、江西以及贵州，平均影响程度达到了溢出总强度的22.84%以上，成为区域主要溢出方向；第二类是湖南和云南，平均影响程度仅占溢出总强度的15.73%，是研究区的次级溢出区域。

7.2 海洋产业区际溢出效应的地区差异分析

7.2.1 沿海省域海洋产业区际溢出效应的地区差异分析

对研究区域分海洋产业类型进行产业溢出效果强度计算，发现不同类型海洋产业间溢出效果不尽相同，这与区域自身所具有的海洋产业结构有不可分割的联系。对比 11 个沿海省域海洋产业总体溢出效果强度（见表 7.15），广东海洋产业增长溢出效果最优达到了 8.601 的高强度值，而海南总体溢出强度仅有 0.1291，仅占广东溢出强度的 1.5%。对比二者海洋产业结构，海南海洋产业结构为 23∶19∶57，海洋产业结构极为不合理，海洋第二产业所占比重相较于第一产业低 4 个百分点，造成海洋产业基础不稳的情况产生。广东海洋产业结构的分配比例则为 2∶41∶58，无产业结构缺失，且第三产业占比大于第二产业，第二、第三产业占比总量达 95% 以上，在该产业结构比例配比下，区域除了自身拥有高经济增长量以外，还为邻近区域带来了明显的产业增长溢出效果。

表 7.15　沿海省域海洋产业区际溢出效应差异与区域海洋产业结构

地区	海洋产业总体溢出强度	海洋三次产业溢出效果强度比	海洋三次产业结构（2017 年）
天津	0.6563	0.0∶1.1∶0.9	0∶45∶54
河北	1.2951	0.2∶2.6∶1.6	4∶37∶58
辽宁	1.1748	1.5∶8.0∶1.5	13∶36∶52
上海	1.2349	0.0∶3.3∶2.3	0∶34∶65
江苏	1.1912	1.0∶1.9∶2.0	7∶50∶44
浙江	2.5127	1.5∶4.4∶3.0	8∶35∶58
福建	1.4113	1.1∶7.4∶3.3	7∶36∶57
山东	2.4600	1.5∶4.8∶3.0	6∶43∶51
广东	8.6010	2.0∶15.5∶9.9	2∶41∶58
广西	3.3595	5.8∶6.4∶17.5	16∶35∶49
海南	0.1291	0.3∶0.8∶0.2	23∶19∶57

对比 11 省域海洋产业结构与其相应的增长溢出强度发现，溢出效果好的区域海洋产业结构存在以下特征：

（1）无海洋产业结构缺失。天津与上海两地海洋第一产业总量几乎为 0，在该海洋产业结构下，天津海洋产业总体溢出强度仅有 0. 6563，上海在区域海洋第三产业发展极为优越的条件下填补了部分海洋第一产业缺失损失的溢出效应，但填补效果仍不理想，溢出强度仅有 1. 2349。故区域海洋产业结构需保证无 0 出现才能产生更大的溢出效应，单一产业类型发展优越不能填补产业缺失带来的空间溢出损失。

（2）海洋第二产业产值比重大于第一产业。海南是唯一一个省域海洋第一产业比重大于第二产业的区域，其海洋产业总体溢出强度也成为了 11 个沿海省域的最后一名，产业结构极不合理，不仅影响溢出效果，更多的是影响到了自身的海洋经济发展，对当地经济形成了制约。

（3）海洋第三产业产值比重大于第二产业。依照江苏海洋产业经济体量年增长量以及较为合理的海洋产业结构，理论上应该会产生更好的溢出效果，但江苏海洋产业总体溢出强度仅有 1. 1912。仔细对比其与广东海洋产业结构间的差别，发现江苏海洋第二产业总量大于海洋第三产业，使其不能为邻近区域提供更多的经济溢出。

（4）海洋第一产业占比最好控制在 10% 以内。将沿海 11 省域海洋产业总体溢出强度进行排序，排名前 5 的省域依次是广东、广西、浙江、山东以及福建，观察这 5 地海洋产业结构比例发现，除广西外，其余 4 地海洋第一产业所占比例均在 10% 以内，过高的一产占比将成为区域经济溢出的阻力因素。

7. 2. 2　沿海三角洲海洋产业区际溢出效应的地区差异分析

沿海三角洲区域海洋产业总体溢出强度由高到低依次是渤海湾地区、珠江三角洲区域、长江三角洲区域（见表 7. 16）。三角洲区域海洋产业溢出效应与省域层面存在一个较大的不同点，沿海省域溢出效应主要以海洋第二、第三产业为主，三角洲则是以海洋第一、第二产业为主。海洋第三产业在三角洲空间层面的溢出效应较为微弱，而省域层面则较强。

表 7.16 沿海三角洲海洋产业区际溢出效应差异与区域海洋产业结构

地区	海洋产业总体溢出强度	海洋三次产业溢出效果强度比	海洋三次产业结构（2017）
渤海湾地区	12.5776	65.9：81.6：14.5	6：42：52
长江三角洲地区	4.2597	48.8：9.1：4.0	5：39：56
珠江三角洲地区	7.2022	27.6：15.2：6.2	5：38：57

观察三个三角洲海洋产业相对应的产业结构，溢出效应最强的渤海湾地区三次海洋产业结构为6：42：52，相比较来看，海洋第一产业所占比重基本相同，故导致区域海洋产业溢出强度不同的原因在于第二产业与第三产业的比重分配。渤海湾区域海洋第二产业与第三产业间比重相差较小，仅有10个百分点，而长三角地区相差17个百分点，珠三角地区相差19个百分点。海洋第二产业与第三产业间不平衡的发展，将导致区域产业增长溢出效应较弱。

7.3 本章小结

本章采用卡佩罗模型计量海洋产业演化的邻域经济增长溢出效应，研究发现：

（1）增长溢出效应成“同心圆”扩散，空间距离产生相应阻力系数。

（2）区域间溢出强度具有相互作用的特征。沿海11省际以及3个三角洲区际大都存在相互间的空间溢出特征，溢出与所获反馈相当。

（3）空间溢出的方向具有明显的“梯度溢出”现象。两地间经济体量相差较大则溢出现象明显，经济体量差距较小的两区域溢出现象不显著。

（4）三角洲区际及省际溢出效果好的区域海洋产业结构存在以下特征：其一，无海洋产业结构缺失；其二，海洋三产比重为“三二一”型，且海洋第一产业占比在10%以内。

（5）省域层面增长溢出效应以海洋第二、第三产业为主导，三角洲层面海洋产业增长溢出效应则以第一、第二产业为主导。

对比已有研究成果，针对海洋产业空间溢出的研究内容较少，针对于海洋产业结构演变造成的空间溢出效应更是少之又少。已有的研究中使用过的计量方法大都为空间杜宾（Durbin）模型（杨羽頔，2015）、DEA 模型、Malmquist 指数分析法。本章研究内容借鉴了城市间扩张与经济联系中常用的溢出模型，探究海洋产业结构变化所带来的空间溢出强度，丰富了目前已有探究方法，同时总结了溢出效应较强的海洋产业结构特征，为区域海洋产业结构优化提供了参照。

8 海洋产业演进影响中国沿海省份增长及其分异

8.1 数据来源与研究方法

8.1.1 数据来源

借助来自沿海各地国民经济与社会发展统计公报及中国海洋经济统计公报中的沿海各地的经济数据及海洋产业数据，对海洋经济省域经济增长的影响进行估计。另外，借助来自 2006～2015 年的《中国海洋统计年鉴》海洋第一二三产业产值、沿海地区海洋货物运输量、沿海地区涉海就业人员人数、沿海地区财政收入及沿海地区本、专科毕结业生数分析其分异动因。需要指出的是，为了方便模型分析，以人均 GDP 做为背景数据，并将各省（区、市）所辖的区域看作一个整体进行研究。

8.1.2 研究方法

自空间计量经济学提出后，空间计量模型得到许多学者青睐，并逐步得到完善。本书主要采用基础面板数据模型，即空间计量模型，分别是空间滞后模型（SLM）和空间误差模（SEM）。此外，还采用了由其扩展的空间杜宾模型（SDM）和空间杜宾误差模型（SDEM）。鉴于海洋统计数据和相关研究，选取海洋第一二三产业、沿海地区海洋货物运输量、沿海地区涉海就业人员、沿海地区财政收入及沿海地区本、专科毕结业生数作为省域经济增长差异的解释变量，分析沿海省份海洋经济对省域经济的影响因素，构建省域经济差异影响因素的传统计量模型式：

$$\ln Y_{it} = \beta_0 + \beta_1 \ln H_{it} + \beta_2 \ln C_{it} + \beta_3 \ln J_{it} + \beta_4 \ln E_{it} + \beta_5 \ln O_{it} + \beta_6 \ln T_{it} + \beta_7 \ln S_{it} + \varepsilon_{it} \tag{8.1}$$

式中：i 代表第 i 个省，包括沿海 11 个省（市）；t 表示年份；Y 是被解释变量，即 1999~2015 年各省（区、市）的人均 GDP；O、T、S、H、C、J、E 为省域经济差异的解释变量，分别表示海洋第一产业产值、海洋第二产业产值、海洋第三产业产值、沿海地区海洋货物运输量、沿海地区财政收入、沿海地区涉海就业人员、沿海地区本科与专科毕业生数（见表 8.1）；β_0 为常数项；ε 为随机误差项；β_1 ~ β_7 为待估参数。

表 8.1　海洋经济对省域经济影响因素的指标体系

变量分类	变量名称		变量解释
被解释变量	Y	区域经济差异	人均 GDP（元）
解释变量	H	主要海洋产业活动	沿海地区海洋货物运输量（万吨）
	C	财政收入	沿海地区财政收入（万元）
	J	涉海就业	涉海就业人员情况（万人）
	E	教育基本情况	本、专科毕（结）业生数（万人）
	O	海洋产业结构	海洋第一产业产值（万元）
	T		海洋第二产业产值（万元）
	S		海洋第三产业产值（万元）

8.2　海洋经济对沿海省份区域经济影响分析

8.2.1　沿海地区海洋经济增速分异及产业结构分异

2006~2015 年我国沿海地区 11 个省（区、市）（不含港澳台地区）主要海洋产业总产值在绝对量上均保持快速增长趋势，总量由 2006 年的 21220.3 亿元增到 2015 年的 64669 亿元，增长 2.05 倍，年均增长 13.18%；

各地的海洋经济增长速度都比较快，沿海各省（区、市）海洋经济年均增长速度均值为14.37%，与地方经济年均增长速度14.33%相当。海洋经济总量呈现稳定增长态势，且增长速度较稳定。比较各地海洋经济占地方生产总值的比重发现，起初沿海各省（区、市）海洋产业总值占该地区生产总值的比重均不大，但是11省份的平均比重在2010年之后开始出现稳定增长的趋势，到2015年该比重高达16.36%，说明在2010年后海洋经济对中国沿海地区各省（区、市）经济发展贡献呈稳定增长态势。

我国的《海洋及相关产业分类》将所涉及海洋产业划分为海洋第一产业（海洋水产业即海洋渔业）、海洋第二产业（海洋盐业、海洋油气业、滨海砂矿业和沿海造船业、深海采矿业和海洋制药业）和海洋第三产业（海洋交通运输业、滨海旅游业、海洋公共服务业等）。比较沿海各省（区、市）2006~2015年主要海洋产业结构变化，发现：

（1）中国海洋产业结构趋向高级阶段，海洋第一、第二、第三产业产值比重由2006年的5.4：46.2：48.4调整到2015年的5.1：42.5：52.4，海洋三次产业结构逐步优化。

（2）海洋第二产业中，海洋船舶工业迅速发展，新兴海洋产业如海洋生物医药、海洋电力和海水利用等高科技含量产业快速形成并稳步增长，但区域差异非常显著，尤其是环渤海地区新兴海洋产业发展水平总体滞后于长三角、珠三角城市群相关产业。

（3）在海洋第三产业内部，海洋交通运输日益成为最重要组成部分，海洋科技研发与中介业快速发展且主要集聚在大连、青岛、上海、广州等城市。

8.2.2 海洋经济对沿海省份区域经济贡献测度

构建式（8.2）测算海洋经济对省域经济发展贡献度。

$$B = H/G \times 100\% \tag{8.2}$$

式中，H为当年海洋经济的总产值，G为当年省域经济总量，B为海洋经济对省域经济发展贡献率。B值越大，说明海洋经济越发达，海洋经济对省域经济的贡献越大。

由表8.2可知：河北、江苏、广西的海洋经济对全省经济贡献率不大，均低于全国水平（16.36%）且差距较大；辽宁、浙江、山东、广东四省海洋经济对全省经济贡献率接近全国水平；天津、上海、福建、海南的海洋产业对全省经济贡献率则远超过全国水平。天津、福建、山东、广西四地海洋经济对省域经济贡献率变化趋势较其他省份相对平稳，且研究年份的贡献率变化始终小于1%；河北、辽宁、上海、海南四地海洋经济对省域经济贡献率在研究年份始终呈下降趋势，但辽宁和海南出现回暖态势；上海市下降最为明显，2006~2015年总降幅大于10%；江苏、浙江、广东3省海洋经济对省域经济贡献率在研究年份始终呈现上升趋势。

表8.2　海洋经济对省域经济发展贡献率　单位:%

地区	2006年	2007年	2008年	2009年	2010年	2011年	2012年	2013年	2014年	2015年
辽宁	15.99	15.96	15.41	15.00	14.19	15.05	13.65	13.82	15.00	15.43
天津	31.41	31.70	29.72	28.69	32.76	31.12	30.55	31.69	31.97	33.10
河北	9.37	8.99	8.63	5.35	5.65	5.92	6.10	6.15	6.30	6.90
山东	16.67	17.24	17.21	17.17	18.06	17.70	17.94	17.73	17.60	17.46
江苏	5.95	7.28	6.98	7.89	8.57	8.66	8.74	8.32	8.99	9.10
上海	38.47	35.45	34.99	27.94	30.44	29.27	29.46	29.19	26.40	26.57
浙江	11.79	11.95	12.46	14.76	14.01	14.04	14.27	14.00	14.33	14.41
福建	22.89	24.76	24.84	26.17	24.99	24.40	22.75	23.11	27.00	26.90
广东	15.70	14.58	16.32	16.87	17.94	17.27	18.41	18.15	21.28	21.88
广西	6.23	5.77	5.56	5.72	5.73	5.24	5.84	6.26	5.90	6.00
海南	29.60	30.34	29.44	28.61	27.13	25.91	26.37	28.08	26.94	28.00
全国	15.74	15.67	15.80	15.56	16.09	15.74	15.84	15.78	16.07	16.36

8.2.3　海洋经济对省域经济增长促进作用的静态系数估计

沿海各地海洋经济与该地经济发展之间存在高度的正相关显而易见，但是海洋经济的发展对地方经济增长的促进程度究竟怎样却尚不可知。因此，分析2006~2015年沿海各省（区、市）海洋产业总产值（X）与地方经济（GDP）的散点分布关系，可知两者之间存在明显的线性关系，因此拟用3种线性回归函数模型进行分析。回归模型如下：

$$GDP = a + b\ln X + \varepsilon \tag{8.3}$$

$$GDP = a + bX \tag{8.4}$$

$$GDP = e^{(a+bX)} \tag{8.5}$$

其中，a、b 均为待估参数。回归系数 b 的含义为：

$$b = \frac{dGDP}{d\ln X} = \frac{dGDP}{\left(\frac{dX}{X}\right)} = \frac{\Delta GDP}{\left(\frac{\Delta X}{X}\right)} = \frac{GDP\text{ 的增长幅度}}{X\text{ 的增长速度}}$$

即各省（区、市）海洋经济总产值（X）每增加1%时，该地经济（GDP）也将增长 $0.01b$，b 参照经济理论为正值。

借助 Eviews7.0 软件对式（8.3）~式（8.5）进行 OLS 回归，得到各省份海洋产业总产值（X）与全省经济（GDP）的回归模型（见表8.3）。

表8.3　　海洋产业经济总产值与11省份经济的回归结果

地区	回归模型	R^2	$AdjR^2$	DW	F
天津	$y=3.1347x+244.87$	0.992	0.991	2.497	778.967
河北	$y=17.277x-3096.3$	0.608	0.542	0.852	9.299
辽宁	$y=19293\ln(x)-132993.1483$	0.971	0.967	2.983	203.537
上海	$y=22326\ln(x)-173917.0365$	0.905	0.889	2.07	56.882
江苏	$y=9.866x+8115$	0.989	0.988	1.651	557.862
浙江	$y=10596e^{0.00024x}$	0.984	0.982	1.932	379.96
福建	$y=4399.5e^{0.00032x}$	0.983	0.98	1.034	339.515
山东	$y=5.3612x+2198.5$	0.998	0.998	2.746	3448.532
广东	$y=4.7766x+7820.8$	0.992	0.991	3.001	765.189
广西	$y=8942.2\ln(x)-46353$	0.97	0.965	1.398	195.12
海南	$y=2154.7\ln(x)-11496$	0.987	0.985	1.315	471.619

注：DW 为杜宾沃森检验值；F 为回归方程的显著性检验值。

表8.3可知：回归系数 b 均为正值，表明各省份海洋经济与全省经济存在正相关关系。从回归效果看，除河北省的 R^2 为0.608，其他省份 R^2 均大于0.9，说明模型的拟合优度高、误差小；$\ln X$ 和系数 X 的检验值 t 所对应的概率均小于1%的显著性水平，说明各省域海洋经济与该地经济有较强的相关性。

取显著性水平 $\alpha=0.01$，通过查表可知 DW 的临界点为 $dl=0.497$、$du=1.003$，表 8.3 可知除河北和广东外，其他省（市）DW 值均介于 $du=1.003$ 和 $4-du=2.997$ 之间。由于 DW 自相关检验的 dw 值落在（dl，du）和（$4-du$，$4-dl$）两个区间内时，无法判断回归方程的自相关性，因此需要对河北和广东进行 LM 检验。通过偏自相关系数检验可知，各省份海洋经济与地方经济的回归方程不存在高阶自相关性，即表 8.3 中各回归模型通过了计量经济检验和统计检验。因此，沿海各省（区、市）海洋产业产值与地方经济增长的函数参数具有统计上的显著性；同时，回归系数能够明确各省（区、市）海洋产业产值每增长 1% 所对应该地生产总值的增长量，即海洋经济的发展对地方经济增长的促进程度的具体值。

8.2.4 海洋对区域经济增长效应的动态计量

静态效应刻画的是海洋经济自身的增长所带来的当年生产总值的增长，而实际上海洋经济的涉及面极广、系统性很强、带动潜力极大。为全面定量刻画海洋经济产值对省域经济增长的动态推动作用，建立模型和引入海洋经济推动力系数 T（T 指随着海洋经济总产值增/减 1 个单位，地方生产总值增/减的百分数），其他推动力变量保持不变。

Z_X 是自变量，表示各省（区、市）海洋产业总产值的增长率；Z_{GDP} 是因变量，表示各省份 GDP 的增长率。Z_X 对 Z_{GDP} 的推动力模型为：

$$Z_{GDP_i} = a + bZ_{X_i}^3 + X_i^2 + X + \varepsilon_i \tag{8.6}$$

$$Z_{GDP_i} = aX_i^c \tag{8.7}$$

式中，回归系数 c 就是所求的海洋产业的经济推动力系数 T。

将 2006～2015 年的《中国海洋统计年鉴》中的相关数据代入式（8.6）和式（8.7）得到变量的相关系数 r，表明除了浙江、广东和广西外，其他省份的 Z_{GDP} 与 Z_X 具有显著线性关系。经回归分析得到表 8.4。由表 8.4 可知，大部分省份 F 值所对应的概率大于 0.05 的显著性水平，说明除广西外其他省份的海洋经济总产值对地方生产总值的推动作用显著，其中河北、辽宁、上海、天津、浙江尤甚。

综合海洋经济对沿海各省份经济发展的静态、动态效应计量结果，可知：2006～2015 年沿海各省份海洋经济对沿海各地经济发展的贡献率平均值均在 15% 以上；计量模型实证分析表明沿海各省份的海洋产业对地方经济增长有显著的促进作用，且具体数字化表现为各省份的海洋产业产值每增长 1% 将推动其生产总值增长相应百分比（见表 8.4）。

表 8.4　海洋产业总产值的增长率与各省份生产总值增长率的回归模型

地区	回归模型	R（Kendall's Tau-b 相关系数）	R^2	F
天津	$y=-207.37x^3+139.54x^2-26.157x+1.6359$	0.524	0.509	1.286
河北	$y=-19.196x^3+1.0969x^2+2.1056x-0.09637$	1.000	0.818	4.496
辽宁	$y=-53.281x^3+22.445x^2-1.8977x+0.13773$	0.429	0.786	3.675
上海	$y=-45.604x^3+9.3626x^2+1.0051x-0.00386$	0.619	0.497	0.990
江苏	$y=0.25393x^{0.30375}$	0.714	0.590	7.209
浙江	$y=-45.389x^3+12.404x^2+0.08291x+0.02794$	0.048	0.760	3.174
福建	$y=7.7647x^3-4.2736x^2+1.004x+0.07884$	0.333	0.421	0.726
山东	$y=-231.2x^3+94.61x^2-11.199x+0.50071$	0.619	0.937	11.074
广东	$y=6.5954x^3-2.375x^2+0.30598x+0.11158$	0.048	0.090	0.099
广西	$y=1114.6x^3-586.81x^2+98.977x-5.1774$	0.048	0.363	0.022
海南	$y=-880.75x^3+394.99x^2-56.758x+2.747$	0.238	0.159	0.300

8.3　海洋经济产业的省域经济增长效应差异影响因素甄别

8.3.1　豪斯曼（Hausman）检验及空间回归实证结果

沿海省份间海洋经济空间相关性采用 OLS 进行预测，结果可能存在偏差或无效，因此还需要建立空间计量模型进行更加准确估计，以及通过豪斯曼检验来选择空间计量模型的随机效应或固定效应（见表 8.5）。

表 8.5　　沿海省份海洋经济的省域经济增长差异动因豪斯曼检验

		卡方统计	卡方自由度	P值
		966.217356	7	0.0000
变量	固定效应	随机效应	方差	P值
H	0.198796	0.253289	0.000050	0.0000
C	0.029424	-0.576559	0.001879	0.0000
J	-0.172104	0.460696	0.002985	0.0000
E	0.012960	0.716520	0.002125	0.0000
O	-0.040608	-0.265288	0.000322	0.0000
T	0.156970	-0.083384	0.000237	0.0000
S	0.044353	-0.001629	0.000175	0.0005

运用 EVIEWS 7.0 软件实现对原始数据的检验，得出豪斯曼检验的统计量为966.217356，伴随概率为0，各指标均通过了1%的显著性水平检验（见表8.5）。因此，固定效应模型与随机效应模型不存在系统差异的原假设不成立，可以通过建立固定效应模型估计沿海省（区、市）区域经济差异影响因素。运用 GeoDa 与 Matlab 2014b 等软件在空间面板回归计量模型的基础上，对沿海11个省份2006~2015年省域海洋产业影响地方经济增长效应差异的影响因素进行回归分析（见表8.6）。

表 8.6　　基于 GeoDa 与 Matlab 2010 的沿海地区海洋经济的省域经济增长差异动因回归

变量	SLM 系数	SEM 系数	SDM 系数	SDEM 系数
H	0.9584*** (3.103746)	0.489461*** (2.648149)	1.166775*** (2.37734)	1.051553*** (3.789919)
J	-2.341585 (-0.106089)	-9.435456 (-0.780028)	-24.077058 (-0.668345)	29.337306* (1.481309)
C	-7.761522** (-1.902011)	-0.439478 (-0.199542)	-6.691618 (-1.024232)	-2.545109 (-0.561547)
E	640.653006* (1.698864)	-205.513042* (-1.089912)	347.633515 (0.782879)	145.52079 (0.462581)

续表

变量	SLM 系数	SEM 系数	SDM 系数	SDEM 系数
O	-33. 228169 * (-1. 596233)	-19. 664495 ** (-1. 788737)	-1. 524914 * (-0. 054038)	-4. 406687 * (-0. 160597)
T	11. 537193 * (1. 843374)	10. 515812 *** (3. 305701)	5. 279244 ** (0. 717254)	7. 941851 ** (1. 322155)
S	-7. 145898 * (-0. 946012)	-4. 931319 * (-1. 565384)	3. 189366 * (0. 221914)	-4. 607707 * (-0. 415416)
$W \times H$	— —	— —	-0. 10783 (-0. 191012)	0. 065832 (0. 10073)
$W \times J$	— —	— —	-6. 225627 (-0. 113743)	93. 928872 * (1. 795482)
$W \times C$	— —	— —	-35. 154602 ** (-2. 271724)	-12. 134548 (-1. 113041)
$W \times E$	— —	— —	1937. 788188 *** (3. 133376)	990. 949808 (1. 296434)
$W \times O$	— —	— —	66. 110194 (0. 75398)	36. 886462 (0. 471991)
$W \times T$	— —	— —	16. 63193 ** (1. 964318)	37. 328556 ** (2. 040601)
$W \times S$	— —	— —	13. 190625 (0. 664135)	-24. 674653 (-1. 013791)
P (λ)	-0. 236068 *** (-2. 625756)	0. 768493 *** (13. 929742)	-0. 236068 *** (-2. 614974)	0. 798501 *** (16. 366526)
R^2	0. 1485	0. 1592	0. 0061	0. 0061
Sig.^{2}	556795057. 5	144874119. 1	481838304. 8	481838304. 8
对数似然估计函数值	-943. 54625	-961. 45765	-951. 5286	-951. 5286

注：括号内为相应估计量的 t 统计值；***、**、* 分别表示在 1%、5%、10% 的显著性水平显著。

8.3.2 结果解析

分析表8.6可知如下结果：

（1）4个模型都通过了1%的显著性检验，且4个模型中SEM和SDEM模型的空间自相关系数$\rho(\lambda)$为正值，说明某一省域周边区域经济水平及相关误差项对该区经济发展是具有影响的。由于省域经济发展是一个要素不断集聚的过程，一个地区经济发展水平越高，其对资本、劳动力等要素的吸引力也相对越强，随着要素的累积，自然该地区基础设施、技术知识的经济溢出效应就会对周边地区产生正向效应（涓滴效应）。

（2）从拟合度（R^2）看，SEM的对数似然值（Log$L$）比其他3种模型都要大，说明被解释变量与解释变量的滞后项在进行模型估计时虽起到了一定作用，但是在本次所选择的样本容量限制下表现得不是特别明显。

（3）从产业结构看，海洋第一、第三产业对省域经济增长差异有负向效应，海洋第二产业对省域经济增长差异有正向效应，说明地区海洋盐业、海洋油气业、滨海砂矿业和沿海造船业、深海采矿业和海洋制药业、海水利用业、海洋电力和海洋工程建筑业等的发展会扩大省域经济增长差异；而海洋渔业等海洋第一产业和海洋科学研究、海洋教育、海洋社会服务业、海洋交通运输业和滨海旅游业等海洋第三产业会缩小省域经济增长差异。在SDM、DEM模型中海洋第一、第二产业的滞后项系数为正，且后者系数更大，通过5%显著性检验，表明海洋第一、第二产业具有一定的空间溢出效应，且周边地区海洋第一、第二产业的发展在一定程度上促进了该省域经济发展，但是周边地区海洋第一产业的促进效果没有海洋第二产业的影响效果显著；在SDEM估计结果中，海洋第三产业的滞后项参数值不显著，说明周边地区的海洋第三产业的发展对该省份经济增长影响整体为负作用，但仍需进一步确认。

（4）从海洋进出口贸易看，海洋货物运输量对省域经济增长的差异性同样具有正向效应。一个沿海省域进出口贸易量越多，其经济发展速度越快；相反，进出口贸易量越少的省域，其经济发展速度就越慢。因此，海洋货物运输量对省域经济增长差异性的正向效应是显而易见的。在SDEM估计结果中，海洋货物运输量的滞后项总体为正，但不显著，说明某省域周边地区进出口贸易水平可能促进该地区的经济增长，但程度不明显。

（5）沿海地区就业人员、财政收入与本专科毕业人数均没有全部通过4个模型的10%显著性水平检验。说明这3个指标对沿海各省份海洋产业对经济增长差异的影响不显著。但在SDEM中，沿海地区就业人员的滞后项为正且通过了10%显著性检验，表示沿海地区就业人员具有一定的溢出效应，周边沿海地区就业人员对本地区具有一定的促进作用。在SDM中，财政收入的滞后项为正且通过了5%显著性检验，表示财政收入具有一定的溢出效应，但结果为负值说明周边地区的财政收入对本地区具有一定的阻碍作用；教育基本情况的滞后项为正且通过了1%显著性检验，表示教育基本情况具有一定的溢出效应，周边地区教育基本情况对本地区具有一定的促进作用，且作用显著。综上所述，4种空间计量模型的估计结果显示，大部分解释变量通过了显著性检验，且符合实际情况。而SDM与SDEM模型的估计结果中不仅体现了地区各变量的参数，而且体现了变量的滞后项参数，可见，SDM与SDEM两个模型效果更佳。从而可得出在分析影响沿海省份经济增长差异时除了要考虑本地的解释变量外，还应包括周边省（区、市）的一些变量的影响。

8.4 本章小结

本章分析了海洋产业对沿海省域经济的影响（包括对沿海地区海洋经济增速分异、经济贡献测度、促进作用的静态/动态计量），建立了空间计量经济模型，以沿海省份为研究单元分析了海洋产业影响省域经济增长时空分异及其动因，得到以下结论：

（1）综合海洋经济对省域经济贡献的刻画、海洋经济促进省域经济增长的静态与动态计量结果，沿海各省份的海洋经济对省域经济增长有显著的促进作用，且促进程度不同。

（2）构建空间计量模型估计沿海各省份海洋产业对省域经济增长差异的影响因素，发现海洋进出口贸易、海洋第二产业对省域经济增长差异均产生正向作用，而海洋第一、第三产业对省域经济增长差异产生阻碍作用，且海洋第二产业对周边地区具有明显的正向溢出效应，而沿海地区就业人员、财政收入与教育基本情况的估计参数在空间计量模型中均不显著。

（3）4种空间计量模型的估计结果显示，大部分解释变量通过了显著性检验，且符合实际情况。SDM、SDEM可以体现变量的滞后项参数，因此效果要优于其他两个模型，即海洋产业影响省域经济增长差异的因素除了本地的解释变量以外，还包括周边省份的一些变量的影响。

9 结　　语

9.1 研究结论

随着中国沿海地区海洋产业结构的快速转型，海洋经济得以快速发展。中国海洋经济总产值在国内生产总值中占比相对稳定，海洋经济成为国民经济重要组成部分，进而带动国民经济的增长。为此，本书构建了区域海洋产业结构变化计量指数和海洋产业结构演化的经济空间增长效应定量方法体系，解析了中国沿海地区海洋产业结构变化类型、合理性与态势，初步实证计量解释了区域海洋产业结构变化诱发的经济增长效应类型——海洋产业演化的海洋经济增长关联性效应、地方国民经济增长贡献效应及邻域经济增长溢出效应。主要结论如下：

（1）采用耦合协调度模型、产业结构多元化系数以及产业结构成长态模型三种计量方法，定量解析中国沿海三角洲与省域海洋产业结构变化过程。研究发现：全国、沿海三角洲及省域层面海洋产业结构演变过程均呈现较高相似性；海洋产业竞争力下降显著，海洋第三产业以及海洋科学技术及海洋教育业竞争力最强；海洋三次产业与11类海洋产业结构趋向深化，海洋产业MD值增减幅度较大说明海洋产业发展水平较低且产业间不协调状态较严重；海洋产业结构合理性逐渐下降，存在三类区域——产业结构逐渐趋于合理、部分省份由合理转变为不合理、个别省市海洋产业结构日益畸形。

（2）构建海洋产业前向关联系数、后向关联系数、影响力系数、感应度系数以及综合关联系数，测量海洋产业演化的海洋经济增长关联性效应。

研究发现：中国沿海三角洲际与省域层面分析海洋产业演化的海洋经济增长关联性拥有较高的相似度；研究期内前向关联系数测算中有海洋船舶工业、海洋化工业、海洋环境保护业3类海洋产业下降，其他8类海洋产业上升；后向关联系数中除河北以外省份均有海洋渔业、海洋油气业、海洋科学技术及海洋教育、海洋环境保护、海洋行政管理及公益服务业5类海洋产业减小，其余6类海洋产业上升；影响力系数值与综合关联系数值高于平均水平的产业多为海洋第二产业、很少涉及海洋第三产业；感应度系数值高于平均水平的产业是海洋第一产业、第二产业大部分行业及极少数第三产业；综合分析产业关联度系数，海洋产业结构变化与海洋经济增长有显著的正相关，其中海洋第二产业促进作用最大。

（3）构建海洋经济区域贡献度以及OLS回归模型测量海洋产业演化的地方经济增长贡献效应。研究发现：研究期中国沿海11省份中天津、上海、福建、山东、广东以及海南海洋产业地方经济增长贡献度高于全国水平，三角洲层面分析表明珠江三角洲海洋产业地方经济增长贡献度最大，初步表明海洋产业结构完整且日趋合理是海洋产业变化带动地方经济增长高贡献度的共同特点；OLS模型计算发现省域层面中广西、河北、江苏海洋产业对地方经济增长促进作用最高，三角洲层面则识别渤海湾促进作用最强；综合而论，对地方经济促进作用较强的海洋产业结构以第一产业占比最低，第二、第三产业占比较大且比例结构相差较小为基本特征，对地方经济增长贡献度较高的海洋产业反而对地方经济增长促进作用较低。

（4）采用卡佩罗模型计量海洋产业演化的邻域经济增长溢出效应。研究发现：海洋产业结构演化邻域经济增长溢出效应呈“同心圆”扩散，空间距离产生相应阻力系数；区际溢出强度具有相互作用特征（溢出与反馈相当）且具有明显“梯度溢出”现象，即区域经济总量差距大，溢出效应明显；省域层面海洋产业演化邻域增长溢出效应以海洋第二、第三产业主导，三角洲层面海洋产业演化的邻域增长溢出效应以海洋第一、第二产业主导；海洋产业演化的邻域经济增长空间溢出效应高值区，其海洋产业结构为三二一型海洋产业结构比且无结构缺失。

总体而论，本书针对中国沿海海洋产业结构变化的增长效应计量过程进行实证分析，并回应了5项研究预判。第一，探究海洋产业结构演变过程，验证了研究预判A1的正确性。全国、沿海三角洲际及省域层面海洋产业竞争力均呈现出下降的发展趋势，对区域自然资源依赖性较小的海洋产业综合竞争力较强，三次海洋产业中第三产业最强，11 类海洋产业中海洋科学技术及海洋教育业最强。同时，也验证了研究预判 A2 中的部分观点正确。实证发现，海洋产业结构演变过程中，无论是三次海洋产业抑或是 11 类海洋产业，产业结构演变逐渐深化，但耦合协调度情况并不乐观。第二，海洋经济增长关联性效应定量研究验证研究预判 B1 发现：前后向关联系数呈现出固定变化模式，影响力系数、感应度系数以及综合关联系数的高值均存在于海洋第二产业中，海洋第二产业充当了海洋产业中的沟通桥梁，是海洋产业间的联系纽带。由于关联性系数是通过投入产出表测算出的比较值，产业间投入产出越大，关联性值越大，对海洋经济系统的影响程度也相对越大，故验证研究预判 B1 基本正确。第三，海洋产业演化的国民经济增长地方贡献效应检验了研究预判 B2，海洋产业增长对地方经济会产生促进或者抑制作用，区域贡献度分析表明大部分海洋产业的区域贡献度高于全国平均水平；11 省份海洋产业对地方经济促进作用较强，且海洋三次产业分布较为合理，海洋产业结构为“三二一”型，故相对合理的海洋产业结构可以为区域带来经济增长空间与发展动力。第四，计量分析表明研究预判 B3 是成立的，沿海地区海洋产业的演化发展不仅会为当地带来经济的增长与发展，而且也会促使邻近区域及内陆地区国民经济增长，此类经济增长即为空间溢出效应。定量计算了沿海省域以及三角洲际海洋产业增长对相邻省域的经济影响强度，以及相邻省域经济发展对研究区海洋产业的带动作用。结果呈现空间溢出效应呈“同心圆”逐渐向外扩散，受空间距离以及自身经济体量与增速影响。同时，空间溢出与反馈具有相互作用，“梯度溢出”效应明显，省域层面增长溢出效应以海洋第二、第三产业为主导，三角洲层面海洋产业增长溢出效应则以第一、第二产业为主导。对研究预判进行实证过程我们还发现，研究层面升降过程中海洋产业结构演进及其增长效应在三角洲或省域层面呈现出相似度高、差异性小的特征，研究层面升降并未改变海洋产业结构演变的增长效应机理。

9.2　创新之处

本书理论贡献在于，对研究预判进行实证分析，构建了区域海洋产业结构变化计量指数和海洋产业结构演化的经济空间增长效应定量方法体系，解析了中国沿海地区海洋产业结构变化类型、合理性与态势，初步实证计量探究了区域海洋产业结构变化诱发的经济增长效应类型——海洋产业演化的海洋经济增长关联性效应、地方经济增长贡献效应及邻域经济增长溢出效应。

本书有别于常见的有关产业结构变动与经济增长关系研究，以往的研究大多停留在对经济增长和产业结构的变动关系的测度；本成果聚焦海洋产业与区域多维增长二者关系的基础上，从时空层面探讨了海洋产业结构变动的（本地海洋经济与地方经济、邻域经济）增长效应，有以下四个突出特点：

（1）较现有5～10年数据为基础的分析，本书将时间序列拓展至21年（1997～2017年），可以更精确地诠释海洋产业结构变化过程。进而构建了区域海洋产业结构变化计量指数和海洋产业结构演化的经济空间增长效应定量方法体系，相关研究结论将丰富海洋产业结构变化的地方经济增长理论及其实证方法体系。

（2）注重海洋产业结构变动与经济增长的多方法测度。基于多种分析模型，本书探讨了中国沿海省份海洋产业结构变动与海洋经济及地方经济增长之间的关系，尤其是在模型中引入产业结构变动指标，探讨了海洋产业结构变动对地方海洋经济与区域经济增长的影响，是一次比较系统的尝试。

（3）注重动态和过程以及沿海省份比较研究。以往研究大多局限于海洋产业结构变动与经济增长的现状评价和诊断，是一种静态研究，并且缺乏区域之间的比较。本书从时空层面对中国沿海11个省份（不含港澳台）的海洋产业结构演进的增长效应进行了多层面定量评价，这在以往的研究中是不多见的。

（4）注重海洋产业结构变动及其本地及邻域增长效应研究。本书从海洋产业结构演进对海洋经济、地方经济、邻域经济等三个维度分析了海洋产业结构变动的增长效应，特别是构建了海洋产业结构变动对区域经济增长差异影响的模型，探讨了海洋产业促进区域经济增长与中国沿海省份经济协调发展之间的关系，为中国海洋经济高质量发展及沿海省份协调发展提供了理论指导。

虽然中国海洋产业综合实力位居前列，海洋 GDP 也位于世界多国之首（张耀光等，2017），但难以掩盖海洋产业结构不合理、竞争力较弱、协调度较差、高层次产业缺失等普遍困境。产业结构的合理程度将海洋产业发展的长远性、是否对区域经济具有正向促进作用、是否对邻近区域经济发展具有带动作用产生影响。海洋产业并不是生产生活中的独立系统，其与整个社会经济发展息息相关，自身的发展变化将会影响整个经济系统。所以，要积极引导海洋产业结构优化，尤应提升海洋产业的竞争力，增加海洋结构演化的产业关联、释放地方经济增长与邻域经济增长溢出效用。

9.3 政策启示

中国沿海地区海洋产业结构变化的经济增长效应计量结论政策启示：海洋产业综合实力好，但难以掩盖海洋产业结构不合理、竞争力较弱、协调度较差、高层次产业缺失等普遍困境。积极引导产业结构优化，尤应提升海洋产业的竞争力，增加海洋结构演化的产业关联、释放地方经济增长与邻域经济增长溢出效用。基于沿海各省（区、市）经济增长差异及海洋经济在其中的贡献及作用机制分析，本书得出缩小沿海各省（区、市）间的海洋产业发展差距是促进中国沿海地带经济协调发展的着力点，即培育省域经济增长的海洋经济潜力。

（1）沿海各省份需发挥海洋产业区域优势，促进海洋要素的合理流动。应充分利用市场机制促进海洋经济要素的合理流动，如沿海三大港口群的协调发展中亟待解决的问题就是港口群功能定位与腹地结构失衡、港口群内部的一体化进程缓慢。因此，必须尽快改善港航物流产业发展的集疏运基础设施与人力资本、制度优化等软环境，促进沿海地区港口群—产业群—城市群的互馈发展，实现海洋产业发展的形式与实质有效统一、竞争与合作转向深度融合。

（2）合理的海洋产业结构是沿海省份经济快速发展的重要动力之一。以优势海洋产业发展为核心，拓展海洋产业链条。如围绕海洋第三产业的新兴行业，培育、构建一体化的配套设施和公共服务，建立跨行政区的海洋新技术产业孵化合作园区，提速海洋第三产业的科技溢出效应。通过多地海洋科技合作与孵化溢出，提升沿海地区海洋第二产业的价值链环节与全球生产网络中的话语权。最终，通过海洋第一、第三产业带动相关产业和陆域产业的协调发展，进而实现海洋经济和省域经济的良性互动发展。如经济相对欠发达的广西，其海洋经济对地方生产总值的推动作用最不显著，则可尝试通过高效发展海洋第一产业，多层次、多元化发展海洋第三产业，以促进海洋经济发展进而带动省域经济的发展，早日跻身海洋经济强省之列。

（3）明确政府在海洋产业带动省域经济协调发展中的着力点。各省份应适时启动一体化的财政、税收等系列优惠政策，建立和完善海洋科技异地孵化、产业化的利益分享机制。通过规范和监督各种海洋科技市场行为，提升北京、大连、青岛、南京、上海、杭州、广州等城市海洋知识产权市场参与者的合法权益。鼓励海洋科技人才培养过程的产学研协同、高级别海洋科技人才团队异地服务，促进海洋人才集聚高地的科技溢出与创新创业的多地化。政府必须加强沿海居民转产的涉海岗位职业培训，提升沿海地区海洋公共事业、海洋科技服务和民间海洋文化创业等的从业者素质与比重，满足海洋产业升级、技术创新和可持续发展对劳动力的需求。

附录A 海洋产业与投入产出表中需要分解产业的拆分权重

表A1　　中国海洋产业与需要分解产业的拆分权重

海洋产业	2002年投入产出表中产业		2007年投入产出表中产业		2012年投入产出表中产业		2017年投入产出表中产业	
	所含产业	拆分权重（%）	所含产业	拆分权重（%）	所含产业	拆分权重（%）	所含产业	拆分权重（%）
海洋渔业	1农业	1.1025	1农林牧渔业	1.0013	1农林牧渔产品和服务业	1.0106	1农林牧渔产品和服务业	1.0180
海洋油气业	3石油和天然气开采业、11石油加工炼焦及核燃料加工业	1.4062	3石油和天然气开采业、11石油加工炼焦及核燃料加工业	1.0961	3石油和天然气开采产品、11石油炼焦产品和核燃料加工品	1.2363	3石油和天然气开采产品、11石油炼焦产品和核燃料加工品	1.1468
海洋矿业	4金属矿采选业、5非金属矿采选业、13非金属矿物制品业、14金属冶炼及压延加工业、15金属制品业	1.0016	4金属矿采选业、5非金属矿及其他矿采选业、13非金属矿物制品业、14金属冶炼及压延加工业、15金属制品业	1.0029	4金属矿采选产品、5非金属矿和其他矿采选产品、13非金属矿物制品、14金属冶炼和压延加工品、15金属制品	1.0862	4金属矿采选产品、5非金属矿和其他矿采选产品、13非金属矿物制品、14金属冶炼和压延加工品、15金属制品	1.0371
海洋盐业	6食品制造及烟草加工业	1.1571	6食品制造及烟草加工业	1.1035	6食品和烟草	1.0676	6食品和烟草	0.9726
海洋船舶工业	17交通运输设备制造业、18电气机械及器材制造业	1.1136	17交通运输设备制造业、18点起机械及器材制造业	0.9930	18交通运输设备、19电气机械和器材	0.9696	18交通运输设备、19电气机械和器材	1.0086
海洋化工业	12化学工业	1.0000	12化学工业	1.0846	12化学工业	0.9997	12化学工业	1.0197
海洋交通运输业	27交通运输及仓储业	1.2095	27交通运输及仓储业	1.1113	30交通运输、仓储和邮政	1.1757	30交通运输、仓储和邮政	1.0887

续表

海洋产业	2002年投入产出表中产业		2007年投入产出表中产业		2012年投入产出表中产业		2017年投入产出表中产业	
	所含产业	拆分权重（%）	所含产业	拆分权重（%）	所含产业	拆分权重（%）	所含产业	拆分权重（%）
滨海旅游业	31住宿和餐饮业、35旅游业	1.3966	31住宿和餐饮业	1.0985	31住宿和餐饮业	1.2280	31住宿和餐饮业	1.3893
海洋科学技术及海洋教育	36科学研究事业、39教育事业、41文化体育和娱乐业	1.6243	35研究与试验发展业、39教育、41文化体育和娱乐业	1.4541	36科学研究和技术服务、39教育、41文化体育和娱乐	1.8285	36科学研究和技术服务、39教育、41文化体育和娱乐	1.2240
海洋环境保护	25水的生产和供应业	0.0873	25水的生产和供应业、37水利、环境和公共设施管理业	7.5653	27水的生产和供应、37水利、环境和公共设施管理	0.3486	27水的生产和供应、37水利、环境和公共设施管理	1.6254
海洋行政管理及公益服务	42公共管理和社会组织	1.4125	42公共管理和社会组织	1.0864	42公共管理社会保障和社会组织	1.1962	42公共管理社会保障和社会组织	1.4055

表A2　天津海洋产业与需要分解产业的拆分权重

海洋产业	2002年投入产出表中产业		2007年投入产出表中产业		2012年投入产出表中产业		2017年投入产出表中产业	
	所含产业	拆分权重（%）	所含产业	拆分权重（%）	所含产业	拆分权重（%）	所含产业	拆分权重（%）
海洋渔业	1农业	0.6008	1农林牧渔业	0.6026	1农林牧渔产品和服务业	0.6009	1农林牧渔产品和服务业	0.6007
海洋油气业	3石油和天然气开采业、11石油加工炼焦及核燃料加工业	0.6064	3石油和天然气开采业、11石油加工炼焦及核燃料加工业	0.6085	3石油和天然气开采产品、11石油炼焦产品和核燃料加工品	0.6316	3石油和天然气开采产品、11石油炼焦产品和核燃料加工品	0.6050
海洋矿业	4金属矿采选业、5非金属矿采选业、13非金属矿物制品业、14金属冶炼及压延加工业、15金属制品业	0.6000	4金属矿采选业、5非金属矿及其他矿采选业、13非金属矿物制品业、14金属冶炼及压延加工业、15金属制品业	0.6000	4金属矿采选产品、5非金属矿和其他矿采选产品、13非金属矿物制品、14金属冶炼和压延加工品、15金属制品	0.6000	4金属矿采选产品、5非金属矿和其他矿采选产品、13非金属矿物制品、14金属冶炼和压延加工品、15金属制品	0.6000

续表

海洋产业	2002年投入产出表中产业		2007年投入产出表中产业		2012年投入产出表中产业		2017年投入产出表中产业	
	所含产业	拆分权重（%）	所含产业	拆分权重（%）	所含产业	拆分权重（%）	所含产业	拆分权重（%）
海洋盐业	6食品制造及烟草加工业	0.6050	6食品制造及烟草加工业	0.6033	6食品和烟草	0.5987	6食品和烟草	0.5993
海洋船舶工业	17交通运输设备制造业、18电气机械及器材制造业	0.6023	17交通运输设备制造业、18点起机械及器材制造业	0.6007	18交通运输设备、19电气机械和器材	0.6108	18交通运输设备、19电气机械和器材	0.5999
海洋化工业	12化学工业	0.6000	12化学工业	0.6027	12化学工业	0.6021	12化学工业	0.6020
海洋交通运输业	27交通运输及仓储业	0.6040	27交通运输及仓储业	0.6096	30交通运输、仓储和邮政	0.6210	30交通运输、仓储和邮政	0.5977
滨海旅游业	31住宿和餐饮业、35旅游业	0.6002	31住宿和餐饮业	0.6616	31住宿和餐饮业	0.6150	31住宿和餐饮业	0.5718
海洋科学技术及海洋教育	36科学研究事业、39教育事业、41文化体育和娱乐业	0.6121	35研究与试验发展业、39教育、41文化体育和娱乐业	0.6507	36科学研究和技术服务、39教育、41文化体育和娱乐	0.6854	36科学研究和技术服务、39教育、41文化体育和娱乐	0.6026
海洋环境保护	25水的生产和供应业	1.2060	25水的生产和供应业、37水利、环境和公共设施管理业	0.9163	27水的生产和供应、37水利、环境和公共设施管理	0.4838	27水的生产和供应、37水利、环境和公共设施管理	0.7707
海洋行政管理及公益服务	42公共管理和社会组织	0.6075	42公共管理和社会组织	0.6221	42公共管理社会保障和社会组织	0.6050	42公共管理社会保障和社会组织	0.6136

表A3　　河北海洋产业与需要分解产业的拆分权重

海洋产业	2002年投入产出表中产业		2007年投入产出表中产业		2012年投入产出表中产业		2017年投入产出表中产业	
	所含产业	拆分权重（%）	所含产业	拆分权重（%）	所含产业	拆分权重（%）	所含产业	拆分权重（%）
海洋渔业	1农业	0.6008	1农林牧渔业	0.6025	1农林牧渔产品和服务业	0.5997	1农林牧渔产品和服务业	0.6001

续表

海洋产业	2002年投入产出表中产业		2007年投入产出表中产业		2012年投入产出表中产业		2017年投入产出表中产业	
	所含产业	拆分权重（%）	所含产业	拆分权重（%）	所含产业	拆分权重（%）	所含产业	拆分权重（%）
海洋油气业	3石油和天然气开采业、11石油加工炼焦及核燃料加工业	0.6000	3石油和天然气开采业、11石油加工炼焦及核燃料加工业	0.6181	3石油和天然气开采产品、11石油炼焦产品和核燃料加工品	0.6086	3石油和天然气开采产品、11石油炼焦产品和核燃料加工品	0.6123
海洋矿业	4金属矿采选业、5非金属矿采选业、13非金属矿物制品业、14金属冶炼及压延加工业、15金属制品业	0.6000	4金属矿采选业、5非金属矿及其他矿采选业、13非金属矿物制品业、14金属冶炼及压延加工业、15金属制品业	0.6000	4金属矿采选产品、5非金属矿和其他矿采选产品、13非金属矿物制品、14金属冶炼和压延加工品、15金属制品	0.6000	4金属矿采选产品、5非金属矿和其他矿采选产品、13非金属矿物制品、14金属冶炼和压延加工品、15金属制品	0.6000
海洋盐业	6食品制造及烟草加工业	0.6007	6食品制造及烟草加工业	0.6048	6食品和烟草	0.5980	6食品和烟草	0.5995
海洋船舶工业	17交通运输设备制造业、18电气机械及器材制造业	0.6004	17交通运输设备制造业、18点起机械及器材制造业	0.6013	18交通运输设备、19电气机械和器材	0.6031	18交通运输设备、19电气机械和器材	0.5984
海洋化工业	12化学工业	0.6000	12化学工业	0.6134	12化学工业	0.5930	12化学工业	0.5999
海洋交通运输业	27交通运输及仓储业	0.6011	27交通运输及仓储业	0.6124	30交通运输、仓储和邮政	0.5976	30交通运输、仓储和邮政	0.6070
滨海旅游业	31住宿和餐饮业、35旅游业	0.6013	31住宿和餐饮业	0.6069	31住宿和餐饮业	0.6088	31住宿和餐饮业	0.6486
海洋科学技术及海洋教育	36科学研究事业、39教育事业、41文化体育和娱乐业	0.5986	35研究与试验发展业、39教育、41文化体育和娱乐业	0.6466	36科学研究和技术服务、39教育、41文化体育和娱乐	0.6225	36科学研究和技术服务、39教育、41文化体育和娱乐	0.5992

续表

海洋产业	2002年投入产出表中产业		2007年投入产出表中产业		2012年投入产出表中产业		2017年投入产出表中产业	
	所含产业	拆分权重（%）	所含产业	拆分权重（%）	所含产业	拆分权重（%）	所含产业	拆分权重（%）
海洋环境保护	25水的生产和供应业	0.2976	25水的生产和供应业、37水利、环境和公共设施管理业	0.7880	27水的生产和供应、37水利、环境和公共设施管理	0.6063	27水的生产和供应、37水利、环境和公共设施管理	0.5505
海洋行政管理及公益服务	42公共管理和社会组织	0.6437	42公共管理和社会组织	0.6285	42公共管理社会保障和社会组织	0.6017	42公共管理社会保障和社会组织	0.5943

表A4　辽宁海洋产业与需要分解产业的拆分权重

海洋产业	2002年投入产出表中产业		2007年投入产出表中产业		2012年投入产出表中产业		2017年投入产出表中产业	
	所含产业	拆分权重（%）	所含产业	拆分权重（%）	所含产业	拆分权重（%）	所含产业	拆分权重（%）
海洋渔业	1农业	0.6020	1农林牧渔业	0.6037	1农林牧渔产品和服务业	0.6014	1农林牧渔产品和服务业	0.5995
海洋油气业	3石油和天然气开采业、11石油加工炼焦及核燃料加工业	0.6191	3石油和天然气开采业、11石油加工炼焦及核燃料加工业	0.6230	3石油和天然气开采产品、11石油炼焦产品和核燃料加工品	0.5932	3石油和天然气开采产品、11石油炼焦产品和核燃料加工品	0.6081
海洋矿业	4金属矿采选业、5非金属矿采选业、13非金属矿物制品业、14金属冶炼及压延加工业、15金属制品业	0.6000	4金属矿采选业、5非金属矿及其他矿采选业、13非金属矿物制品业、14金属冶炼及压延加工业、15金属制品业	0.6000	4金属矿采选产品、5非金属矿和其他矿采选产品、13非金属矿物制品、14金属冶炼和压延加工品、15金属制品	0.6000	4金属矿采选产品、5非金属矿和其他矿采选产品、13非金属矿物制品、14金属冶炼和压延加工品、15金属制品	0.6000
海洋盐业	6食品制造及烟草加工业	0.6082	6食品制造及烟草加工业	0.6080	6食品和烟草	0.5935	6食品和烟草	0.5985
海洋船舶工业	17交通运输设备制造业、18电气机械及器材制造业	0.5984	17交通运输设备制造业、18点起机械及器材制造业	0.6191	18交通运输设备、19电气机械和器材	0.6062	18交通运输设备、19电气机械和器材	0.5955

续表

海洋产业	2002年投入产出表中产业		2007年投入产出表中产业		2012年投入产出表中产业		2017年投入产出表中产业	
	所含产业	拆分权重（%）	所含产业	拆分权重（%）	所含产业	拆分权重（%）	所含产业	拆分权重（%）
海洋化工业	12化学工业	0.6000	12化学工业	0.6065	12化学工业	0.6030	12化学工业	0.5996
海洋交通运输业	27交通运输及仓储业	0.6033	27交通运输及仓储业	0.6110	30交通运输、仓储和邮政	0.6267	30交通运输、仓储和邮政	0.6000
滨海旅游业	31住宿和餐饮业、35旅游业	0.6154	31住宿和餐饮业	0.6242	31住宿和餐饮业	0.6248	31住宿和餐饮业	0.5883
海洋科学技术及海洋教育	36科学研究事业、39教育事业、41文化体育和娱乐业	0.6143	35研究与试验发展业、39教育、41文化体育和娱乐业	0.6211	36科学研究和技术服务、39教育、41文化体育和娱乐	0.6802	36科学研究和技术服务、39教育、41文化体育和娱乐	0.5924
海洋环境保护	25水的生产和供应业	0.2212	25水的生产和供应业、37水利、环境和公共设施管理业	0.9220	27水的生产和供应、37水利、环境和公共设施管理	0.5914	27水的生产和供应、37水利、环境和公共设施管理	0.5734
海洋行政管理及公益服务	42公共管理和社会组织	0.6140	42公共管理和社会组织	0.6052	42公共管理社会保障和社会组织	0.6046	42公共管理社会保障和社会组织	0.6328

表A5　上海海洋产业与需要分解产业的拆分权重

海洋产业	2002年投入产出表中产业		2007年投入产出表中产业		2012年投入产出表中产业		2017年投入产出表中产业	
	所含产业	拆分权重（%）	所含产业	拆分权重（%）	所含产业	拆分权重（%）	所含产业	拆分权重（%）
海洋渔业	1农业	0.6027	1农林牧渔业	0.6060	1农林牧渔产品和服务业	0.5916	1农林牧渔产品和服务业	0.5999
海洋油气业	3石油和天然气开采业、11石油加工炼焦及核燃料加工业	0.6344	3石油和天然气开采业、11石油加工炼焦及核燃料加工业	0.6365	3石油和天然气开采产品、11石油炼焦产品和核燃料加工品	0.6117	3石油和天然气开采产品、11石油炼焦产品和核燃料加工品	0.6453

续表

海洋产业	2002年投入产出表中产业		2007年投入产出表中产业		2012年投入产出表中产业		2017年投入产出表中产业	
	所含产业	拆分权重（%）	所含产业	拆分权重（%）	所含产业	拆分权重（%）	所含产业	拆分权重（%）
海洋矿业	4金属矿采选业、5非金属矿采选业、13非金属矿物制品业、14金属冶炼及压延加工业、15金属制品业	0.6000	4金属矿采选业、5非金属矿及其他矿采选业、13非金属矿物制品业、14金属冶炼及压延加工业、15金属制品业	0.6000	4金属矿采选产品、5非金属矿和其他矿采选产品、13非金属矿物制品、14金属冶炼和压延加工品、15金属制品	0.6000	4金属矿采选产品、5非金属矿和其他矿采选产品、13非金属矿物制品、14金属冶炼和压延加工品、15金属制品	0.6000
海洋盐业	6食品制造及烟草加工业	0.6000	6食品制造及烟草加工业	0.6000	6食品和烟草	0.6000	6食品和烟草	0.6000
海洋船舶工业	17交通运输设备制造业、18电气机械及器材制造业	0.6002	17交通运输设备制造业、18点起机械及器材制造业	0.6072	18交通运输设备、19电气机械和器材	0.6040	18交通运输设备、19电气机械和器材	0.5984
海洋化工业	12化学工业	0.6000	12化学工业	0.6000	12化学工业	0.6000	12化学工业	0.6000
海洋交通运输业	27交通运输及仓储业	0.6076	27交通运输及仓储业	0.6358	30交通运输、仓储和邮政	0.6178	30交通运输、仓储和邮政	0.6063
滨海旅游业	31住宿和餐饮业、35旅游业	0.6464	31住宿和餐饮业	0.7191	31住宿和餐饮业	0.5592	31住宿和餐饮业	0.6055
海洋科学技术及海洋教育	36科学研究事业、39教育事业、41文化体育和娱乐业	0.6130	35研究与试验发展业、39教育、41文化体育和娱乐业	0.8231	36科学研究和技术服务、39教育、41文化体育和娱乐	0.7257	36科学研究和技术服务、39教育、41文化体育和娱乐	0.5809
海洋环境保护	25水的生产和供应业	0.5272	25水的生产和供应业、37水利、环境和公共设施管理业	1.3158	27水的生产和供应、37水利、环境和公共设施管理	0.5308	27水的生产和供应、37水利、环境和公共设施管理	0.5962
海洋行政管理及公益服务	42公共管理和社会组织	0.6118	42公共管理和社会组织	0.7370	42公共管理社会保障和社会组织	0.6079	42公共管理社会保障和社会组织	0.7153

表 A6　　江苏海洋产业与需要分解产业的拆分权重

海洋产业	2002 年投入产出表中产业		2007 年投入产出表中产业		2012 年投入产出表中产业		2017 年投入产出表中产业	
	所含产业	拆分权重（%）	所含产业	拆分权重（%）	所含产业	拆分权重（%）	所含产业	拆分权重（%）
海洋渔业	1 农业	0.6010	1 农林牧渔业	0.6033	1 农林牧渔产品和服务业	0.6016	1 农林牧渔产品和服务业	0.6018
海洋油气业	3 石油和天然气开采业、11 石油加工炼焦及核燃料加工业	0.6000	3 石油和天然气开采业、11 石油加工炼焦及核燃料加工业	0.6000	3 石油和天然气开采产品、11 石油炼焦产品和核燃料加工品	0.6000	3 石油和天然气开采产品、11 石油炼焦产品和核燃料加工品	0.6000
海洋矿业	4 金属矿采选业、5 非金属矿采选业、13 非金属矿物制品业、14 金属冶炼及压延加工业、15 金属制品业	0.6000	4 金属矿采选业、5 非金属矿及其他矿采选业、13 非金属矿物制品业、14 金属冶炼及压延加工业、15 金属制品业	0.6000	4 金属矿采选产品、5 非金属矿和其他矿采选产品、13 非金属矿物制品、14 金属冶炼和压延加工品、15 金属制品	0.6000	4 金属矿采选产品、5 非金属矿和其他矿采选产品、13 非金属矿物制品、14 金属冶炼和压延加工品、15 金属制品	0.6000
海洋盐业	6 食品制造及烟草加工业	0.5995	6 食品制造及烟草加工业	0.6076	6 食品和烟草	0.5999	6 食品和烟草	0.5973
海洋船舶工业	17 交通运输设备制造业、18 电气机械及器材制造业	0.6035	17 交通运输设备制造业、18 点起机械及器材制造业	0.6104	18 交通运输设备、19 电气机械和器材	0.6101	18 交通运输设备、19 电气机械和器材	0.5942
海洋化工业	12 化学工业	0.6000	12 化学工业	0.6019	12 化学工业	0.5994	12 化学工业	0.6022
海洋交通运输业	27 交通运输及仓储业	0.6007	27 交通运输及仓储业	0.6147	30 交通运输、仓储和邮政	0.6335	30 交通运输、仓储和邮政	0.6218
滨海旅游业	31 住宿和餐饮业、35 旅游业	0.6035	31 住宿和餐饮业	0.6130	31 住宿和餐饮业	0.6837	31 住宿和餐饮业	0.6013
海洋科学技术及海洋教育	36 科学研究事业、39 教育事业、41 文化体育和娱乐业	0.6148	35 研究与试验发展业、39 教育、41 文化体育和娱乐业	0.6572	36 科学研究和技术服务、39 教育、41 文化体育和娱乐	0.6691	36 科学研究和技术服务、39 教育、41 文化体育和娱乐	0.6659

续表

海洋产业	2002年投入产出表中产业		2007年投入产出表中产业		2012年投入产出表中产业		2017年投入产出表中产业	
	所含产业	拆分权重（%）	所含产业	拆分权重（%）	所含产业	拆分权重（%）	所含产业	拆分权重（%）
海洋环境保护	25水的生产和供应业	0.3190	25水的生产和供应业、37水利、环境和公共设施管理业	0.8492	27水的生产和供应、37水利、环境和公共设施管理	0.8631	27水的生产和供应、37水利、环境和公共设施管理	0.4314
海洋行政管理及公益服务	42公共管理和社会组织	0.6092	42公共管理和社会组织	0.6523	42公共管理社会保障和社会组织	0.6114	42公共管理社会保障和社会组织	0.6356

表A7　浙江海洋产业与需要分解产业的拆分权重

海洋产业	2002年投入产出表中产业		2007年投入产出表中产业		2012年投入产出表中产业		2017年投入产出表中产业	
	所含产业	拆分权重（%）	所含产业	拆分权重（%）	所含产业	拆分权重（%）	所含产业	拆分权重（%）
海洋渔业	1农业	0.6063	1农林牧渔业	0.6021	1农林牧渔产品和服务业	0.6013	1农林牧渔产品和服务业	0.6014
海洋油气业	3石油和天然气开采业、11石油加工炼焦及核燃料加工业	0.6000	3石油和天然气开采业、11石油加工炼焦及核燃料加工业	0.6000	3石油和天然气开采产品、11石油炼焦产品和核燃料加工品	0.6000	3石油和天然气开采产品、11石油炼焦产品和核燃料加工品	0.6000
海洋矿业	4金属矿采选业、5非金属矿采选业、13非金属矿物制品业、14金属冶炼及压延加工业、15金属制品业	0.6000	4金属矿采选业、5非金属矿及其他矿采选业、13非金属矿物制品业、14金属冶炼及压延加工业、15金属制品业	0.6061	4金属矿采选产品、5非金属矿和其他矿采选产品、13非金属矿物制品、14金属冶炼和压延加工品、15金属制品	0.6006	4金属矿采选产品、5非金属矿和其他矿采选产品、13非金属矿物制品、14金属冶炼和压延加工品、15金属制品	0.5995
海洋盐业	6食品制造及烟草加工业	0.6088	6食品制造及烟草加工业	0.5947	6食品和烟草	0.5965	6食品和烟草	0.5968
海洋船舶工业	17交通运输设备制造业、18电气机械及器材制造业	0.6326	17交通运输设备制造业、18点起机械及器材制造业	0.6113	18交通运输设备、19电气机械和器材	0.6000	18交通运输设备、19电气机械和器材	0.5977

续表

海洋产业	2002年投入产出表中产业		2007年投入产出表中产业		2012年投入产出表中产业		2017年投入产出表中产业	
	所含产业	拆分权重（%）	所含产业	拆分权重（%）	所含产业	拆分权重（%）	所含产业	拆分权重（%）
海洋化工业	12化学工业	0.6000	12化学工业	0.6112	12化学工业	0.6004	12化学工业	0.6024
海洋交通运输业	27交通运输及仓储业	0.6043	27交通运输及仓储业	0.6186	30交通运输、仓储和邮政	0.6394	30交通运输、仓储和邮政	0.6121
滨海旅游业	31住宿和餐饮业、35旅游业	0.6103	31住宿和餐饮业	0.6315	31住宿和餐饮业	0.6412	31住宿和餐饮业	0.6010
海洋科学技术及海洋教育	36科学研究事业、39教育事业、41文化体育和娱乐业	0.6270	35研究与试验发展业、39教育、41文化体育和娱乐业	0.6660	36科学研究和技术服务、39教育、41文化体育和娱乐	0.6736	36科学研究和技术服务、39教育、41文化体育和娱乐	0.6480
海洋环境保护	25水的生产和供应业	0.5831	25水的生产和供应业、37水利、环境和公共设施管理业	0.9012	27水的生产和供应、37水利、环境和公共设施管理	0.7135	27水的生产和供应、37水利、环境和公共设施管理	0.7347
海洋行政管理及公益服务	42公共管理和社会组织	0.6078	42公共管理和社会组织	0.6209	42公共管理社会保障和社会组织	0.6460	42公共管理社会保障和社会组织	0.6052

表A8　福建海洋产业与需要分解产业的拆分权重

海洋产业	2002年投入产出表中产业		2007年投入产出表中产业		2012年投入产出表中产业		2017年投入产出表中产业	
	所含产业	拆分权重（%）	所含产业	拆分权重（%）	所含产业	拆分权重（%）	所含产业	拆分权重（%）
海洋渔业	1农业	0.6049	1农林牧渔业	0.6017	1农林牧渔产品和服务业	0.6002	1农林牧渔产品和服务业	0.6020
海洋油气业	3石油和天然气开采业、11石油加工炼焦及核燃料加工业	0.6000	3石油和天然气开采业、11石油加工炼焦及核燃料加工业	0.6000	3石油和天然气开采产品、11石油炼焦产品和核燃料加工品	0.6000	3石油和天然气开采产品、11石油炼焦产品和核燃料加工品	0.6000

续表

海洋产业	2002年投入产出表中产业		2007年投入产出表中产业		2012年投入产出表中产业		2017年投入产出表中产业	
	所含产业	拆分权重（%）	所含产业	拆分权重（%）	所含产业	拆分权重（%）	所含产业	拆分权重（%）
海洋矿业	4金属矿采选业、5非金属矿采选业、13非金属矿物制品业、14金属冶炼及压延加工业、15金属制品业	0.6028	4金属矿采选业、5非金属矿及其他矿采选业、13非金属矿物制品业、14金属冶炼及压延加工业、15金属制品业	0.6008	4金属矿采选产品、5非金属矿和其他矿采选产品、13非金属矿物制品、14金属冶炼和压延加工品、15金属制品	0.6007	4金属矿采选产品、5非金属矿和其他矿采选产品、13非金属矿物制品、14金属冶炼和压延加工品、15金属制品	0.6065
海洋盐业	6食品制造及烟草加工业	0.6370	6食品制造及烟草加工业	0.5901	6食品和烟草	0.6007	6食品和烟草	0.5936
海洋船舶工业	17交通运输设备制造业、18电气机械及器材制造业	0.6105	17交通运输设备制造业、18点起机械及器材制造业	0.6050	18交通运输设备、19电气机械和器材	0.6083	18交通运输设备、19电气机械和器材	0.6021
海洋化工业	12化学工业	0.6000	12化学工业	0.6000	12化学工业	0.6059	12化学工业	0.5986
海洋交通运输业	27交通运输及仓储业	0.6092	27交通运输及仓储业	0.6142	30交通运输、仓储和邮政	0.6240	30交通运输、仓储和邮政	0.6233
滨海旅游业	31住宿和餐饮业、35旅游业	0.6101	31住宿和餐饮业	0.6365	31住宿和餐饮业	0.6372	31住宿和餐饮业	0.6171
海洋科学技术及海洋教育	36科学研究事业、39教育事业、41文化体育和娱乐业	0.6708	35研究与试验发展业、39教育、41文化体育和娱乐业	0.6518	36科学研究和技术服务、39教育、41文化体育和娱乐	0.7103	36科学研究和技术服务、39教育、41文化体育和娱乐	0.6602
海洋环境保护	25水的生产和供应业	0.1371	25水的生产和供应业、37水利、环境和公共设施管理业	1.0807	27水的生产和供应、37水利、环境和公共设施管理	0.5004	27水的生产和供应、37水利、环境和公共设施管理	0.7967

续表

海洋产业	2002年投入产出表中产业		2007年投入产出表中产业		2012年投入产出表中产业		2017年投入产出表中产业	
	所含产业	拆分权重（%）	所含产业	拆分权重（%）	所含产业	拆分权重（%）	所含产业	拆分权重（%）
海洋行政管理及公益服务	42 公共管理和社会组织	0.6148	42 公共管理和社会组织	0.6322	42 公共管理社会保障和社会组织	0.6124	42 公共管理社会保障和社会组织	0.6374

表 A9　山东海洋产业与需要分解产业的拆分权重

海洋产业	2002年投入产出表中产业		2007年投入产出表中产业		2012年投入产出表中产业		2017年投入产出表中产业	
	所含产业	拆分权重（%）	所含产业	拆分权重（%）	所含产业	拆分权重（%）	所含产业	拆分权重（%）
海洋渔业	1 农业	0.6035	1 农林牧渔业	0.6043	1 农林牧渔产品和服务业	0.6029	1 农林牧渔产品和服务业	0.6034
海洋油气业	3 石油和天然气开采业、11 石油加工炼焦及核燃料加工业	0.6482	3 石油和天然气开采业、11 石油加工炼焦及核燃料加工业	0.6344	3 石油和天然气开采产品、11 石油炼焦产品和核燃料加工品	0.6353	3 石油和天然气开采产品、11 石油炼焦产品和核燃料加工品	0.6181
海洋矿业	4 金属矿采选业、5 非金属矿采选业、13 非金属矿物制品业、14 金属冶炼及压延加工业、15 金属制品业	0.6001	4 金属矿采选业、5 非金属矿及其他矿采选业、13 非金属矿物制品业、14 金属冶炼及压延加工业、15 金属制品业	0.6005	4 金属矿采选产品、5 非金属矿和其他矿采选产品、13 非金属矿物制品、14 金属冶炼和压延加工品、15 金属制品	0.6141	4 金属矿采选产品、5 非金属矿和其他矿采选产品、13 非金属矿物制品、14 金属冶炼和压延加工品、15 金属制品	0.6069
海洋盐业	6 食品制造及烟草加工业	0.6065	6 食品制造及烟草加工业	0.6327	6 食品和烟草	0.6273	6 食品和烟草	0.6003
海洋船舶工业	17 交通运输设备制造业、18 电气机械及器材制造业	0.5793	17 交通运输设备制造业、18 点起机械及器材制造业	0.6117	18 交通运输设备、19 电气机械和器材	0.5920	18 交通运输设备、19 电气机械和器材	0.6026
海洋化工业	12 化学工业	0.6000	12 化学工业	0.6188	12 化学工业	0.6011	12 化学工业	0.6040
海洋交通运输业	27 交通运输及仓储业	0.6253	27 交通运输及仓储业	0.6239	30 交通运输、仓储和邮政	0.6282	30 交通运输、仓储和邮政	0.6113

续表

海洋产业	2002年投入产出表中产业		2007年投入产出表中产业		2012年投入产出表中产业		2017年投入产出表中产业	
	所含产业	拆分权重（%）	所含产业	拆分权重（%）	所含产业	拆分权重（%）	所含产业	拆分权重（%）
滨海旅游业	31住宿和餐饮业、35旅游业	0.6294	31住宿和餐饮业	0.6432	31住宿和餐饮业	0.6619	31住宿和餐饮业	0.7070
海洋科学技术及海洋教育	36科学研究事业、39教育事业、41文化体育和娱乐业	0.6388	35研究与试验发展业、39教育、41文化体育和娱乐业	0.7374	36科学研究和技术服务、39教育、41文化体育和娱乐	0.7133	36科学研究和技术服务、39教育、41文化体育和娱乐	0.6511
海洋环境保护	25水的生产和供应业	0.6032	25水的生产和供应业、37水利、环境和公共设施管理业	1.5753	27水的生产和供应、37水利、环境和公共设施管理	0.4627	27水的生产和供应、37水利、环境和公共设施管理	0.7444
海洋行政管理及公益服务	42公共管理和社会组织	0.5767	42公共管理和社会组织	0.6337	42公共管理社会保障和社会组织	0.6659	42公共管理社会保障和社会组织	0.6864

表A10　　广东海洋产业与需要分解产业的拆分权重

海洋产业	2002年投入产出表中产业		2007年投入产出表中产业		2012年投入产出表中产业		2017年投入产出表中产业	
	所含产业	拆分权重（%）	所含产业	拆分权重（%）	所含产业	拆分权重（%）	所含产业	拆分权重（%）
海洋渔业	1农业	0.6099	1农林牧渔业	0.6017	1农林牧渔产品和服务业	0.5942	1农林牧渔产品和服务业	0.6069
海洋油气业	3石油和天然气开采业、11石油加工炼焦及核燃料加工业	0.6305	3石油和天然气开采业、11石油加工炼焦及核燃料加工业	0.6323	3石油和天然气开采产品、11石油炼焦产品和核燃料加工品	0.5817	3石油和天然气开采产品、11石油炼焦产品和核燃料加工品	0.6900
海洋矿业	4金属矿采选业、5非金属矿采选业、13非金属矿物制品业、14金属冶炼及压延加工业、15金属制品业	0.6013	4金属矿采选业、5非金属矿及其他矿采选业、13非金属矿物制品业、14金属冶炼及压延加工业、15金属制品业	0.6100	4金属矿采选产品、5非金属矿和其他矿采选产品、13非金属矿物制品、14金属冶炼和压延加工品、15金属制品	0.5942	4金属矿采选产品、5非金属矿和其他矿采选产品、13非金属矿物制品、14金属冶炼和压延加工品、15金属制品	0.6000

续表

海洋产业	2002年投入产出表中产业		2007年投入产出表中产业		2012年投入产出表中产业		2017年投入产出表中产业	
	所含产业	拆分权重（%）	所含产业	拆分权重（%）	所含产业	拆分权重（%）	所含产业	拆分权重（%）
海洋盐业	6食品制造及烟草加工业	0.5983	6食品制造及烟草加工业	0.6055	6食品和烟草	0.5921	6食品和烟草	0.6029
海洋船舶工业	17交通运输设备制造业、18电气机械及器材制造业	0.7170	17交通运输设备制造业、18点起机械及器材制造业	0.5360	18交通运输设备、19电气机械和器材	0.5997	18交通运输设备、19电气机械和器材	0.6047
海洋化工业	12化学工业	0.6000	12化学工业	0.6000	12化学工业	0.6022	12化学工业	0.6507
海洋交通运输业	27交通运输及仓储业	0.6233	27交通运输及仓储业	0.6198	30交通运输、仓储和邮政	0.5853	30交通运输、仓储和邮政	0.6683
滨海旅游业	31住宿和餐饮业、35旅游业	0.6078	31住宿和餐饮业	0.6558	31住宿和餐饮业	0.5729	31住宿和餐饮业	0.7064
海洋科学技术及海洋教育	36科学研究事业、39教育事业、41文化体育和娱乐业	0.6657	35研究与试验发展业、39教育、41文化体育和娱乐业	0.8206	36科学研究和技术服务、39教育、41文化体育和娱乐	0.5539	36科学研究和技术服务、39教育、41文化体育和娱乐	0.8782
海洋环境保护	25水的生产和供应业	1.0948	25水的生产和供应业、37水利、环境和公共设施管理业	1.6947	27水的生产和供应、37水利、环境和公共设施管理	0.0707	27水的生产和供应、37水利、环境和公共设施管理	0.7100
海洋行政管理及公益服务	42公共管理和社会组织	0.5487	42公共管理和社会组织	0.6922	42公共管理社会保障和社会组织	0.5597	42公共管理社会保障和社会组织	0.6928

表A11　　广西海洋产业与需要分解产业的拆分权重

海洋产业	2002年投入产出表中产业		2007年投入产出表中产业		2012年投入产出表中产业		2017年投入产出表中产业	
	所含产业	拆分权重（%）	所含产业	拆分权重（%）	所含产业	拆分权重（%）	所含产业	拆分权重（%）
海洋渔业	1农业	0.6025	1农林牧渔业	0.6007	1农林牧渔产品和服务业	0.5991	1农林牧渔产品和服务业	0.6002

续表

海洋产业	2002年投入产出表中产业		2007年投入产出表中产业		2012年投入产出表中产业		2017年投入产出表中产业	
	所含产业	拆分权重（%）	所含产业	拆分权重（%）	所含产业	拆分权重（%）	所含产业	拆分权重（%）
海洋油气业	3石油和天然气开采业、11石油加工炼焦及核燃料加工业	0.6000	3石油和天然气开采业、11石油加工炼焦及核燃料加工业	0.6000	3石油和天然气开采产品、11石油炼焦产品和核燃料加工品	0.6000	3石油和天然气开采产品、11石油炼焦产品和核燃料加工品	0.6000
海洋矿业	4金属矿采选业、5非金属矿采选业、13非金属矿物制品业、14金属冶炼及压延加工业、15金属制品业	0.6001	4金属矿采选业、5非金属矿及其他矿采选业、13非金属矿物制品业、14金属冶炼及压延加工业、15金属制品业	0.6003	4金属矿采选产品、5非金属矿和其他矿采选产品、13非金属矿物制品、14金属冶炼和压延加工品、15金属制品	0.5999	4金属矿采选产品、5非金属矿和其他矿采选产品、13非金属矿物制品、14金属冶炼和压延加工品、15金属制品	0.6013
海洋盐业	6食品制造及烟草加工业	0.6011	6食品制造及烟草加工业	0.6002	6食品和烟草	0.5997	6食品和烟草	0.5995
海洋船舶工业	17交通运输设备制造业、18电气机械及器材制造业	0.6000	17交通运输设备制造业、18点起机械及器材制造业	0.6002	18交通运输设备、19电气机械和器材	0.6003	18交通运输设备、19电气机械和器材	0.6063
海洋化工业	12化学工业	0.6000	12化学工业	0.6000	12化学工业	0.6000	12化学工业	0.6000
海洋交通运输业	27交通运输及仓储业	0.6001	27交通运输及仓储业	0.6016	30交通运输、仓储和邮政	0.6056	30交通运输、仓储和邮政	0.6053
滨海旅游业	31住宿和餐饮业、35旅游业	0.6030	31住宿和餐饮业	0.6019	31住宿和餐饮业	0.6073	31住宿和餐饮业	0.6084
海洋科学技术及海洋教育	36科学研究事业、39教育事业、41文化体育和娱乐业	0.6110	35研究与试验发展业、39教育、41文化体育和娱乐业	0.6072	36科学研究和技术服务、39教育、41文化体育和娱乐	0.6146	36科学研究和技术服务、39教育、41文化体育和娱乐	0.6087

续表

海洋产业	2002年投入产出表中产业		2007年投入产出表中产业		2012年投入产出表中产业		2017年投入产出表中产业	
	所含产业	拆分权重（%）	所含产业	拆分权重（%）	所含产业	拆分权重（%）	所含产业	拆分权重（%）
海洋环境保护	25水的生产和供应业	0.3934	25水的生产和供应业、37水利、环境和公共设施管理业	0.7000	27水的生产和供应、37水利、环境和公共设施管理	0.5775	27水的生产和供应、37水利、环境和公共设施管理	0.5854
海洋行政管理及公益服务	42公共管理和社会组织	0.6000	42公共管理和社会组织	0.6032	42公共管理社会保障和社会组织	0.6040	42公共管理社会保障和社会组织	0.6022

表A12　海南海洋产业与需要分解产业的拆分权重

海洋产业	2002年投入产出表中产业		2007年投入产出表中产业		2012年投入产出表中产业		2017年投入产出表中产业	
	所含产业	拆分权重（%）	所含产业	拆分权重（%）	所含产业	拆分权重（%）	所含产业	拆分权重（%）
海洋渔业	1农业	0.6007	1农林牧渔业	0.6005	1农林牧渔产品和服务业	0.6000	1农林牧渔产品和服务业	0.6003
海洋油气业	3石油和天然气开采业、11石油加工炼焦及核燃料加工业	0.6000	3石油和天然气开采业、11石油加工炼焦及核燃料加工业	0.6000	3石油和天然气开采产品、11石油炼焦产品和核燃料加工品	0.6000	3石油和天然气开采产品、11石油炼焦产品和核燃料加工品	0.6000
海洋矿业	4金属矿采选业、5非金属矿采选业、13非金属矿物制品业、14金属冶炼及压延加工业、15金属制品业	0.6000	4金属矿采选业、5非金属矿及其他矿采选业、13非金属矿物制品业、14金属冶炼及压延加工业、15金属制品业	0.6045	4金属矿采选产品、5非金属矿和其他矿采选产品、13非金属矿物制品、14金属冶炼和压延加工品、15金属制品	0.5976	4金属矿采选产品、5非金属矿和其他矿采选产品、13非金属矿物制品、14金属冶炼和压延加工品、15金属制品	0.5999
海洋盐业	6食品制造及烟草加工业	0.6003	6食品制造及烟草加工业	0.6002	6食品和烟草	0.5996	6食品和烟草	0.6000

续表

海洋产业	2002 年投入产出表中产业		2007 年投入产出表中产业		2012 年投入产出表中产业		2017 年投入产出表中产业	
	所含产业	拆分权重（%）	所含产业	拆分权重（%）	所含产业	拆分权重（%）	所含产业	拆分权重（%）
海洋船舶工业	17 交通运输设备制造业、18 电气机械及器材制造业	0.6055	17 交通运输设备制造业、18 点起机械及器材制造业	0.5987	18 交通运输设备、19 电气机械和器材	0.6007	18 交通运输设备、19 电气机械和器材	0.6015
海洋化工业	12 化学工业	0.6000	12 化学工业	0.6000	12 化学工业	0.6000	12 化学工业	0.6087
海洋交通运输业	27 交通运输及仓储业	0.6005	27 交通运输及仓储业	0.6018	30 交通运输、仓储和邮政	0.6039	30 交通运输、仓储和邮政	0.6018
滨海旅游业	31 住宿和餐饮业、35 旅游业	0.6020	31 住宿和餐饮业	0.6024	31 住宿和餐饮业	0.6033	31 住宿和餐饮业	0.6018
海洋科学技术及海洋教育	36 科学研究事业、39 教育事业、41 文化体育和娱乐业	0.6027	35 研究与试验发展业、39 教育、41 文化体育和娱乐业	0.6178	36 科学研究和技术服务、39 教育、41 文化体育和娱乐	0.6124	36 科学研究和技术服务、39 教育、41 文化体育和娱乐	0.6085
海洋环境保护	25 水的生产和供应业	0.7786	25 水的生产和供应业、37 水利、环境和公共设施管理业	0.6121	27 水的生产和供应、37 水利、环境和公共设施管理	0.6812	27 水的生产和供应、37 水利、环境和公共设施管理	0.5401
海洋行政管理及公益服务	42 公共管理和社会组织	0.6020	42 公共管理和社会组织	0.6032	42 公共管理社会保障和社会组织	0.5999	42 公共管理社会保障和社会组织	0.6061

附录B　海洋产业增长空间溢出阻力系数值

表B1　　省域研究层面溢出阻力系数

地区	相邻区域	阻力系数	地区	相邻区域	阻力系数
天津	北京	0.59	浙江	上海	0.51
	河北	2.01		江苏	0.59
河北	北京	0.96		安徽	1.16
	天津	0.81		江西	1.77
	辽宁	2.86		福建	2.48
	内蒙古	1.79	福建	浙江	1.25
	山西	0.70		江西	0.54
	河南	1.01		广东	2.11
	山东	0.98	广东	福建	1.49
辽宁	吉林	0.25		江西	1.84
	内蒙古	2.10		湖南	1.56
	河北	1.56		广西	1.49
山东	河北	0.53		海南	0.12
	河南	1.12	广西	广东	1.54
	安徽	1.56		湖南	2.12
	江苏	2.00		贵州	1.17
上海	江苏	2.01		云南	1.66
	浙江	0.59		海南	0.02
江苏	山东	2.31	海南	广东	2.01
	安徽	0.89		广西	0.59
	上海	0.62			
	浙江	1.38			

表B2 三角洲研究层面溢出阻力系数

地区	相邻区域	阻力系数
渤海湾区域	北京	0.78
	内蒙古	1.95
	山西	0.70
	河南	1.07
	吉林	0.25
	安徽	1.56
	江苏	2.00
长江三角洲区域	山东	2.31
	安徽	1.03
	江西	1.77
	福建	2.48
珠江三角洲区域	浙江	1.25
	江西	1.19
	湖南	1.84
	贵州	1.17
	云南	1.66

参考文献

[1] 别小娟，孙涛，孙然好，等．京津冀城市群空间扩张及其经济溢出效应［J］．生态学报，2018，38（12）：4276－4285.

[2] 曹贤忠，曾刚．基于熵权 TOPSIS 法的经济技术开发区产业转型升级模式选择研究［J］．经济地理，2014，34（4）：13－18.

[3] 陈国庆．山东省蓝色产业关联研究［D］．济南：山东大学，2014.

[4] 程钰，任建兰，崔昊，等．基于熵权 TOPSIS 法和三维结构下的区域发展模式［J］．经济地理，2012，32（6）：27－31.

[5] 邓昭，郭建科，王绍博，等．基于比例性偏离份额的海洋产业结构演进的省际比较［J］．地理与地理信息科学，2018，34（1）：78－85.

[6] 狄乾斌，刁晓楠．中国海洋产业结构综合分析［J］．资源开发与市场，2015，31（4）：394－397.

[7] 狄乾斌，刘欣欣，王萌．我国海洋产业结构变动对海洋经济增长贡献的时空差异研究［J］．经济地理，2014，34（10）：98－103.

[8] 狄乾斌，刘欣欣，王萌．中国海洋经济发展的时空差异及其动态变化研究［J］，地理科学，2013（12）：1413－1420.

[9] 董承章．投入产出分析［M］．北京：中国财政经济出版，2000.

[10] 董正娜．福建省海洋产业的投入产出分析［D］．福州：福州大学，2016.

[11] 杜军，鄢波．基于“三轴图”分析法的我国海洋产业结构演进及优化分析［J］．生态经济，2014，30（1）：132－136.

[12] 范斐，孙才志，张耀光．环渤海经济圈沿海城市海洋经济效率的实证研究［J］．统计与决策，2011（6）：119－123.

[13] 冯利娟．山东省蓝色金融发展与海洋产业结构升级关系初探［D］．青岛：中国海洋大学，2013.

[14] 付秀梅，姜姗姗，苏丽荣．中国海洋生物医药产业投入产出效率研究［J］．中国渔业经济，2017，35（5）：16－24.

[15] 付秀梅，汤慧颖，王毓，等．中国海洋生物医药产业链发展研究［J］．中国

海洋药物，2020，39（6）：67－73.

［16］高洪深. 区域经济学［M］. 北京：中国人民大学出版社，2002.

［17］高乐华，高强，史磊. 中国海洋经济空间格局及产业结构演变［J］. 太平洋学报，2011，19（12）：87－95.

［18］国家统计局. 中国投入产出表［R］. 北京：中国统计出版社，1997.

［19］韩增林，狄乾斌，刘锴. 辽宁省海洋产业结构分析［J］. 辽宁师范大学学报（自然科学版），2007（1）：107－111.

［20］何佳霖，宋维玲. 海洋产业关联及波及效应的计量分析［J］. 海洋通报，2013，32（5）：586－594.

［21］侯永丽，单良. 辽宁沿海经济带海洋产业结构及竞争力评价研究［J］. 海洋开发与管理，2022，39（1）：94－101.

［22］黄华. 上海市经济结构多元化与碳排放相关性研究［J］. 中国人口·资源与环境，2014，24（S2）：32－35.

［23］黄凌鹤. 基于投入产出模型的中国铁路运输业产业关联度测算研究［D］. 北京：北京交通大学，2012.

［24］黄盛. 环渤海地区海洋产业结构调整优化研究［D］. 青岛：中国海洋大学，2013.

［25］贾占华，谷国锋. 东北地区经济结构的增长效应研究［J］. 经济问题探索，2019（1）：97－105.

［26］金炜博. 浙江省海洋产业结构分析及优化研究［D］. 青岛：中国海洋大学，2013.

［27］康秋燕. 福建省海洋经济投入产出分析［D］. 福州：福州大学，2010.

［28］李彬，高艳. 我国区域海洋技术效率实证研究［J］. 中国渔业经济，2010（6）：99－103.

［29］李福柱，肖云霞. 沿海地区陆域与海洋产业结构的协同演进趋势及空间差异研究［J］. 中国海洋大学学报（社会科学版），2012（1）：38－42.

［30］李晓，王颖，李红艳，等. 我国海洋生物医药产业发展现状与对策分析［J］. 渔业研究，2020，42（6）：533－543.

［31］李中，谢仁军，吴怡，等. 中国海洋油气钻完井技术的进展与展望［J］. 天然气工业，2021，41（8）：178－185.

［32］廖重斌. 环境与经济协调发展的定量评判及其分类体系：以珠江三角洲城市群为例［J］. 热带地理，1999，19（2）：171－177.

［33］林间. 从全球海洋体检报告中国得分看加强海洋资源管理的紧迫性［N］. 中国海洋报，2019－02－20（4）.

[34] 刘春济，冯学钢，高静．中国旅游产业结构变迁对旅游经济增长的影响 [J]．旅游学刊，2014，29 (8)：37 - 49.

[35] 刘赛红，李朋朋．农村金融发展的空间关联及其溢出效应分析 [J]．经济问题，2020 (2)：101 - 108，129.

[36] 刘书杰，谢仁军，仝刚，等．中国海洋石油集团有限公司深水钻完井技术进展及展望 [J]．石油学报，2019，40 (S2)：168 - 173.

[37] 逯进，周惠民．中国省域人力资本空间溢出效应的实证分析 [J]．人口学刊，2014，36 (6)：48 - 61.

[38] 栾维新，杜利楠．我国海洋产业结构的现状及演变趋势 [J]．太平洋学报，2015，23 (8)：80 - 89.

[39] 罗超平，张梓榆，王志章．金融发展与产业结构升级：长期均衡与短期动态关系 [J]．中国软科学，2016 (5)：21 - 29.

[40] 麻学锋，孙根年，马丽君．旅游地成长与产业结构演变关系 [J]．地理研究，2012，31 (2)：245 - 256.

[41] 马仁锋，候勃，张文忠，等．海洋产业影响省域经济增长估计及其分异动因判识 [J]．地理科学，2018，38 (2)：177 - 185.

[42] 马仁锋，李加林，赵建吉，等．中国海洋产业的结构与布局研究展望 [J]．地理研究，2013，32 (5)：902 - 914.

[43] 马仁锋，李伟芳，李加林，等．浙江省海洋产业结构差异与优化研究 [J]．资源开发与市场，2013，29 (2)：187 - 191.

[44] 马双，曾刚．上海市创新集聚的空间结构、影响因素和溢出效应 [J]．城市发展研究，2020，27 (1)：19 - 25.

[45] 宓泽锋，曾刚，尚勇敏，等．中国省域生态文明建设评价方法及空间格局演变 [J]．经济地理，2016，36 (4)：15 - 21.

[46] 宁凌，胡婷，滕达．中国海洋产业结构演变趋势及升级对策研究 [J]．经济问题探索，2013 (7)：67 - 75.

[47] 潘慧峰，王鑫，张书宇．雾霾污染的持续性及空间溢出效应分析 [J]．中国软科学，2015 (12)：134 - 143.

[48] 钱纳里．工业化和经济增民的比较研究 [M]．上海：上海三联书店，1996：67 - 78.

[49] 尚勇敏，曾刚．老工业区产业结构转型与用地结构转型互动机制及优化路径 [J]．地域研究与开发，2014，33 (5)：44 - 49.

[50] 舒波，郝美梅．基于熵权 TOPSIS 法的旅游上市公司绩效评 [J]．北京第二外国语学院学报，2009 (9)：46 - 51.

[51] 宋伟华. 灰色系统理论在浙江省海洋水产业结构调整中的应用 [J]. 浙江海洋学院学报（自然科学版），2001 (2): 91-96.

[52] 宋协法，高清廉，万荣. 山东省海洋捕捞业结构调整研究 [J]. 海洋湖沼通报，2003 (1): 66-71.

[53] 苏东水. 产业经济学（第四版）[M]. 北京：高等教育出版社，2015.

[54] 孙皓，石柱鲜. 中国的产业结构与经济增长 [J]. 人口与经济，2011 (2): 1-6.

[55] 孙瑛，殷克东. 能源循环利用的制度安排与经济的和谐增长 [J]. 生态经济，2008 (2): 99-104.

[56] 覃菲菲. 供给侧结构性改革视角下我国海洋渔业转型升级研究 [D]. 广州：广东省社会科学院，2017.

[57] 王滨. FDI 对新型城镇化的空间溢出效应 [J]. 城市问题，2020 (1): 20-32.

[58] 王波，韩立民. 中国海洋产业结构变动对海洋经济增长的影响 [J]. 资源科学，2017，39 (6): 1182-1193.

[59] 王丹，张耀光，陈爽. 辽宁省海洋经济产业结构及空间模式演变 [J]. 经济地理，2010 (3): 443-448.

[60] 王端岚. 福建省海洋产业结构变动与海洋经济增长的关系研究 [J]. 海洋开发与管理，2013 (9): 85-90.

[61] 王娟，胡洋. 空间关联与溢出效应：工业生态创新对资源环境承载力的影响研究 [J]. 财经理论与实践，2020，41 (1): 117-124.

[62] 王莉莉，肖雯雯. 基于投入产出模型的中国海洋产业关联及海陆产业联动发展分析 [J]. 经济地理，2016，36 (1): 113-119.

[63] 王圣，任肖嫦. 东海海洋产业结构与关联性分析 [J]. 海洋开发与管理，2009，26 (8): 63-67.

[64] 王双. 我国海洋经济的区域特征分析及其发展对策 [J]. 经济地理，2012，32 (6): 80-84.

[65] 王婷婷. 上海海洋产业发展现状与结构优化 [J]. 农业现代化研究，2012，33 (2): 145-149.

[66] 王伟朋. 山东省海陆产业统筹互动发展研究 [D]. 青岛：中国海洋大学，2015.

[67] 王雪辉，谷国锋. 市场潜能、地理距离与经济增长的溢出效应 [J]. 财经论丛，2016 (11): 3-10.

[68] 王雪慧，殷昭鲁，沈秋豪. 改革开放以来我国海洋经济政策演进 [J]. 中国国土资源经济，2021，34 (7): 69-74.

[69] 王泽宇，崔正丹，孙才志，等．中国海洋经济转型成效时空格局演变研究[J]．地理研究，2015，34（12）：2295－2308.

[70] 王泽宇．辽宁省海洋产业结构优化升级及合理布局研究［D］．大连：辽宁师范大学，2006.

[71] 西蒙·库兹涅茨．现代经济增长（第二版）［M］．北京：北京经济学院出版社，1989：45－55.

[72] 徐飞．市场邻近、制度距离与县域农业空间溢出研究［J］．统计与决策，2020（2）：57－62.

[73] 徐伟呈，安美玲，张雅洁．产业结构变迁对海洋经济发展的影响［J］．海洋经济，2019，9（4）：38－43.

[74] 徐烜．中国海洋产业结构演进与趋势判断［J］．中国国土资源经济，2019，32（12）：31－38.

[75] 徐质斌，牛福增．海洋经济学教程［M］．北京：经济科学出版社，2003：56－76.

[76] 许淑婷，关伟．中国海洋产业结构演进研究［J］．辽宁师范大学学报（自然科学版），2015，38（2）：256－262.

[77] 薛诚．山东半岛蓝色经济区海洋三次产业竞争力提升研究［D］．青岛：中国海洋大学，2014.

[78] 杨羽頔．环渤海地区陆海统筹测度与海洋产业布局研究［D］．大连：辽宁师范大学，2015.

[79] 杨蕴真．浙江省海洋产业结构合理化评价研究［D］．杭州：浙江大学，2017.

[80] 叶波，李洁琼．海南省海洋产业结构状态与发展特点研究［J］．海南大学学报（人文社会科学版），2011，29（4）：1－6.

[81] 殷克东，方胜民，高金田．中国海洋经济发展报告（2012）［M］．北京：经济科学出版社，2015.

[82] 殷克东，李杰，张斌，等．海洋经济投入产出模型研究［J］．海洋开发与管理，2008（1）：83－87.

[83] 于会娟．现代海洋产业体系发展路径研究［J］．山东大学学报（哲学社会科学版），2015（3）：28－35.

[84] 于丽丽．中国海陆经济一体化及其驱动机理研究［D］．上海：上海大学，2016.

[85] 于梦璇，安平．海洋产业结构调整与海洋经济增长［J］．太平洋学报，2016，24（5）：86－93.

[86] 于宛抒. 中国海洋交通运输产业演化机制研究 [D]. 青岛: 中国海洋大学, 2013.

[87] 于颖. 基于海陆统筹的浙江省海陆经济互动效率研究 [D]. 杭州: 浙江大学, 2016.

[88] 岳杰. 我国海洋旅游资源开发研究 [J]. 中学地理教学参考, 2021 (13): 85 – 86.

[89] 翟仁祥, 冯铄媚. 海洋产业结构优化对海洋经济增长影响效应实证分析 [J]. 海洋经济, 2021, 11 (4): 19 – 26.

[90] 张兵兵, 沈满洪. 工业用水与工业经济增长、产业结构变化的关系 [J]. 中国人口·资源与环境, 2015, 25 (2): 9 – 14.

[91] 张继良, 高志霞, 杨荣. 我国沿海地区海洋经济发展水平及效率研究 [J]. 调研世界, 2013 (5): 46 – 50.

[92] 张雷. 经济发展对碳排放的影响 [J]. 地理学报, 2003 (4): 629 – 637.

[93] 张荣天, 焦华富. 中国省际城镇化与生态环境的耦合协调与优化探讨 [J]. 干旱区资源与环境, 2015, 29 (7): 12 – 17.

[94] 张同斌, 高铁梅. 财税政策激励、高新技术产业发展与产业结构调整 [J]. 经济研究, 2012, 47 (5): 58 – 70.

[95] 张晓艳. 中国海洋产业结构变动对海洋经济增长的影响研究 [D]. 济南: 山东大学, 2014.

[96] 张耀光, 刘锴, 王圣云, 等. 中国与世界多国海洋经济与产业综合实力对比分析 [J]. 经济地理, 2017, 37 (12): 103 – 111.

[97] 张耀光, 王国力, 刘锴, 等. 中国区域海洋经济差异特征及海洋经济类型区划分 [J]. 经济地理, 2015, 35 (9): 87 – 95.

[98] 章成. 海洋产业结构变动对海洋经济增长影响研究 [D]. 上海: 上海海洋大学, 2017.

[99] 章成, 平瑛. 海洋产业结构优化与海洋经济增长研究 [J]. 海洋开发与管理, 2017, 34 (3): 38 – 44.

[100] 赵锐, 王倩. 海洋经济投入产出分析实证研究 [J]. 技术经济与管理研究, 2008 (5): 79 – 82.

[101] 赵涛, 黄元元, 贾向锋, 等. 我国海洋油气钻井装备技术现状及发展展望 [J]. 石油机械, 2022 (4): 1 – 17.

[102] 赵昕, 郭恺莹. 基于 GRA – DEA 混合模型的沿海地区海洋经济效率分析与评价 [J]. 海洋经济, 2012 (5): 5 – 10.

[103] 周振华. 现代经济增长中的结构效应 [M]. 上海: 上海人民出版社, 1995.

[104] 朱道才，任以胜，徐慧敏，等．长江经济带空间溢出效应时空分异 [J]. 经济地理，2016，36 (6): 26-33.

[105] Abrigo M R M, Love I. Estimation of panel vector autoregression in stata: A package of programs [J]. Working Papers, 2016, 16: 778-804.

[106] Agarwal S. Restructuring seaside tourism the resort lifecycle [J]. Annals of Tourism Research, 2002, 29: 25-55.

[107] Arellano M, Bover O. Another look at the instrumental variable estimation of error-components models [J]. CEP Discussion Papers, 1990, 68 (1): 29-51.

[108] Capello R. Spatial spillovers and regional growth: a cognitive approach [J]. European Planning Studies, 2009, 17 (5): 639-658.

[109] Colgan C S. Grading the Marine economy [M]. University of Washington Press, 1994.

[110] Colgan C S. The ocean economy of the United States: Measurement, distribution, & trends [J]. Ocean & coastal management, 2013 (71): 334-343.

[111] David Pugh. Socio-economic indicator so fmarine-related activities in the UK economy [R]. Treatise on Estuarine and Coastal Science, 2011.

[112] Fenical W. New pharmaecuticas from marine organisms [J]. Trends in Biotechnology. 1997, 15 (9): 339-341.

[113] Fraser S G, Ellis J. The Canada-newfoundland atlantic accord implementation act: Transparency of the environmental management of the offshore oiland gas industry [J]. Marine Policy, 2009, 33 (3): 312-316.

[114] Gabriel R. G. Benito, Eivind Berger. A cluster analysis of the maritime sector in Norway [J]. International Journal of Transport Management, 2003 (1): 203-215.

[115] Gamal A E A. Biological importance of marine algae [J]. Saudi Journal, 2010, 18 (1): 1-25.

[116] Hong-Gyun, Park. Trend analysis of marine tourism to ocean industry [J]. Journal of Shipping and Logistics, 2018, 34 (3): 473-488.

[117] Hwang Ching Lai, Masud Abu Syed Md. Multiple objective decision making—methods and applications: A state-of-the-art survey. In collaboration with Sudhakar R. Paidy and Kwangsun Yoon [J]. Lecture Notes in Economics and Mathematical Systems, 164. Springer-Verlag, Berlin-New York, 1979.

[118] Kang Y, Woo Y H. The Relationship between economic growth of sea port city and ocean industries: Focused on busan metropolitan city [J]. Journal of Navigation and Port Research, 2013, 37 (6): 627-635.

[119] Kim H Y. A study on analysis of maritime industry structure on Chungnam province [J]. Journal of Korea port economic association, 2018, 34 (2): 1 - 16.

[120] Kuji T. The political economy of golf [J]. AMPO. Japan-Asia Quarterly Review, 1991, 22 (4): 47 - 54.

[121] Lee Woongkyu. Marine tourism development strategies by utilizing a floating off shore structures [J]. The Journal of Korean Island, 2012, 24 (3): 99 - 119.

[122] Liu W B, Cao Z F. Positive role of marine tourism on economic stimulus in coastal area [J]. Journal of Coastal Research, 2019, sp1 (83) : 217 - 220.

[123] Love I, Zicchino L. Financial development and dynamic investment behavior: Evidence from panel VAR [J]. Quarterly Review of Economics & Finance, 2006, 46 (2): 190 - 210.

[124] Managi S, Opaluch J J, Di J, et al. Grigalunas stochastic frontier analysis of total factor productity in the off shore oil and gas industry [J]. Ecological Econmics, 2006, 60 (11): 204 - 215.

[125] Ma R F, Hou B, Zhang W Z. Could marine industry promote the coordinated development of coastal provinces in China? [J]. Sustainability, 2019, 11 (4): 1053.

[126] Misra B M. Seawater desalination using nuclear heat/electricity-prospects and challenges [J]. Desalination, 2007, 205 (2): 269 - 278.

[127] Morgan G R. Optimal fisheries quota allocation under a transferable quota management system [J]. Marine Policy, 1995, 19 (5): 379 - 390.

[128] Morgan R. Some factors affecting coastal land scape aesthetic quality assessment [J]. Landscape Research, 1999, 24 (2): 167 - 185.

[129] Morrissey K. Cathal O'Donoghue. The role of the marine sector in the Irish national economy: An input-output analysis [J]. Marine Policy, 2013, 37 (1): 230 - 238.

[130] Morrissey K. Using secondary data to examine economic trends in a subset of sectors in the English marine economy: 2003 - 2011 [J]. Marine Policy, 2014, 50: 135 - 141.

[131] Ozernoy V M. Choosing the "best" multiple criteria decision making method [J]. Infor, 1992 (30): 159 - 171.

[132] Ren W H, Wang Q, Ji J Y. Research on China's marine economic growth pattern: An empirical analysis of China's eleven coastal regions [J]. Marine policy, 2018 (87): 158 - 166.

[133] Schittone J. Tourism vs. commercial fishers [J]. Ocean & Coastal Management, 2001, 44 (1): 15 - 37.

[134] Stewart T J. A critical survey on the status of multiple criteria decision making theo-

ry and practice [J]. Omega, 1992 (20): 569 - 586.

[135] Vancouver, B. C. Economic contribution of the oceans sectorin British Columbia [R]. Canada/British Columbia Oceans Coordinating Committee, 2007.

[136] Wang C L, Yoon K S. Multiple Attribute Decision Making: Methods and Applications a State-of-Art Survey [M]. Berlin: Springer, 1981.

[137] Wu, Yangho. A Study on the promotion strategy of marine industries for job creationin seaport city: The case of Busan [J]. The Korean Governance Review, 2016, 23 (1): 25 - 50.

[138] Xie B J, Zhang R, Sun S. Impacts of marine industrial structure changes on marine economic growth in China [J]. Journal of Coastal Research, 2019, 98 (S1): 314 - 319.